“基础数学应用”丛书

湖北省工业与应用数学学会规划教材

科学出版社“十四五”普通高等教育本科规划教材

矩阵论基础与应用

戴祖旭　姚兴兴　高文良 等　编著

科学出版社图书类重大项目

科 学 出 版 社

北 京

内 容 简 介

第 1 章讲授线性空间和线性变换, 介绍矩阵在线性空间和线性变换表示方面的基础地位和作用; 第 2 章讲授线性空间的度量, 介绍内积、向量和矩阵范数等度量性质及其应用; 第 3 章讲授矩阵的相似标准形, 介绍相似标准形的概念、计算方法及其在矩阵函数计算方面的应用; 第 4 章讲授子空间分析, 介绍矩阵列空间和零空间、特征子空间、奇异子空间和投影子空间的概念与应用; 第 5 章讲授矩阵分析, 介绍标量函数、向量函数、矩阵函数对向量和矩阵微分的概念和计算公式, 以及雅可比矩阵和黑塞矩阵在最优化领域的应用.

各章均配有知识导图, 介绍与章节有关的数学史话、课程思政和知识点, 在章首页扫描阅读. 每章后面均配备一定数量的习题供读者练习.

本书可作为高等院校数学类专业高年级本科生和理工类研究生教材, 也可供有关专业教师和工程技术人员参考.

图书在版编目(CIP)数据

矩阵论基础与应用 / 戴祖旭等编著. -- 北京 : 科学出版社, 2024. 9.
(“基础数学应用”丛书) (湖北省工业与应用数学学会规划教材) (科学出版社“十四五”普通高等教育本科规划教材). -- ISBN 978-7-03-079528-1

Ⅰ. O151.21

中国国家版本馆 CIP 数据核字第 20243DQ677 号

责任编辑: 吉正霞 李 萍 / 责任校对: 杨聪敏
责任印制: 彭 超 / 封面设计: 苏 波

科学出版社 出版
北京东黄城根北街 16 号
邮政编码: 100717
http://www.sciencep.com
武汉精一佳印刷有限公司印刷
科学出版社发行 各地新华书店经销
*
2024 年 9 月第 一 版 开本: 787×1092 1/16
2024 年 9 月第一次印刷 印张: 9 1/4
字数: 209 000

定价: 42.00 元

(如有印装质量问题, 我社负责调换)

“基础数学应用”丛书编委会

从书序

数学本身就是生产力. 众所周知, 数学是一门重要的基础学科, 也是其他学科的重要基础, 几乎所有学科都依赖于数学的知识和理论, 几乎所有重大科技进展都离不开数学的支持. 数学也是一门关键的技术. 数学的思想和方法与计算技术的结合已经形成了一种关键性的、可实现的技术, 称为“数学技术”. 在当代, 数学在航空航天、人工智能、生物医药、能源开发等领域发挥着关键性, 甚至决定性作用. 数学技术已成为高技术的突出标志和不可或缺的组成部分, 从而也可以直接地产生生产力. “高技术本质上是一种数学技术”的观点现已被越来越多的人认同.

人工智能(AI)时代是人类历史上最伟大的时代, 它已经对人们的生产、生活、思维方式产生深刻的影响. 在这个时代, 人工智能技术被广泛应用到人类生活的各个方面, 加速了各行各业的智能化进程, 同时也带来了许多挑战和机遇. 世界正飞速进入人工智能时代. 我们需要积极应对这一时代的挑战和机遇, 更好地发挥人工智能技术的优势, 推动人类社会的进步和发展.

在大数据技术和人工智能时代, 数学的作用更为突出. 一方面数学提供了人工智能算法和大模型的理论基础、工具和方法, 同时也为人工智能的思维方式和表达提供了一种规范和统一的描述方式. 另一方面, 人工智能的发展也对数学学科本身产生了深远的影响, 驱动了数学理论的创新, 加速了数学与其他学科的交叉融合, 为数学提供了新的研究方向和挑战. 数学与人工智能的深入结合给人工智能的发展和应用带来更大的潜力和机遇.

为适应新形势, 满足高等数学教育对教学内容和教学方式的新需求, 湖北省工业与应用数学学会在各位同仁的共同努力下推出了这套系列教材. 本套教材中既有经典内容的新写法, 也有新的数学理论、思想和方法的呈现, 注重体系性与协调性统一, 注重理论与实践相结合, 具体生动、图文并茂、逻辑性强, 便于学生自主学习, 也便于教师使用.

作为一种新的尝试, 希望本套丛书能为湖北省乃至全国的数学教育贡献一点湖北力量.

杨志坚

2024 年 5 月

前言

《高举中国特色社会主义伟大旗帜 为全面建设社会主义现代化国家而团结奋斗——中国共产党第二十次全国代表大会上的报告》指出: 教育是国之大计、党之大计. 培养什么人、怎样培养人、为谁培养人是教育的根本问题. 教材体现国家意志, 是解决为谁培养人、培养什么人、怎样培养人这一根本问题的载体. “坚持为党育人、为国育才”是教材编写工作应遵循的根本原则.

矩阵理论是数学的一个分支, 有独立的研究对象和研究方法, 是一个科学开放的理论体系, 同时, 矩阵还是一种基本的数学工具, 在几乎所有的现代科学技术领域都有广泛应用. 本书内容是大学线性代数课程的延伸和拓展, 较为系统地介绍了矩阵的基础理论以及有关的应用.

矩阵的数学工具属性, 首先体现在线性方程组的表示和求解理论与实践方面, 我们已经在线性代数课程里有了较为全面的了解.

矩阵的数学工具属性, 也体现在线性空间和线性变换的表示与刻画方面. 第 1 章介绍了线性空间和线性变换的概念、性质与应用. 一是讲述两个推广: 线性空间是向量空间概念的推广, 除了我们熟悉的向量外, 多项式、函数、变换和矩阵等许多数学物理对象都可构成某个特定的空间, 与向量空间有着相似的线性运算性质; 线性空间还是集合概念的推广, 在一个集合上定义了元素之间的运算之后, 集合的交、并和补等运算性质也有不同, 由此出现了子空间概念. 二是讲述一个联系: 通过坐标这个概念, 我们可以把任意一个线性空间与已经熟知的某个向量空间关联起来, 可以用同构的观点透过向量空间来观察形形色色的线性空间. 三是讲述两个矩阵: 基与基之间的过渡矩阵概念揭示了线性空间表示的等价性, 用标准正交基来表示空间, 可以大大简化向量的内积运算; 利用线性变换在某个基下的矩阵, 可以将线性变换转换为矩阵和向量的乘积式, 并且线性变换的加法运算、数乘运算、复合运算和逆运算等都可转化为相应矩阵的加法、数乘、乘积和求逆矩阵等运算.

线性变换可以转换为矩阵运算, 这个矩阵的最简单形式是什么样子的? 如何找到这个最简单形式? 第 3 章介绍了矩阵的若尔当(Jordan)标准形理论与应用. 一是讲述一个联系, 给定线性空间的基之后, 线性变换与矩阵有着一一对应的关系, 线性变换空间和矩阵空间存在同构关系. 这种联系, 使得我们可以把矩阵特征值、特征向量、特征多项式和化零多项式等概念和性质拓展到线性变换. 二是讲述两个子空间直和分解, 特征子空间直和分解是矩阵或线性变换可以对角化的本质原因; 根子空间直和分解是矩阵或线性变换可以若尔当化的本质原因. 三是讲述一种计算方法. 在计算标准形的时候, 从特征向量出发求若尔当链思路简单, 计算量也不大, 但是链首的特征向量选择至关重要, 很容易出现断链情况. 完整的若尔当标准形理论要用到比较复杂的数学知识, 本书淡化了许多理论的介绍与证明过程, 详细介绍了用线性变换的根子空间分解思路求解标准形的方法.

矩阵的数学工具属性, 还体现在有关矩阵函数的定义、分析与计算方面. 第 3 章还讲述了利用矩阵幂级数定义矩阵函数，并利用若尔当标准形的理论计算矩阵函数的方法. 第 5 章较为系统地介绍了各种类型函数的分析性质. 针对自变量取标量、向量和矩阵，映射值取标量、向量和矩阵等组合情况将函数分为 9 类，介绍了它们连续、一阶和二阶可微的概念、性质与运算. 重点讲述了函数雅可比(Jacobi)矩阵与黑塞(Hesse)矩阵的定义、性质及其在最优化理论中的应用，特别是在现代机器学习计算模型中的应用.

矩阵在各个领域发挥数学工具作用的同时，自身理论也得到了充分发展和完善.

矩阵相似标准形理论. 线性代数课程里我们研究了矩阵的等价关系，矩阵的秩是矩阵等价变换下的不变量，规模相同而且秩相等的矩阵具有相同的等价标准形，求解线性方程组的过程就是矩阵等价变换的过程. 而矩阵的若尔当块则是矩阵相似变换下的不变量. 一个线性变换在不同基下的矩阵是相似的，具有相同的若尔当标准形，求解若尔当标准形的过程就是矩阵相似变换的过程. 矩阵等价关系与相似关系有着深刻联系，两个数字矩阵相似的充要条件是它们的特征矩阵等价.

矩阵范数理论. 三维向量空间里的向量有长度和夹角等度量性质. 矩阵有长度吗？第 2 章介绍了一般线性空间的内积运算及其性质，介绍了向量和矩阵范数的概念和性质、向量序列和矩阵序列的极限以及收敛性质，它们是数列和函数列概念的推广. 向量和矩阵范数是研究线性方程组解的稳定性、迭代法解方程组、函数逼近、模式识别和矩阵函数分析性质的理论基础.

矩阵广义逆理论. 摩尔-彭罗斯(Moore-Penrose, M-P)逆是一种广义逆，是线性代数课程里可逆方阵逆矩阵概念的推广. 第 4 章介绍了矩阵 M-P 逆的概念、性质、计算方法和应用. M-P 逆可以给出任意线性方程组(相容或不相容方程组)最小二乘解的统一表达式，M-P 逆还可以表达投影变换，在投影子空间分析和带约束优化问题求解方面有重要应用.

矩阵奇异值理论. 奇异值和奇异向量是矩阵特征值和特征向量概念的推广. 第 4 章还介绍了矩阵的奇异值概念、性质、计算方法和应用. 矩阵的奇异值分解是一种酉等价变换，它可以从旋转角度和拉伸比例等视角揭示线性变换的几何意义. 矩阵的奇异值分解在计算矩阵范数、M-P 逆、主成分分析、图像压缩等方面有重要应用. 同时，矩阵的奇异向量可以生成矩阵的列空间、行空间和零空间等重要的子空间.

矩阵论作为数学学科的一个分支，其发展过程贯穿着辩证唯物主义世界观和方法论，闪烁着科学思维的光芒. 一代代古今中外科学家传承、批判和创新的历史典故，也顽强地演绎着源远流长的创新文化和求真务实的科学家精神.

向量、多项式、函数、矩阵和线性变换等对象可以各自构成线性空间，反映了事物的联系与发展总特征. 线性空间里元素最基本的联系就是线性运算. 同样地，向量空间、矩阵空间、函数空间和线性变换空间之间也有同构关系. 同时，线性空间概念也是归纳和演绎科学思维的结果，虽然不同的空间其运算不同，向量的加法和线性变换的加法形式不同，但是这些运算具有相同的运算性质，归纳出这些共同的性质，就抽象出了线性空间的概念. 从线性空间的概念出发，我们又会演绎出更多具体的线性空间.

线性空间里基与坐标的概念很好地体现了形式与内容的范畴，在这里坐标是向量的统一表现形式，向量的运算等关系都可以通过坐标来实现. 而且，坐标还是线性空间里一般向量和基向量矛盾双方的联系纽带，在这个矛盾中，基向量是矛盾的主要方面，合适的基向量可以使坐标更简单，运算更简单.

特征子空间和投影子空间等概念则为我们提供了系统分析线性空间的工具和方法. 把复

杂的系统分解为简单系统的和，或者从不同的角度来观察复杂系统正是唯物主义辩证法的基本要求.

逻辑与历史统一的思维方法. 度量空间、赋范空间、内积空间、巴拿赫(Banach)空间和希尔伯特(Hilbert)空间概念体系是对实践过程中不同研究对象的描述，只有希尔伯特空间才具有夹角、正交和投影等概念. 一般来说，非数学类专业本科生和研究生很少有机会系统学习这些空间概念，矩阵论课程中范数、内积、欧氏空间、酉空间、向量序列和矩阵序列收敛等概念的学习正是一个有益的补充.

本书得到了武汉工程大学研究生教材建设项目(编号：2020JCXM03)和武汉工程大学本科生院湖北省一流本科专业信息与计算科学专业建设点的支持. 研究生颜宜樊、刘心荷和徐良玉参与了部分文稿打印工作. 同事姚兴兴、高文良、李圆媛和彭章艳老师参与了有关章节的编写和审校工作. 作者在此一并致谢!

矩阵论的理论成果丰富，应用领域广泛，思想博大精深. 限于编著者水平，书中若有不妥之处，希望专家和读者批评指正!

作　者

2024 年 1 月于武汉

目　录

第1章

线性空间与线性变换

线性空间理论提供了一种从代数结构视角研究数学对象及其关系的方法. 线性空间既忽略了对象或元素的具体形态(数字、向量、函数和矩阵等), 也忽略了元素加法和数乘运算的表达式(函数运算、向量运算和矩阵运算等), 只考虑运算所具有的共同属性(交换律、结合律、分配律、零元和单位元等特殊元素等). 线性变换理论则提供了研究线性空间之间关系的数学工具. 科学研究和社会实践活动中出现的具体线性空间是丰富多彩的, 但或许它们的代数结构是相同的(称为同态或同构), 也或许它们是整体和部分的关系(称为子空间).

第1章知识导图

1.1 线性空间的定义与表示

线性代数教材里以数域(比如实数域)上的向量为研究对象，通过定义向量的加法和数乘运算，得到了向量空间的概念. 我们学习了线性方程组的解空间、二维平面和三维立体空间等若干具体向量空间的结构和性质. 如果分别以多项式、函数、矩阵等元素为研究对象，还可以得到多项式空间、函数空间和矩阵空间等概念. 本节介绍一般线性空间的概念及其性质，它是向量空间[1]概念的推广.

定义 1.1

设 V 是一个非空集合，F 为数域，假设 $\boldsymbol{\alpha}$，$\boldsymbol{\beta}$，$\boldsymbol{\gamma}$，$\boldsymbol{\delta}\in V$，$k,s\in F$. 如果对于任意两个元素 $\boldsymbol{\alpha},\boldsymbol{\beta}$，总有唯一的一个元素 $\boldsymbol{\gamma}$ 与之对应，则称为 $\boldsymbol{\alpha}$ 与 $\boldsymbol{\beta}$ 的和，记作 $\boldsymbol{\gamma}=\boldsymbol{\alpha}+\boldsymbol{\beta}$；又对于任一数 k 与任意元素 $\boldsymbol{\alpha}$，总有唯一的一个元素 $\boldsymbol{\delta}$ 与之对应，称为 k 与 $\boldsymbol{\alpha}$ 的积，记作 $\boldsymbol{\delta}=k\boldsymbol{\alpha}$，并且这两种运算满足以下八条运算法则:

(1) $\boldsymbol{\alpha}+\boldsymbol{\beta}=\boldsymbol{\beta}+\boldsymbol{\alpha}$；

(2) $(\boldsymbol{\alpha}+\boldsymbol{\beta})+\boldsymbol{\gamma}=\boldsymbol{\alpha}+(\boldsymbol{\beta}+\boldsymbol{\gamma})$；

(3) 在 V 中存在零元素 $\mathbf{0}$，对任何 $\boldsymbol{\alpha}$，都有 $\boldsymbol{\alpha}+\mathbf{0}=\boldsymbol{\alpha}$；

(4) 对任何 $\boldsymbol{\alpha}$，都有 $\boldsymbol{\alpha}$ 的负元素 $\boldsymbol{\beta}$，使 $\boldsymbol{\alpha}+\boldsymbol{\beta}=\mathbf{0}$，$\boldsymbol{\alpha}$ 的负元素记作 $-\boldsymbol{\alpha}$；

(5) $1\boldsymbol{\alpha}=\boldsymbol{\alpha}$；

(6) $k(s\boldsymbol{\alpha})=(ks)\boldsymbol{\alpha}$；

(7) $(k+s)\boldsymbol{\alpha}=k\boldsymbol{\alpha}+s\boldsymbol{\alpha}$；

(8) $k(\boldsymbol{\alpha}+\boldsymbol{\beta})=k\boldsymbol{\alpha}+k\boldsymbol{\beta}$，

那么，V 就称为数域 F 上的线性空间(或向量空间)，记作 $V(F)$，V 中的元素称为向量.

简言之，凡满足八条法则的加法及数乘运算，就称为线性运算；凡定义了线性运算的非空集合，就称为线性空间(或向量空间). 下面举一些具体线性空间例子[2].

例 1.1 实数域 $\mathbf{R}$ 上次数不超过 $n\,(n\geqslant 0)$ 的多项式和零多项式组成的集合，记作

$$P_n[x]=\{p(x)\mid p(x)=a_nx^n+\cdots+a_1x+a_0,\ a_n,\cdots,a_1,a_0\in\mathbf{R}\},$$

对于通常的多项式加法、数乘多项式乘法构成线性空间. 因为通常的多项式加法、数乘多项式乘法两种运算满足线性运算法则，故只要验证 $P_n[x]$ 对运算封闭即可. 不妨设 $n\geqslant m$，则

$$\begin{aligned}&(a_nx^n+\cdots+a_1x+a_0)+(b_mx^m+\cdots+b_1x+b_0)\\&=a_nx^n+\cdots+(a_m+b_m)x^m+\cdots+(a_0+b_0)\in P_n[x],\\&k(a_nx^n+\cdots+a_1x+a_0)=(ka_n)x^n+\cdots+(ka_1)x+ka_0\in P_n[x],\end{aligned}$$

所以 $P_n[x]$ 构成一个线性空间.

例 1.2 $C[a,b]$ 表示定义在 $[a,b]\subseteq\mathbf{R}$ 上的实值连续函数集合，则 $C[a,b]$ 对于函数的加法和数乘运算构成实数域上的线性空间.

例 1.3 实数域上 n 个有序实数组成的数组的全体

$$S^n=\{\boldsymbol{x}=(x_1,x_2,\cdots,x_n)^{\mathrm{T}}\mid x_1,x_2,\cdots,x_n\in\mathbf{R}\}$$

对于通常的有序数组加法及数乘运算∘:

$$k \circ (x_1, x_2, \cdots, x_n)^{\mathrm{T}} = (0, 0, \cdots, 0)^{\mathrm{T}}$$

不构成线性空间.

可以验证 S^n 对运算封闭. 但因 $1 \circ \boldsymbol{x} = \boldsymbol{0} \neq \boldsymbol{x}$, 不满足运算法则(5), 所定义的运算不是线性运算, 所以 S^n 不是线性空间.

比较 S^n 与 $\mathbf{R}^n$, 作为集合, 它们是一样的, 但运算不同, 以致 $\mathbf{R}^n$ 构成线性空间而 S^n 不是线性空间. 由此可见, 线性空间的概念是集合与运算二者的统一体. 一般来说, 同一个集合, 定义两种不同的线性运算, 就构成不同的线性空间; 定义的运算不是线性运算, 就不能构成线性空间. 所以, 线性运算是线性空间的本质, 而其中的元素是什么并不重要.

例 1.4　正实数的全体, 记作 $\mathbf{R}^+$, 在其中定义加法及乘数运算为

$$a \oplus b = ab, \quad a, b \in \mathbf{R}^+,$$

$$k \times a = a^k, \quad k \in \mathbf{R}, \quad a \in \mathbf{R}^+,$$

验证 $\mathbf{R}^+$ 对上述加法与乘数运算构成线性空间.

证明　实际上要验证运算的封闭性和八条法则.

对加法封闭: 对任意的 $a, b \in \mathbf{R}^+$, 有 $a \oplus b = ab \in \mathbf{R}^+$.

对数乘运算封闭: 对任意的 $k \in \mathbf{R}$, $a \in \mathbf{R}^+$, 有 $k \times a = a^k \in \mathbf{R}^+$.

(1) $a \oplus b = ab = ba = b \oplus a$;

(2) $(a \oplus b) \oplus c = ab \oplus c = abc = a \oplus (b \oplus c)$;

(3) $\mathbf{R}^+$ 中存在零元素 1, 对任何 $a \in \mathbf{R}^+$, 有 $a \oplus 1 = a \cdot 1 = a$;

(4) 对任何 $a \in \mathbf{R}^+$, 有负元素(倒数) $a^{-1} \in \mathbf{R}^+$, 使 $a \oplus a^{-1} = 1$;

(5) $1 \times a = a^1 = a$;

(6) $k \times (s \times a) = k \times a^s = (a^s)^k = a^{sk} = (ks) \times a$;

(7) $(k+s) \times a = a^{s+k} = a^k a^s = a^k \oplus a^s = (k \times a) \oplus (s \times a)$;

(8) $k \times (a \oplus b) = k \times (ab) = (ab)^k = a^k b^k = a^k \oplus b^k = (k \times a) \oplus (k \times b)$.

因此, $\mathbf{R}^+$ 构成线性空间.

线性代数教材把有序数组称为向量, 比较起来, 现在的定义有了很大的推广:

(1) 向量不一定是有序数组;

(2) 线性空间中的运算只要求满足八条运算法则, 当然也就不一定是有序数组的加法及数乘运算.

定理 1.1

线性空间具有以下性质:

(1) 零元素是唯一的.

(2) 任一元素的负元素是唯一的.

(3) $0\boldsymbol{\alpha} = \boldsymbol{0}$; $(-1)\boldsymbol{\alpha} = -\boldsymbol{\alpha}$; $k\boldsymbol{0} = \boldsymbol{0}$.

(4) 如果 $k\boldsymbol{\alpha} = \boldsymbol{0}$, 则 $k = 0$ 或 $\boldsymbol{\alpha} = \boldsymbol{0}$.

证明　(1) 设 $\boldsymbol{0}_1, \boldsymbol{0}_2$ 是线性空间 V 中的两个零元素, 即对任何 $\boldsymbol{\alpha} \in V$, 有

$$\boldsymbol{\alpha} + \boldsymbol{0}_1 = \boldsymbol{\alpha}, \quad \boldsymbol{\alpha} + \boldsymbol{0}_2 = \boldsymbol{\alpha},$$

于是

$$\mathbf{0}_1=\mathbf{0}_1+\mathbf{0}_2=\mathbf{0}_2+\mathbf{0}_1=\mathbf{0}_2.$$

(2) 设 $\boldsymbol{\alpha}$ 有两个负元素 $\boldsymbol{\beta},\boldsymbol{\gamma}$，即

$$\boldsymbol{\alpha}+\boldsymbol{\beta}=\mathbf{0},\quad \boldsymbol{\alpha}+\boldsymbol{\gamma}=\mathbf{0}.$$

于是

$$\boldsymbol{\beta}=\boldsymbol{\beta}+\mathbf{0}=\boldsymbol{\beta}+(\boldsymbol{\alpha}+\boldsymbol{\gamma})=(\boldsymbol{\alpha}+\boldsymbol{\beta})+\boldsymbol{\gamma}=\mathbf{0}+\boldsymbol{\gamma}=\boldsymbol{\gamma}.$$

(3) 因为

$$\boldsymbol{\alpha}+0\boldsymbol{\alpha}=1\boldsymbol{\alpha}+0\boldsymbol{\alpha}=(1+0)\boldsymbol{\alpha}=1\boldsymbol{\alpha}=\boldsymbol{\alpha},$$

所以

$$0\boldsymbol{\alpha}=\mathbf{0};$$

因为

$$\boldsymbol{\alpha}+(-1)\boldsymbol{\alpha}=1\boldsymbol{\alpha}+(-1)\boldsymbol{\alpha}=[1+(-1)]\boldsymbol{\alpha}=0\boldsymbol{\alpha}=\mathbf{0},$$

所以

$$(-1)\boldsymbol{\alpha}=-\boldsymbol{\alpha};$$

$$k\mathbf{0}=k[\boldsymbol{\alpha}+(-1)\boldsymbol{\alpha}]=k\boldsymbol{\alpha}+(-k)\boldsymbol{\alpha}=0\boldsymbol{\alpha}=\mathbf{0}.$$

(4) 若 $k\neq 0$，在 $k\boldsymbol{\alpha}=\mathbf{0}$ 两边乘以 $1/k$，得

$$(k\boldsymbol{\alpha})/k=\mathbf{0},$$

所以

$$\boldsymbol{\alpha}=1\boldsymbol{\alpha}=(k/k)\boldsymbol{\alpha}=(k\boldsymbol{\alpha})/k=\mathbf{0}.$$

由 n 维数组构成的向量空间里有线性组合、线性相关、线性无关、极大无关组、秩、基和维数等概念，这些概念也可推广到线性空间里来. 线性空间里也存在着一些特殊元素，它们的线性组合就是空间的全部元素. 我们可以通过研究这些特殊元素的性质及其关系来窥视整个空间的性质.

定义 1.2

在 $V(F)$ 中，如果存在 n 个元素 $\boldsymbol{\alpha}_1,\boldsymbol{\alpha}_2,\cdots,\boldsymbol{\alpha}_n$，满足

(1) $\boldsymbol{\alpha}_1,\boldsymbol{\alpha}_2,\cdots,\boldsymbol{\alpha}_n$ 线性无关；

(2) $V(F)$ 中任意元素 $\boldsymbol{\alpha}$ 总可以由 $\boldsymbol{\alpha}_1,\boldsymbol{\alpha}_2,\cdots,\boldsymbol{\alpha}_n$ 线性表示，

则 $\boldsymbol{\alpha}_1,\boldsymbol{\alpha}_2,\cdots,\boldsymbol{\alpha}_n$ 称为 $V(F)$ 的一个基，n 称为 $V(F)$ 的维数，记作 $\mathrm{Dim}(V(F))=n$. 数域 F 上维数为 n 的线性空间称为 n 维线性空间，记作 $V_n(F)$，可表示为

$$V_n(F)=\{\boldsymbol{\alpha}=x_1\boldsymbol{\alpha}_1+x_2\boldsymbol{\alpha}_2+\cdots+x_n\boldsymbol{\alpha}_n\,|\,x_1,x_2,\cdots,x_n\in F\},$$

这就较清楚地显示出了线性空间的构造，我们也可以把 $V_n(F)$ 称为由向量组 $\{\boldsymbol{\alpha}_1,\boldsymbol{\alpha}_2,\cdots,\boldsymbol{\alpha}_n\}$ 生成的空间，记作 $V_n(F)=L\{\boldsymbol{\alpha}_1,\boldsymbol{\alpha}_2,\cdots,\boldsymbol{\alpha}_n\}$.

一方面，对任何 $\boldsymbol{\alpha}\in V(F)$，都存在一个有序数组 $(x_1,x_2,\cdots,x_n)$，使 $\boldsymbol{\alpha}=x_1\boldsymbol{\alpha}_1+x_2\boldsymbol{\alpha}_2+\cdots+x_n\boldsymbol{\alpha}_n$，并且这组数是唯一的. 另一方面，任给一个有序数组 $(x_1,x_2,\cdots,x_n)$，总有唯一的元素 $\boldsymbol{\alpha}=x_1\boldsymbol{\alpha}_1+x_2\boldsymbol{\alpha}_2+\cdots+x_n\boldsymbol{\alpha}_n\in V(F)$，这样，$V(F)$ 的元素 $\boldsymbol{\alpha}$ 与有序数组 $(x_1,x_2,\cdots,x_n)$ 之间存在着一一对应的关系，因此可以用这一个有序数组来表示元素 $\boldsymbol{\alpha}$. 于是我们有

定义 1.3

设 $\boldsymbol{\alpha}_1, \boldsymbol{\alpha}_2, \cdots, \boldsymbol{\alpha}_n$ 是 $V_n(F)$ 的一个基. 对任一元素 $\boldsymbol{\alpha} \in V_n(F)$，有且仅有一个有序数组 $(x_1, x_2, \cdots, x_n)$，使 $\boldsymbol{\alpha} = x_1\boldsymbol{\alpha}_1 + x_2\boldsymbol{\alpha}_2 + \cdots + x_n\boldsymbol{\alpha}_n$，这个有序数组就称为元素 $\boldsymbol{\alpha}$ 在基 $\boldsymbol{\alpha}_1, \boldsymbol{\alpha}_2, \cdots, \boldsymbol{\alpha}_n$ 下的坐标，并记作 $\boldsymbol{\alpha} = (x_1, x_2, \cdots, x_n)^{\mathrm{T}}$.

例 1.5　在 $P_4[x]$ 中，$p_1(x)=1$，$p_2(x)=x$，$p_3(x)=x^2$，$p_4(x)=x^3$，$p_5(x)=x^4$ 就是它的一个基. 任一不超过 4 次的多项式

$$p(x) = a_4x^4 + a_3x^3 + a_2x^2 + a_1x + a_0$$

都可表示为

$$p(x) = a_4p_5(x) + a_3p_4(x) + a_2p_3(x) + a_1p_2(x) + a_0p_1(x).$$

因此，$p(x)$ 在这个基下的坐标为 $(a_0, a_1, a_2, a_3, a_4)^{\mathrm{T}}$.

建立了坐标以后，就把抽象的向量 $\boldsymbol{\alpha}$ 与 n 维数组 $(x_1, x_2, \cdots, x_n)^{\mathrm{T}}$ 联系起来了. 不仅如此，还可把 $V_n(F)$ 中的线性运算与熟悉的 n 维向量空间中数组的线性运算联系起来.

设 $\boldsymbol{\alpha}, \boldsymbol{\beta} \in V_n(F)$，有 $\boldsymbol{\alpha} = x_1\boldsymbol{\alpha}_1 + x_2\boldsymbol{\alpha}_2 + \cdots + x_n\boldsymbol{\alpha}_n$，$\boldsymbol{\beta} = y_1\boldsymbol{\alpha}_1 + y_2\boldsymbol{\alpha}_2 + \cdots + y_n\boldsymbol{\alpha}_n$，于是

$$\boldsymbol{\alpha} + \boldsymbol{\beta} = (x_1 + y_1)\boldsymbol{\alpha}_1 + (x_2 + y_2)\boldsymbol{\alpha}_2 + \cdots + (x_n + y_n)\boldsymbol{\alpha}_n,$$

$$k\boldsymbol{\alpha} = (kx_1)\boldsymbol{\alpha}_1 + (kx_2)\boldsymbol{\alpha}_2 + \cdots + (kx_n)\boldsymbol{\alpha}_n,$$

即 $\boldsymbol{\alpha} + \boldsymbol{\beta}$ 和 $k\boldsymbol{\alpha}$ 的坐标分别是

$$(x_1 + y_1, x_2 + y_2, \cdots, x_n + y_n)^{\mathrm{T}} = (x_1, x_2, \cdots, x_n)^{\mathrm{T}} + (y_1, y_2, \cdots, y_n)^{\mathrm{T}},$$

$$(kx_1, kx_2, \cdots, kx_n)^{\mathrm{T}} = k(x_1, x_2, \cdots, x_n)^{\mathrm{T}}.$$

这种向量与 n 维数组的对应关系保持线性组合的对应. 因此，我们可以说 $V_n(F)$ 与 F^n 有相同的结构.

定义 1.4

设 $V(F)$ 和 $U(F)$ 是两个线性空间，T 是 $V(F)$ 到 $U(F)$ 的一个映射. 如果 T 满足条件：任意 $\boldsymbol{\alpha}, \boldsymbol{\beta} \in V(F)$，$k \in F$，有

$$T(\boldsymbol{\alpha} + \boldsymbol{\beta}) = T(\boldsymbol{\alpha}) + T(\boldsymbol{\beta}),$$

$$T(k\boldsymbol{\alpha}) = kT(\boldsymbol{\alpha}),$$

则称 T 是 $V(F)$ 到 $U(F)$ 的一个同态. 如果 T 是可逆的，则称 T 是 $V(F)$ 到 $U(F)$ 的一个同构，并称 $V(F)$ 和 $U(F)$ 同构，记作 $V(F) \cong U(F)$.

显然，任何 $V_n(F)$ 都与 F^n 同构，即维数相等的有限维线性空间都同构. 从而可知线性空间的结构完全被它的维数所决定.

例 1.6　设 $\boldsymbol{A}$ 是空间 $F^{m\times n}$ 中任意一个给定的矩阵，定义 $T_{\boldsymbol{A}}$：$F^n \to F^m$：任意 $\boldsymbol{x} \in F^n$，$T_{\boldsymbol{A}}(\boldsymbol{x}) = \boldsymbol{A}\boldsymbol{x}$，则 $T_{\boldsymbol{A}}$ 是 F^n 到 F^m 的一个同态.

例 1.7　$\mathbf{R}^{n+1}$ 与实数域上的 $P_n[x]$ 同构.

证明　设 $\boldsymbol{\alpha} = (a_0, a_1, \cdots, a_n)^{\mathrm{T}}$，$\boldsymbol{\beta} = (b_0, b_1, \cdots, b_n)^{\mathrm{T}}$ 是 $\mathbf{R}^{n+1}$ 中元素，$k \in \mathbf{R}$，定义 $\mathbf{R}^{n+1}$ 到 $P_n[x]$ 的映射 T：

$$T(\boldsymbol{\alpha}) = a_nx^n + \cdots + a_1x + a_0,$$

利用多项式运算法则计算可得

$$T(k\boldsymbol{\alpha})=kT(\boldsymbol{\alpha}),\quad T(\boldsymbol{\alpha}+\boldsymbol{\beta})=T(\boldsymbol{\alpha})+T(\boldsymbol{\beta}),$$

所以 T 是 $\mathbf{R}^{n+1}$ 到 $P_n[x]$ 的同态.

假设 $T(\boldsymbol{\alpha})=a_nx^n+\cdots+a_1x+a_0=\mathbf{0}$, 则根据多项式相等定义有 $a_0=a_1=\cdots=a_n=0$, 即 $\boldsymbol{\alpha}=\mathbf{0}$. 所以 T 是可逆的, 即 T 是 $\mathbf{R}^{n+1}$ 到 $P_n[x]$ 的同构.

同构有如下性质.

定理 1.2

两个有限维线性空间 $V(F)$ 和 $U(F)$ 同构的充要条件是

$$\mathrm{Dim}(V(F))=\mathrm{Dim}(U(F)).$$

证明　充分性. 设 $\mathrm{Dim}(V(F))=\mathrm{Dim}(U(F))=n$. 进而设 $\{\boldsymbol{\alpha}_1,\boldsymbol{\alpha}_2,\cdots,\boldsymbol{\alpha}_n\}$ 和 $\{\boldsymbol{\beta}_1,\boldsymbol{\beta}_2,\cdots,\boldsymbol{\beta}_n\}$ 分别是 $V(F)$ 和 $U(F)$ 的基. 对于任意的 $\boldsymbol{\alpha}=x_1\boldsymbol{\alpha}_1+x_2\boldsymbol{\alpha}_2+\cdots+x_n\boldsymbol{\alpha}_n$, 定义映射 $T: V(F)\to U(F)$ 为

$$T(\boldsymbol{\alpha})=x_1\boldsymbol{\beta}_1+x_2\boldsymbol{\beta}_2+\cdots+x_n\boldsymbol{\beta}_n.$$

易见 T 是 $V(F)$ 到 $U(F)$ 的一个保持线性运算的映射, 并且 T 既是单射又是满射, 因此 T 是 $V(F)$ 到 $U(F)$ 的一个同构.

必要性. 设有限维线性空间 $V(F)$ 和 $U(F)$ 的维数分别是 n 和 m, 映射 T 是 $V(F)$ 到 $U(F)$ 的同构. 设 $\{\boldsymbol{\alpha}_1,\boldsymbol{\alpha}_2,\cdots,\boldsymbol{\alpha}_n\}$ 是 $V(F)$ 的基. 考虑基的像构成的向量组 $\{T(\boldsymbol{\alpha}_1),T(\boldsymbol{\alpha}_2),\cdots,T(\boldsymbol{\alpha}_n)\}$.

$\forall\boldsymbol{\beta}\in U(F)$, 由于 T 是 $V(F)$ 到 $U(F)$ 的同构, 所以存在 $\boldsymbol{\alpha}\in V(F)$, 使得 $\boldsymbol{\beta}=T(\boldsymbol{\alpha})$, 假设 $\boldsymbol{\alpha}=x_1\boldsymbol{\alpha}_1+x_2\boldsymbol{\alpha}_2+\cdots+x_n\boldsymbol{\alpha}_n$, 于是

$$\boldsymbol{\beta}=T(\boldsymbol{\alpha})=x_1T(\boldsymbol{\alpha}_1)+x_2T(\boldsymbol{\alpha}_2)+\cdots+x_nT(\boldsymbol{\alpha}_n),$$

也就是说 $\boldsymbol{\beta}$ 可以由向量组 $\{T(\boldsymbol{\alpha}_1),T(\boldsymbol{\alpha}_2),\cdots,T(\boldsymbol{\alpha}_n)\}$ 线性表示.

又假设 $k_1T(\boldsymbol{\alpha}_1)+k_2T(\boldsymbol{\alpha}_2)+\cdots+k_nT(\boldsymbol{\alpha}_n)=\mathbf{0}$, 也就是 $T(k_1\boldsymbol{\alpha}_1+k_2\boldsymbol{\alpha}_2+\cdots+k_n\boldsymbol{\alpha}_n)=\mathbf{0}$, 但是, $T(\mathbf{0})=T(0\boldsymbol{\alpha}_1+0\boldsymbol{\alpha}_2+\cdots+0\boldsymbol{\alpha}_n)=\mathbf{0}$, 由于 T 是可逆映射, 所以 $k_1\boldsymbol{\alpha}_1+k_2\boldsymbol{\alpha}_2+\cdots+k_n\boldsymbol{\alpha}_n=\mathbf{0}$, 而 $\{\boldsymbol{\alpha}_1,\boldsymbol{\alpha}_2,\cdots,\boldsymbol{\alpha}_n\}$ 是 $V(F)$ 的基, 所以 $k_1=k_2=\cdots=k_n=0$, 所以 $\{T(\boldsymbol{\alpha}_1),T(\boldsymbol{\alpha}_2),\cdots,T(\boldsymbol{\alpha}_n)\}$ 线性无关, 可以作为 $U(F)$ 的一个基, 从而 $U(F)$ 的维数也是 n. $\mathrm{Dim}(V(F))=\mathrm{Dim}(U(F))$.

定理 1.3

设 $\{\boldsymbol{\alpha}_1,\boldsymbol{\alpha}_2,\cdots,\boldsymbol{\alpha}_n\}$ 是 $V_n(F)$ 的一个基, $\boldsymbol{\beta}_1,\boldsymbol{\beta}_2,\cdots,\boldsymbol{\beta}_m$ 是 $V_n(F)$ 的向量, 并且 $\boldsymbol{\beta}_i=x_{1i}\boldsymbol{\alpha}_1+x_{2i}\boldsymbol{\alpha}_2+\cdots+x_{ni}\boldsymbol{\alpha}_n$, $i=1,2,\cdots,m$. 则 $\boldsymbol{\beta}_1,\boldsymbol{\beta}_2,\cdots,\boldsymbol{\beta}_m$ 线性无关当且仅当 F^n 中向量 $\boldsymbol{A}_1,\boldsymbol{A}_2,\cdots,\boldsymbol{A}_m$ 线性无关, 其中 $\boldsymbol{A}_i=(x_{1i},x_{2i},\cdots,x_{ni})^{\mathrm{T}}$, $i=1,2,\cdots,m$.

证明　$\boldsymbol{\beta}_1,\boldsymbol{\beta}_2,\cdots,\boldsymbol{\beta}_m$ 的表达式可写成矩阵形式

$$(\boldsymbol{\beta}_1,\boldsymbol{\beta}_2,\cdots,\boldsymbol{\beta}_m)=(\boldsymbol{\alpha}_1,\boldsymbol{\alpha}_2,\cdots,\boldsymbol{\alpha}_n)\boldsymbol{A},$$

其中

$$\boldsymbol{A}=(\boldsymbol{A}_1,\boldsymbol{A}_2,\cdots,\boldsymbol{A}_m)=\begin{pmatrix}x_{11}&\cdots&x_{1m}\\ \vdots&&\vdots\\ x_{n1}&\cdots&x_{nm}\end{pmatrix}.$$

于是 $k_1\boldsymbol{\beta}_1+k_2\boldsymbol{\beta}_2+\cdots+k_m\boldsymbol{\beta}_m=\mathbf{0}$ 可以写成

$$(\boldsymbol{\beta}_1,\boldsymbol{\beta}_2,\cdots,\boldsymbol{\beta}_m)\begin{pmatrix}k_1\\ \vdots\\ k_m\end{pmatrix}=(\boldsymbol{\alpha}_1,\boldsymbol{\alpha}_2,\cdots,\boldsymbol{\alpha}_n)\boldsymbol{A}\begin{pmatrix}k_1\\ \vdots\\ k_m\end{pmatrix}=\boldsymbol{0}.$$

注意到

$$\boldsymbol{A}\begin{pmatrix}k_1\\ \vdots\\ k_m\end{pmatrix}=k_1\boldsymbol{A}_1+k_2\boldsymbol{A}_2+\cdots+k_m\boldsymbol{A}_m,$$

若 $\boldsymbol{\beta}_1,\boldsymbol{\beta}_2,\cdots,\boldsymbol{\beta}_m$ 线性无关，且 $k_1\boldsymbol{A}_1+k_2\boldsymbol{A}_2+\cdots+k_m\boldsymbol{A}_m=\boldsymbol{0}$，从而 $k_1\boldsymbol{\beta}_1+k_2\boldsymbol{\beta}_2+\cdots+k_m\boldsymbol{\beta}_m=\boldsymbol{0}$，于是 $k_1=k_2=\cdots=k_m=0$，所以 $\boldsymbol{A}_1,\boldsymbol{A}_2,\cdots,\boldsymbol{A}_m$ 线性无关.

反之，若 $\boldsymbol{A}_1,\boldsymbol{A}_2,\cdots,\boldsymbol{A}_m$ 线性无关，且 $k_1\boldsymbol{\beta}_1+k_2\boldsymbol{\beta}_2+\cdots+k_m\boldsymbol{\beta}_m=\boldsymbol{0}$，从而

$$(\boldsymbol{\alpha}_1,\boldsymbol{\alpha}_2,\cdots,\boldsymbol{\alpha}_n)\boldsymbol{A}\begin{pmatrix}k_1\\ \vdots\\ k_m\end{pmatrix}=\boldsymbol{0},$$

由于 $\boldsymbol{\alpha}_1,\boldsymbol{\alpha}_2,\cdots,\boldsymbol{\alpha}_n$ 线性无关，从而

$$\boldsymbol{A}\begin{pmatrix}k_1\\ \vdots\\ k_m\end{pmatrix}=\boldsymbol{0},$$

也就是 $k_1\boldsymbol{A}_1+k_2\boldsymbol{A}_2+\cdots+k_m\boldsymbol{A}_m=\boldsymbol{0}$，于是 $k_1=k_2=\cdots=k_m=0$，所以 $\boldsymbol{\beta}_1,\boldsymbol{\beta}_2,\cdots,\boldsymbol{\beta}_m$ 线性无关.

定理 1.3 说明，$V_n(F)$ 中任意一组向量的线性相关性与其在 F^n 中对应坐标向量的线性相关性是一致的.

同构的概念除元素一一对应外，主要是保持线性运算. 因此，$V_n(F)$ 中的线性运算就可转化为 F^n 中的线性运算，并且 F^n 中凡是只涉及线性运算的性质就都适用于 $V_n(F)$.

如果我们把所有的线性空间看作一个集合，类似于用等价关系对元素分类的思想方法，可以利用同构关系对线性空间分类，线性空间的本质区别就是维数不同.

一个线性空间可以由一个基来生成. 线性空间的基不是唯一的. 选择不同的基对我们研究线性空间的结构与性质可能有着不同的影响. 因此，研究基与基之间的关系是很有必要的.

设 $\{\boldsymbol{\alpha}_1,\boldsymbol{\alpha}_2,\cdots,\boldsymbol{\alpha}_n\}$ 及 $\{\boldsymbol{\beta}_1,\boldsymbol{\beta}_2,\cdots,\boldsymbol{\beta}_n\}$ 是 $V_n(F)$ 中的两个基，并且

$$\begin{cases}\boldsymbol{\beta}_1=p_{11}\boldsymbol{\alpha}_1+p_{21}\boldsymbol{\alpha}_2+\cdots+p_{n1}\boldsymbol{\alpha}_n,\\ \boldsymbol{\beta}_2=p_{12}\boldsymbol{\alpha}_1+p_{22}\boldsymbol{\alpha}_2+\cdots+p_{n2}\boldsymbol{\alpha}_n,\\ \qquad\cdots\cdots\\ \boldsymbol{\beta}_n=p_{1n}\boldsymbol{\alpha}_1+p_{2n}\boldsymbol{\alpha}_2+\cdots+p_{nn}\boldsymbol{\alpha}_n.\end{cases}\tag{1.1}$$

其中，$\boldsymbol{P}=(p_{ij})\in F^{n\times n}$. 把 $\boldsymbol{\alpha}_1,\boldsymbol{\alpha}_2,\cdots,\boldsymbol{\alpha}_n$ 这 n 个有序元素记作 $(\boldsymbol{\alpha}_1,\boldsymbol{\alpha}_2,\cdots,\boldsymbol{\alpha}_n)$，利用向量和矩阵的形式，(1.1) 式可表示为

$$(\boldsymbol{\beta}_1,\boldsymbol{\beta}_2,\cdots,\boldsymbol{\beta}_n)=(\boldsymbol{\alpha}_1,\boldsymbol{\alpha}_2,\cdots,\boldsymbol{\alpha}_n)\boldsymbol{P}.\tag{1.2}$$

(1.1) 或 (1.2) 称为基变换公式，矩阵 $\boldsymbol{P}$ 称为由基 $\{\boldsymbol{\alpha}_1,\boldsymbol{\alpha}_2,\cdots,\boldsymbol{\alpha}_n\}$ 到基 $\{\boldsymbol{\beta}_1,\boldsymbol{\beta}_2,\cdots,\boldsymbol{\beta}_n\}$ 的过渡矩阵. 由于 $\boldsymbol{\beta}_1,\boldsymbol{\beta}_2,\cdots,\boldsymbol{\beta}_n$ 线性无关，由定理 1.3 可知过渡矩阵 $\boldsymbol{P}$ 可逆.

定理 1.4

设 $V_n(F)$ 中的元素 $\boldsymbol{\alpha}$ 在基 $\{\boldsymbol{\alpha}_1,\boldsymbol{\alpha}_2,\cdots,\boldsymbol{\alpha}_n\}$ 下的坐标为 $\boldsymbol{x}=(x_1,x_2,\cdots,x_n)^{\mathrm{T}}$，在基 $\{\boldsymbol{\beta}_1,\boldsymbol{\beta}_2,\cdots,\boldsymbol{\beta}_n\}$ 下的坐标为 $\boldsymbol{y}=(y_1,y_2,\cdots,y_n)^{\mathrm{T}}$．若两个基满足关系式(1.2)，则有坐标变换公式

$$\boldsymbol{x}=\boldsymbol{P}\boldsymbol{y},$$

或者

$$\boldsymbol{y}=\boldsymbol{P}^{-1}\boldsymbol{x}.$$

证明　因为 $\boldsymbol{\alpha}=(\boldsymbol{\beta}_1,\boldsymbol{\beta}_2,\cdots,\boldsymbol{\beta}_n)\boldsymbol{y}=(\boldsymbol{\alpha}_1,\boldsymbol{\alpha}_2,\cdots,\boldsymbol{\alpha}_n)\boldsymbol{P}\boldsymbol{y}=(\boldsymbol{\alpha}_1,\boldsymbol{\alpha}_2,\cdots,\boldsymbol{\alpha}_n)\boldsymbol{x}$，由于过渡矩阵 $\boldsymbol{P}$ 可逆，故有关系式 $\boldsymbol{x}=\boldsymbol{P}\boldsymbol{y}$ 或者 $\boldsymbol{y}=\boldsymbol{P}^{-1}\boldsymbol{x}$．

这个定理的逆命题也成立，即若任一元素的两种坐标满足坐标变换公式 $\boldsymbol{x}=\boldsymbol{P}\boldsymbol{y}$ 或者 $\boldsymbol{y}=\boldsymbol{P}^{-1}\boldsymbol{x}$，则两个基满足基变换公式 $(\boldsymbol{\beta}_1,\boldsymbol{\beta}_2,\cdots,\boldsymbol{\beta}_n)=(\boldsymbol{\alpha}_1,\boldsymbol{\alpha}_2,\cdots,\boldsymbol{\alpha}_n)\boldsymbol{P}$．

例 1.8　在 $P_3[x]$ 中取两个基 $\boldsymbol{\alpha}_1=x^3+2x^2-x$，$\boldsymbol{\alpha}_2=x^3-x^2+x+1$，$\boldsymbol{\alpha}_3=-x^3+2x^2+x+1$，$\boldsymbol{\alpha}_4=-x^3-x^2+1$ 和 $\boldsymbol{\beta}_1=2x^3+x^2+1$，$\boldsymbol{\beta}_2=x^2+2x+2$，$\boldsymbol{\beta}_3=-2x^3+x^2+x+2$，$\boldsymbol{\beta}_4=x^3+3x^2+x+2$，求坐标变换公式.

解　任取 $\boldsymbol{\alpha}\in P_3[x]$，假设

$$\boldsymbol{\alpha}=(\boldsymbol{\alpha}_1,\boldsymbol{\alpha}_2,\boldsymbol{\alpha}_3,\boldsymbol{\alpha}_4)\boldsymbol{z}=(\boldsymbol{\beta}_1,\boldsymbol{\beta}_2,\boldsymbol{\beta}_3,\boldsymbol{\beta}_4)\boldsymbol{y},$$

由于

$$(\boldsymbol{\alpha}_1,\boldsymbol{\alpha}_2,\boldsymbol{\alpha}_3,\boldsymbol{\alpha}_4)=(x^3,x^2,x,1)\boldsymbol{A},$$
$$(\boldsymbol{\beta}_1,\boldsymbol{\beta}_2,\boldsymbol{\beta}_3,\boldsymbol{\beta}_4)=(x^3,x^2,x,1)\boldsymbol{B},$$

其中

$$\boldsymbol{A}=\begin{pmatrix}1&1&-1&-1\\2&-1&2&-1\\-1&1&1&0\\0&1&1&1\end{pmatrix},\quad \boldsymbol{B}=\begin{pmatrix}2&0&-2&1\\1&1&1&3\\0&2&1&1\\1&2&2&2\end{pmatrix}.$$

所以

$$(\boldsymbol{\beta}_1,\boldsymbol{\beta}_2,\boldsymbol{\beta}_3,\boldsymbol{\beta}_4)=(\boldsymbol{\alpha}_1,\boldsymbol{\alpha}_2,\boldsymbol{\alpha}_3,\boldsymbol{\alpha}_4)\boldsymbol{A}^{-1}\boldsymbol{B},$$

从而

$$\boldsymbol{\alpha}=(\boldsymbol{\beta}_1,\boldsymbol{\beta}_2,\boldsymbol{\beta}_3,\boldsymbol{\beta}_4)\boldsymbol{y}=(\boldsymbol{\alpha}_1,\boldsymbol{\alpha}_2,\boldsymbol{\alpha}_3,\boldsymbol{\alpha}_4)\boldsymbol{A}^{-1}\boldsymbol{B}\boldsymbol{y}=(\boldsymbol{\alpha}_1,\boldsymbol{\alpha}_2,\boldsymbol{\alpha}_3,\boldsymbol{\alpha}_4)\boldsymbol{z},$$

所以坐标变换公式为

$$\boldsymbol{z}=\boldsymbol{A}^{-1}\boldsymbol{B}\boldsymbol{y},$$

或者

$$\boldsymbol{y}=\boldsymbol{B}^{-1}\boldsymbol{A}\boldsymbol{z}=\begin{pmatrix}0&1&-1&1\\-1&1&0&0\\0&0&0&1\\1&-1&1&-1\end{pmatrix}\boldsymbol{z}.$$

1.2　线性变换的定义与表示

线性变换是一种特殊的保持线性运算的映射，提供了一种研究线性空间内元素之间和不

同线性空间之间关系的工具. 借助于线性变换理论, 一方面, 复杂的空间可以分解成简单的线性空间的和, 显现出空间的层次结构, 另一方面, 丰富多彩的空间可以划分成不同的类别, 抽象出空间同构的本质.

定义 2.1

设有两个非空集合 A, B, 如果对于 A 中任一元素 $\boldsymbol{\alpha}$, 按照一定的规则, 总有 B 中一个确定的元素 $\boldsymbol{\beta}$ 和它对应, 那么, 这个对应规则称为从集合 A 到集合 B 的变换(或映射). 我们常用字母表示一个变换, 譬如把上述变换记作 T, 并记 $\boldsymbol{\beta}=T(\boldsymbol{\alpha})$ 或 $\boldsymbol{\beta}=T\boldsymbol{\alpha}$, $\boldsymbol{\alpha}\in A$.

若 $\boldsymbol{\alpha}_1\in A$, $T(\boldsymbol{\alpha}_1)=\boldsymbol{\beta}_1\in B$, 就说变换 T 把元素 $\boldsymbol{\alpha}_1$ 变为 $\boldsymbol{\beta}_1$, $\boldsymbol{\beta}_1$ 称为 $\boldsymbol{\alpha}_1$ 在变换 T 下的像, $\boldsymbol{\alpha}_1$ 称为 $\boldsymbol{\beta}_1$ 在变换 T 下的源. A 称为变换 T 的源集. 像的全体所构成的集合称为像集, 记作 $T(A)$, 即 $T(A)=\{\boldsymbol{\beta}=T(\boldsymbol{\alpha})\,|\,\boldsymbol{\alpha}\in A\}$. 显然 $T(A)\subseteq B$.

定义 2.2

设 T 是一个从 $V_n(F)$ 到 $U_m(F)$ 的变换, 如果变换 T 满足

(1) 任给 $\boldsymbol{\alpha}_1$, $\boldsymbol{\alpha}_2\in V_n(F)$, 有 $T(\boldsymbol{\alpha}_1+\boldsymbol{\alpha}_2)=T(\boldsymbol{\alpha}_1)+T(\boldsymbol{\alpha}_2)$;

(2) 任给 $\boldsymbol{\alpha}\in V_n(F)$, $k\in\mathbf{R}$, 有 $T(k\boldsymbol{\alpha})=kT(\boldsymbol{\alpha})$,

那么, T 就称为从 $V_n(F)$ 到 $U_m(F)$ 的线性变换.

简言之, 线性变换就是保持线性运算的变换. 事实上, 两个空间之间的同态就是一个线性变换.

例如, 关系式

$$\begin{pmatrix} y_1 \\ \vdots \\ y_m \end{pmatrix}=\begin{pmatrix} a_{11} & \cdots & a_{1n} \\ \vdots & & \vdots \\ a_{m1} & \cdots & a_{mn} \end{pmatrix}\begin{pmatrix} x_1 \\ \vdots \\ x_n \end{pmatrix}$$

就确定了一个从 $\mathbf{R}^n$ 到 $\mathbf{R}^m$ 的变换, 并且是个线性变换.

特别地, 在定义 2.2 中, 如果 $U_m(F)=V_n(F)$, 那么 T 是一个从 $V_n(F)$ 到其自身的线性变换, 称为 $V_n(F)$ 中的线性变换. 本书只讨论 $V_n(F)$ 中的线性变换.

例 2.1　在 $P_3[x]$ 中, 微分运算 d 是一个线性变换. 这是因为在 $P_3[x]$ 中任取

$$p(x)=a_3x^3+a_2x^2+a_1x+a_0,$$
$$q(x)=b_3x^3+b_2x^2+b_1x+b_0,$$

则

$$\mathrm{d}p(x)=3a_3x^2+2a_2x+a_1,$$
$$\mathrm{d}q(x)=3b_3x^2+2b_2x+b_1,$$
$$\mathrm{d}(p(x)+q(x))=3(a_3+b_3)x^2+2(a_2+b_2)x+(a_1+b_1)=\mathrm{d}p(x)+\mathrm{d}q(x),$$
$$\mathrm{d}(kp(x))=3ka_3x^2+2a_2kx+a_1k=k(3a_3x^2+2a_2x+a_1)=k\mathrm{d}p(x).$$

例 2.2　由关系式 $T\begin{pmatrix} x \\ y \end{pmatrix}=\begin{pmatrix} \cos\varphi & -\sin\varphi \\ \sin\varphi & \cos\varphi \end{pmatrix}\begin{pmatrix} x \\ y \end{pmatrix}$ 确定 xOy 平面上的一个变换 T, 说明 T 的几何意义.

解 记$\begin{cases} x = r\cos\theta, \\ y = r\sin\theta, \end{cases}$于是

$$T\begin{pmatrix} x \\ y \end{pmatrix} = \begin{pmatrix} x\cos\varphi - y\sin\varphi \\ x\sin\varphi + y\cos\varphi \end{pmatrix} = \begin{pmatrix} r\cos\theta\cos\varphi - r\sin\theta\sin\varphi \\ r\cos\theta\sin\varphi + r\sin\theta\cos\varphi \end{pmatrix}$$
$$= \begin{pmatrix} r\cos(\theta+\varphi) \\ r\sin(\theta+\varphi) \end{pmatrix}.$$

这表示T把任一向量按逆时针方向旋转φ角.

定理 2.1

线性变换具有下述基本性质:

(1) $T(\mathbf{0}) = \mathbf{0}$, $T(-\boldsymbol{\alpha}) = -T(\boldsymbol{\alpha})$;

(2) 若$\boldsymbol{\beta} = k_1\boldsymbol{\alpha}_1 + k_2\boldsymbol{\alpha}_2 + \cdots + k_m\boldsymbol{\alpha}_m$, 则$T(\boldsymbol{\beta}) = k_1T(\boldsymbol{\alpha}_1) + k_2T(\boldsymbol{\alpha}_2) + \cdots + k_mT(\boldsymbol{\alpha}_m)$;

(3) 若$\boldsymbol{\alpha}_1, \boldsymbol{\alpha}_2, \cdots, \boldsymbol{\alpha}_m$线性相关, 则$T(\boldsymbol{\alpha}_1), T(\boldsymbol{\alpha}_2), \cdots, T(\boldsymbol{\alpha}_m)$亦线性相关;

(4) 线性变换T的像集$T(V_n(F))$是$V_n(F)$的子空间, 称为线性变换T的像空间, 像空间也可以记作$R(T)$;

(5) 使$T(\boldsymbol{\alpha}) = \mathbf{0}$的$\boldsymbol{\alpha}$的全体$\mathrm{Ker}(T) = \{\boldsymbol{\alpha} \mid \boldsymbol{\alpha} \in V_n(F), T(\boldsymbol{\alpha}) = \mathbf{0}\}$也是$V_n(F)$的子空间, 称为线性变换$T$的核空间, 核空间也可以记作$N(T)$.

证明 只证明性质(4)和(5).

(4) 设$\boldsymbol{\beta}_1$, $\boldsymbol{\beta}_2 \in T(V_n(F))$, 则有$\boldsymbol{\alpha}_1$, $\boldsymbol{\alpha}_2 \in V_n(F)$, 使$T(\boldsymbol{\alpha}_1) = \boldsymbol{\beta}_1$, $T(\boldsymbol{\alpha}_2) = \boldsymbol{\beta}_2$, 从而

$$\boldsymbol{\beta}_1 + \boldsymbol{\beta}_2 = T(\boldsymbol{\alpha}_1) + T(\boldsymbol{\alpha}_2) = T(\boldsymbol{\alpha}_1 + \boldsymbol{\alpha}_2) \in T(V_n(F)),$$
$$k\boldsymbol{\beta}_1 = kT(\boldsymbol{\alpha}_1) = T(k\boldsymbol{\alpha}_1) \in T(V_n(F)).$$

由于$T(V_n(F)) \subset V_n(F)$, 而由上述证明知它对$V_n(F)$中的线性运算封闭, 故它是$V_n(F)$的子空间. (本章定理 3.1)

(5) 显然$\mathrm{Ker}(T) \subset V_n(F)$.

若$\boldsymbol{\alpha}_1$, $\boldsymbol{\alpha}_2 \in \mathrm{Ker}(T)$, 即$T(\boldsymbol{\alpha}_1) = \mathbf{0}$, $T(\boldsymbol{\alpha}_2) = \mathbf{0}$, 则$T(\boldsymbol{\alpha}_1 + \boldsymbol{\alpha}_2) = T(\boldsymbol{\alpha}_1) + T(\boldsymbol{\alpha}_2) = \mathbf{0}$, 所以$\boldsymbol{\alpha}_1 + \boldsymbol{\alpha}_2 \in \mathrm{Ker}(T)$;

若$\boldsymbol{\alpha}_1 \in \mathrm{Ker}(T), k \in \mathbf{R}$, 则$T(k\boldsymbol{\alpha}_1) = kT(\boldsymbol{\alpha}_1) = k\mathbf{0} = \mathbf{0}$, 所以$k\boldsymbol{\alpha}_1 \in \mathrm{Ker}(T)$.

以上表明$\mathrm{Ker}(T)$对线性运算封闭, 所以$\mathrm{Ker}(T)$是$V_n(F)$的子空间.

例 2.3 设有n阶矩阵$\boldsymbol{A} = \begin{pmatrix} a_{11} & \cdots & a_{1n} \\ \vdots & & \vdots \\ a_{n1} & \cdots & a_{nn} \end{pmatrix} = (\boldsymbol{A}_1, \boldsymbol{A}_2, \cdots, \boldsymbol{A}_n)$, 其中$\boldsymbol{A}_i = (a_{1i}, a_{2i}, \cdots, a_{ni})^{\mathrm{T}}$, $i = 1, 2, \cdots, n$. 证明$\mathbf{R}^n$中的变换$\boldsymbol{y} = T(\boldsymbol{x}) = \boldsymbol{A}\boldsymbol{x}$, $\boldsymbol{x} \in \mathbf{R}^n$为线性变换.

证明 设$\boldsymbol{\alpha}$, $\boldsymbol{\beta} \in \mathbf{R}^n$, 则

$$T(\boldsymbol{\alpha} + \boldsymbol{\beta}) = \boldsymbol{A}(\boldsymbol{\alpha} + \boldsymbol{\beta}) = \boldsymbol{A}\boldsymbol{\alpha} + \boldsymbol{A}\boldsymbol{\beta} = T(\boldsymbol{\alpha}) + T(\boldsymbol{\beta}),$$
$$T(k\alpha) = \boldsymbol{A}(k\alpha) = k\boldsymbol{A}\boldsymbol{\alpha} = kT(\boldsymbol{\alpha}).$$

所以$\boldsymbol{y} = T(\boldsymbol{x}) = \boldsymbol{A}\boldsymbol{x}$, $\boldsymbol{x} \in \mathbf{R}^n$为线性变换. 而且$T$的像空间就是由$\boldsymbol{A}_1, \boldsymbol{A}_2, \cdots, \boldsymbol{A}_n$所生成的向量空间$T(\mathbf{R}^n) = \{x_1\boldsymbol{A}_1 + x_2\boldsymbol{A}_2 + \cdots + x_n\boldsymbol{A}_n \mid x_1, x_2, \cdots, x_n \in \mathbf{R}\}$, 也可以称为$\boldsymbol{A}$的列空间, T的核$\mathrm{Ker}(T)$就是齐次线性方程组$\boldsymbol{A}\boldsymbol{x} = \mathbf{0}$的解空间.

线性空间的元素可以由一个基的线性组合来表示，组合系数就是该元素在这个基下的坐标. 一个线性变换确定了线性空间里两个元素之间的映射关系. 研究发现，只要知道了给定的基在该线性变化下的变换结果，就可以推算出任意元素的变换结果. 而给定的基在该线性变换下的结果恰好可以用一个矩阵来表达. 有了这个矩阵，线性变换可以简单地表示为矩阵与向量的乘法运算.

定义 2.3

设 T 是 $V_n(F)$ 中的线性变换，在 $V_n(F)$ 中取定一个基 $\{\boldsymbol{\alpha}_1,\boldsymbol{\alpha}_2,\cdots,\boldsymbol{\alpha}_n\}$，如果这个基在变换 T 下的像(用这个基线性表示)为

$$T(\boldsymbol{\alpha}_1)=a_{11}\boldsymbol{\alpha}_1+a_{21}\boldsymbol{\alpha}_2+\cdots+a_{n1}\boldsymbol{\alpha}_n,$$
$$T(\boldsymbol{\alpha}_2)=a_{12}\boldsymbol{\alpha}_1+a_{22}\boldsymbol{\alpha}_2+\cdots+a_{n2}\boldsymbol{\alpha}_n,$$
$$\cdots\cdots$$
$$T(\boldsymbol{\alpha}_n)=a_{1n}\boldsymbol{\alpha}_1+a_{2n}\boldsymbol{\alpha}_2+\cdots+a_{nn}\boldsymbol{\alpha}_n,$$

记 $T(\boldsymbol{\alpha}_1,\boldsymbol{\alpha}_2,\cdots,\boldsymbol{\alpha}_n)=(T(\boldsymbol{\alpha}_1),T(\boldsymbol{\alpha}_2),\cdots,T(\boldsymbol{\alpha}_n))$，上式可表示为

$$T(\boldsymbol{\alpha}_1,\boldsymbol{\alpha}_2,\cdots,\boldsymbol{\alpha}_n)=(\boldsymbol{\alpha}_1,\boldsymbol{\alpha}_2,\cdots,\boldsymbol{\alpha}_n)\boldsymbol{A}, \tag{2.1}$$

其中 $\boldsymbol{A}=\begin{pmatrix} a_{11} & \cdots & a_{1n} \\ \vdots & & \vdots \\ a_{n1} & \cdots & a_{nn}\end{pmatrix}$，那么 $\boldsymbol{A}$ 就称为线性变换 T 在基 $\{\boldsymbol{\alpha}_1,\boldsymbol{\alpha}_2,\cdots,\boldsymbol{\alpha}_n\}$ 下的矩阵. 显然，矩阵 $\boldsymbol{A}$ 由基的像 $T(\boldsymbol{\alpha}_1),T(\boldsymbol{\alpha}_2),\cdots,T(\boldsymbol{\alpha}_n)$ 唯一确定.

另一方面，如果给定一个矩阵 $\boldsymbol{A}$ 作为线性变换 T 在基 $\{\boldsymbol{\alpha}_1,\boldsymbol{\alpha}_2,\cdots,\boldsymbol{\alpha}_n\}$ 下的矩阵，也就是给出了这个基在变换 T 下的像，根据变换 T 保持线性关系的特性，可以推导变换 T 必须满足的关系式.

对于 $V_n(F)$ 中的任意元素 $\boldsymbol{\alpha}=\sum_{i=1}^{n}x_i\boldsymbol{\alpha}_i$，有

$$\begin{aligned} T(\boldsymbol{\alpha}) &= T\left(\sum_{i=1}^{n}x_i\boldsymbol{\alpha}_i\right)=\sum_{i=1}^{n}x_iT(\boldsymbol{\alpha}_i) \\ &= \left(T(\boldsymbol{\alpha}_1),T(\boldsymbol{\alpha}_2),\cdots,T(\boldsymbol{\alpha}_n)\right)\begin{pmatrix} x_1 \\ \vdots \\ x_n\end{pmatrix} \\ &= (\boldsymbol{\alpha}_1,\boldsymbol{\alpha}_2,\cdots,\boldsymbol{\alpha}_n)\boldsymbol{A}\begin{pmatrix} x_1 \\ \vdots \\ x_n\end{pmatrix}. \end{aligned} \tag{2.2}$$

关系式(2.2)唯一地确定一个变换 T，可以验证所确定的变换 T 是以 $\boldsymbol{A}$ 为矩阵的线性变换. 总之，以 $\boldsymbol{A}$ 为矩阵的线性变换 T 由关系式(2.2)唯一确定，$\boldsymbol{\alpha}$ 与 $T(\boldsymbol{\alpha})$ 在基 $\boldsymbol{\alpha}_1,\boldsymbol{\alpha}_2,\cdots,\boldsymbol{\alpha}_n$ 下的坐标分别为 $\begin{pmatrix} x_1 \\ \vdots \\ x_n\end{pmatrix}$ 和 $\boldsymbol{A}\begin{pmatrix} x_1 \\ \vdots \\ x_n\end{pmatrix}$.

定义 2.3 表明，在 $V_n(F)$ 中取定一个基以后，由线性变换 T 可唯一地确定一个矩阵 $\boldsymbol{A}$，反之，

由一个矩阵 $\boldsymbol{A}$ 也可唯一地确定一个线性变换 T，这样，在线性变换与矩阵之间就有一一对应的关系.

可以证明，$V_n(F)$ 中全体线性变换的集合对于线性变换的加法和数乘运算也做成一个线性空间. 取定一个基以后，每个线性变换都唯一对应着一个 $F^{n\times n}$ 中的矩阵，线性变换的加法和数乘运算可以转化为对应矩阵的加法与数乘运算.

定理 2.2

设 T_1 和 T_2 是 $V_n(F)$ 的两个线性变换，在基 $\{\boldsymbol{\alpha}_1,\boldsymbol{\alpha}_2,\cdots,\boldsymbol{\alpha}_n\}$ 下的矩阵分别是 $\boldsymbol{A}$ 和 $\boldsymbol{B}$，则

(1) T_1+T_2 的矩阵是 $\boldsymbol{A}+\boldsymbol{B}$；

(2) 复合(或乘积)运算 $T_1\ T_2$ 的矩阵是 $\boldsymbol{AB}$；

(3) kT_1 的矩阵是 $k\boldsymbol{A}$；

(4) T_1 是可逆线性变换的充要条件是矩阵 $\boldsymbol{A}$ 可逆，且逆变换 T_1^{-1} 的矩阵是 $\boldsymbol{A}^{-1}$.

证明留作练习.

例 2.4 在 $P_3[x]$ 中，取基 $p_1(x)=1$, $p_2(x)=x$, $p_3(x)=x^2$, $p_4(x)=x^3$，求微分运算 d 的矩阵.

解 直接计算可得

$$\begin{aligned}
\mathrm{d}p_1(x)&=\mathbf{0}=0\,p_1(x)+0\,p_2(x)+0\,p_3(x)+0\,p_4(x),\\
\mathrm{d}p_2(x)&=1=1\,p_1(x)+0\,p_2(x)+0\,p_3(x)+0\,p_4(x),\\
\mathrm{d}p_3(x)&=2x=0\,p_1(x)+2\,p_2(x)+0\,p_3(x)+0\,p_4(x),\\
\mathrm{d}p_4(x)&=3x^2=0\,p_1(x)+0\,p_2(x)+3\,p_3(x)+0\,p_4(x),
\end{aligned}$$

所以 d 在这个基下的矩阵为

$$\boldsymbol{A}=\begin{pmatrix}0&1&0&0\\0&0&2&0\\0&0&0&3\\0&0&0&0\end{pmatrix}.$$

例 2.5 在 $\mathbf{R}^3$ 中，T 表示将向量投影到 xOy 平面的线性变换，即 $T(x\boldsymbol{i}+y\boldsymbol{j}+z\boldsymbol{k})=x\boldsymbol{i}+y\boldsymbol{j}$.

(1) 取基为 $\boldsymbol{i},\boldsymbol{j},\boldsymbol{k}$，求 T 的矩阵；

(2) 取基为 $\boldsymbol{\alpha}=\boldsymbol{i}$, $\boldsymbol{\beta}=\boldsymbol{j}$, $\boldsymbol{\gamma}=\boldsymbol{i}+\boldsymbol{j}+\boldsymbol{k}$，求 T 的矩阵.

解 (1) 因为 $T(\boldsymbol{i})=\boldsymbol{i}$, $T(\boldsymbol{j})=\boldsymbol{j}$, $T(\boldsymbol{k})=\mathbf{0}$，所以

$$T(\boldsymbol{i},\boldsymbol{j},\boldsymbol{k})=(\boldsymbol{i},\boldsymbol{j},\boldsymbol{k})\begin{pmatrix}1&0&0\\0&1&0\\0&0&0\end{pmatrix}.$$

(2) 因为

$$\begin{aligned}
T(\boldsymbol{\alpha})&=T(\boldsymbol{i})=\boldsymbol{i}=\boldsymbol{\alpha},\\
T(\boldsymbol{\beta})&=T(\boldsymbol{j})=\boldsymbol{j}=\boldsymbol{\beta},\\
T(\boldsymbol{\gamma})&=T(\boldsymbol{i}+\boldsymbol{j}+\boldsymbol{k})=\boldsymbol{i}+\boldsymbol{j}=\boldsymbol{\alpha}+\boldsymbol{\beta},
\end{aligned}$$

所以

$$T(\boldsymbol{\alpha},\boldsymbol{\beta},\boldsymbol{\gamma})=(\boldsymbol{\alpha},\boldsymbol{\beta},\boldsymbol{\gamma})\begin{pmatrix}1&0&1\\0&1&1\\0&0&0\end{pmatrix}.$$

由例 2.5 可见，同一个线性变换在不同的基下有不同的矩阵. 一般地，我们有

定理 2.3

$V_n(F)$ 中取定两个基 $\{\boldsymbol{\alpha}_1,\boldsymbol{\alpha}_2,\cdots,\boldsymbol{\alpha}_n\}$ 和 $\{\boldsymbol{\beta}_1,\boldsymbol{\beta}_2,\cdots,\boldsymbol{\beta}_n\}$，由基 $\{\boldsymbol{\alpha}_1,\boldsymbol{\alpha}_2,\cdots,\boldsymbol{\alpha}_n\}$ 到基 $\{\boldsymbol{\beta}_1,\boldsymbol{\beta}_2,\cdots,\boldsymbol{\beta}_n\}$ 的过渡矩阵为 $\boldsymbol{P}$，$V_n(F)$ 中的线性变换 T 在这两个基下的矩阵依次为 $\boldsymbol{A}$ 和 $\boldsymbol{B}$，那么 $\boldsymbol{B}=\boldsymbol{P}^{-1}\boldsymbol{A}\boldsymbol{P}$.

证明　按定理的假设，有 $(\boldsymbol{\beta}_1,\boldsymbol{\beta}_2,\cdots,\boldsymbol{\beta}_n)=(\boldsymbol{\alpha}_1,\boldsymbol{\alpha}_2,\cdots,\boldsymbol{\alpha}_n)\boldsymbol{P}$，则 $\boldsymbol{P}$ 可逆，又由

$$T(\boldsymbol{\alpha}_1,\boldsymbol{\alpha}_2,\cdots,\boldsymbol{\alpha}_n)=(\boldsymbol{\alpha}_1,\boldsymbol{\alpha}_2,\cdots,\boldsymbol{\alpha}_n)\boldsymbol{A},$$
$$T(\boldsymbol{\beta}_1,\boldsymbol{\beta}_2,\cdots,\boldsymbol{\beta}_n)=(\boldsymbol{\beta}_1,\boldsymbol{\beta}_2,\cdots,\boldsymbol{\beta}_n)\boldsymbol{B},$$

得到

$$\begin{aligned}&(\boldsymbol{\beta}_1,\boldsymbol{\beta}_2,\cdots,\boldsymbol{\beta}_n)\boldsymbol{B}\\&=T(\boldsymbol{\beta}_1,\boldsymbol{\beta}_2,\cdots,\boldsymbol{\beta}_n)\\&=T((\boldsymbol{\alpha}_1,\boldsymbol{\alpha}_2,\cdots,\boldsymbol{\alpha}_n)\boldsymbol{P})\\&=T(\boldsymbol{\alpha}_1,\boldsymbol{\alpha}_2,\cdots,\boldsymbol{\alpha}_n)\boldsymbol{P}\\&=(\boldsymbol{\alpha}_1,\boldsymbol{\alpha}_2,\cdots,\boldsymbol{\alpha}_n)\boldsymbol{A}\boldsymbol{P}\\&=(\boldsymbol{\beta}_1,\boldsymbol{\beta}_2,\cdots,\boldsymbol{\beta}_n)\boldsymbol{P}^{-1}\boldsymbol{A}\boldsymbol{P},\end{aligned}$$

又因为 $\boldsymbol{\beta}_1,\boldsymbol{\beta}_2,\cdots,\boldsymbol{\beta}_n$ 线性无关，所以 $\boldsymbol{B}=\boldsymbol{P}^{-1}\boldsymbol{A}\boldsymbol{P}$.

定理 2.3 表明 $\boldsymbol{B}$ 与 $\boldsymbol{A}$ 相似，且两个基之间的过渡矩阵 $\boldsymbol{P}$ 就是相似变换矩阵.

例 2.6　设 $V_2(F)$ 中的线性变换 T 在基 $\{\boldsymbol{\alpha}_1,\boldsymbol{\alpha}_2\}$ 下的矩阵为 $\boldsymbol{A}=\begin{pmatrix}a_{11}&a_{12}\\a_{21}&a_{22}\end{pmatrix}$，求 T 在 $\{\boldsymbol{\alpha}_2,\boldsymbol{\alpha}_1\}$ 下的矩阵.

解　因为

$$(\boldsymbol{\alpha}_2,\boldsymbol{\alpha}_1)=(\boldsymbol{\alpha}_1,\boldsymbol{\alpha}_2)\begin{pmatrix}0&1\\1&0\end{pmatrix},$$

所以由基 $\{\boldsymbol{\alpha}_1,\boldsymbol{\alpha}_2\}$ 到基 $\{\boldsymbol{\alpha}_2,\boldsymbol{\alpha}_1\}$ 的过渡矩阵为

$$\boldsymbol{P}=\begin{pmatrix}0&1\\1&0\end{pmatrix},$$

进一步求得

$$\boldsymbol{P}^{-1}=\begin{pmatrix}0&1\\1&0\end{pmatrix},$$

于是 T 在基 $\{\boldsymbol{\alpha}_2,\boldsymbol{\alpha}_1\}$ 下的矩阵为

$$\boldsymbol{B}=\boldsymbol{P}^{-1}\boldsymbol{A}\boldsymbol{P}=\begin{pmatrix}a_{22}&a_{21}\\a_{12}&a_{11}\end{pmatrix}.$$

定义 2.4

$V_n(F)$ 上线性变换 T 的像空间 $T(V_n(F))$ 的维数，称为线性变换 T 的秩.

显然，若 $\boldsymbol{A}$ 是 T 的矩阵，则 T 的秩就是 $\mathrm{Rank}(\boldsymbol{A})$. 若 T 的秩为 r，则 T 的核 $\mathrm{Ker}(T)$ 的维数为 $n-r$.

1.3 子空间与空间分解

$V_n(F)$ 中集合 V 的子集会涉及集合的交、并与补等运算，我们可以讨论这些运算的结果是否也保留线性空间的性质，从而引出线性空间分解的概念和方法.

定义 3.1

设 $V_n(F)$ 为线性空间，W 是 V 的非空子集合. 若 W 的元素关于 $V_n(F)$ 中加法与数乘运算也构成线性空间，则称 W 是 $V_n(F)$ 的一个子空间.

例 3.1 任何线性空间都有两个平凡子空间：一个是它自身 $V_n(F)\subseteq V_n(F)$，另一个是 $W=\{\mathbf{0}\}$，称为零元素空间，显然 $\mathrm{Dim}(\{\mathbf{0}\})=0$.

子集的包含关系使得 $V_n(F)$ 的一个子集合是否为子空间的判别比较方便.

定理 3.1

设 W 是 $V_n(F)$ 的非空子集合，则 W 是 $V_n(F)$ 的子空间的充分必要条件是

(1) 若 $\boldsymbol{\alpha},\boldsymbol{\beta}\in W$，则 $\boldsymbol{\alpha}+\boldsymbol{\beta}\in W$；

(2) 若 $\boldsymbol{\alpha}\in W$，$k\in F$，则 $k\boldsymbol{\alpha}\in W$.

证明 必要性是显然的，只证充分性.

设 W 满足 (1) 与 (2)，则只需验证本章定义 1.1 中 8 条运算法则也满足即可.

因为 $k\boldsymbol{\alpha}\in W$，取 $k=0$，则 $0\boldsymbol{\alpha}=\mathbf{0}\in W$，又取 $k=-1$，$-\boldsymbol{\alpha}=(-1)\boldsymbol{\alpha}\in W$，即 W 中存在零元素和任意元素的负元素. 又因为 $W\subseteq V_n(F)$，对 $V_n(F)$ 中加法与数乘运算，其余 6 条法则对 W 中元素进行运算时必须满足，故 W 是线性空间，从而是 $V_n(F)$ 的子空间.

例 3.2 在 $\mathbf{R}^{n\times n}$ 中取集合 $W_1=\{\boldsymbol{A}\mid\boldsymbol{A}=\boldsymbol{A}^{\mathrm{T}}\}$，$W_2=\{\boldsymbol{B}\mid|\boldsymbol{B}|\neq 0\}$，讨论 W_1 与 W_2 是否为 $\mathbf{R}^{n\times n}$ 的子空间.

解 任意 $\boldsymbol{A}_1,\boldsymbol{A}_2\in W_1$，有

$$(\boldsymbol{A}_1+\boldsymbol{A}_2)^{\mathrm{T}}=\boldsymbol{A}_1^{\mathrm{T}}+\boldsymbol{A}_2^{\mathrm{T}}=\boldsymbol{A}_1+\boldsymbol{A}_2,$$

$$(k\boldsymbol{A}_1)^{\mathrm{T}}=k\boldsymbol{A}_1^{\mathrm{T}}=k\boldsymbol{A}_1,$$

因此 $\boldsymbol{A}_1+\boldsymbol{A}_2$，$k\boldsymbol{A}_1\in W_1$，于是，$W_1$ 是 $\mathbf{R}^{n\times n}$ 的子空间.

因为 $\mathbf{0}\notin W_2$，所以 W_2 不是 $\mathbf{R}^{n\times n}$ 的子空间.

例 3.3 设 $\boldsymbol{\alpha}_1,\boldsymbol{\alpha}_2,\cdots,\boldsymbol{\alpha}_m$ 是 $V_n(F)$ 中一组向量，则由它们的一切线性组合构成的集合

$$L\{\boldsymbol{\alpha}_1,\boldsymbol{\alpha}_2,\cdots,\boldsymbol{\alpha}_m\}=\left\{\sum_{i=1}^{m}k_i\boldsymbol{\alpha}_i\,\middle|\,k_i\in F,i=1,2,\cdots,m\right\}$$

是 $V_n(F)$ 的一个子空间，称为由 $\boldsymbol{\alpha}_1,\boldsymbol{\alpha}_2,\cdots,\boldsymbol{\alpha}_m$ 生成的子空间.

证明 任取$\alpha,\beta\in L\{\alpha_1,\alpha_2,\cdots,\alpha_m\}$，假设$\alpha=\sum_{i=1}^{m}x_i\alpha_i,\beta=\sum_{i=1}^{m}y_i\alpha_i$，则

$$\alpha+\beta=\sum_{i=1}^{m}(x_i+y_i)\alpha_i\in L\{\alpha_1,\alpha_2,\cdots,\alpha_m\},$$

$$k\alpha=\sum_{i=1}^{m}(kx_i)\alpha_i\in L\{\alpha_1,\alpha_2,\cdots,\alpha_m\},$$

故$L\{\alpha_1,\alpha_2,\cdots,\alpha_m\}$为$V_n(F)$的子空间.

例 3.4 任意取定一个矩阵$\boldsymbol{A}\in F^{m\times n}$，证明

(1) $N(\boldsymbol{A})=\{\boldsymbol{x}\mid\boldsymbol{A}\ \boldsymbol{x}=\boldsymbol{0}\}\subseteq F^n$.

(2) $R(\boldsymbol{A})=L\{\boldsymbol{A}_1,\boldsymbol{A}_2,\cdots,\boldsymbol{A}_n\}\subseteq F^m$，其中$\boldsymbol{A}_i$, $i=1,2,\cdots,n$是$\boldsymbol{A}$的n个列向量，都是线性空间.

$N(\boldsymbol{A})$称为矩阵$\boldsymbol{A}$的零空间，$R(\boldsymbol{A})$称为矩阵$\boldsymbol{A}$的列空间.

证明 (1) 显然$N(\boldsymbol{A})$是F^n的子集，任取$\boldsymbol{x}_1,\boldsymbol{x}_2\in N(\boldsymbol{A}),k_1,k_2\in F$，则

$$\boldsymbol{A}(k_1\boldsymbol{x}_1+k_2\boldsymbol{x}_2)=k_1\boldsymbol{A}\boldsymbol{x}_1+k_2\boldsymbol{A}\boldsymbol{x}_2=\boldsymbol{0}+\boldsymbol{0}=\boldsymbol{0}\in N(\boldsymbol{A}),$$

所以$N(\boldsymbol{A})$是线性空间.

(2) 证明留作练习.

以子空间W_1与W_2作为子集，对于$W_1\cap W_2$，W_1+W_2等运算有如下定理.

定理 3.2

设W_1，W_2是$V_n(F)$的子空间，则下列结论成立:

(1) $W_1\cap W_2=\{\alpha\mid\alpha\in W_1\cap W_2\}$是$V_n(F)$的子空间，称为$W_1$与$W_2$的交空间.

(2) $W_1+W_2=\{\alpha+\beta\mid\alpha\in W_1且\beta\in W_2\}$是$V_n(F)$的子空间，称为$W_1$与$W_2$的和空间.

证明 只证明(2)，结论(1)的证明留作练习. 由于W_1，$W_2\subseteq W_1+W_2$，于是$W_1+W_2\subseteq V$，而且非空. 任意取$\gamma_i=\alpha_i+\beta_i\in W_1+W_2$，其中$\alpha_i\in W_1$，$\beta_i\in W_2$，$i=1,2$，因为$W_1$，$W_2$都是子空间，所以有

$$\gamma_1+\gamma_2=\alpha_1+\beta_1+\alpha_2+\beta_2=(\alpha_1+\alpha_2)+(\beta_1+\beta_2)\in W_1+W_2,$$

任意取$k\in F$，有

$$k\gamma_1=k(\alpha_1+\beta_1)=k\alpha_1+k\beta_1\in W_1+W_2,$$

所以W_1+W_2是子空间.

$V_n(F)$的子空间$W_1,W_2,W_1\cap W_2$和W_1+W_2的维数之间有如下关系.

定理 3.3

设W_1和W_2是$V_n(F)$的子空间，则

$$\mathrm{Dim}(W_1)+\mathrm{Dim}(W_2)=\mathrm{Dim}(W_1+W_2)+\mathrm{Dim}(W_1\cap W_2).$$

证明 设$\mathrm{Dim}(W_1\cap W_2)=r$，$\mathrm{Dim}(W_1)=s_1$，$\mathrm{Dim}(W_2)=s_2$，将$W_1\cap W_2$的一个基$\{\alpha_1,\alpha_2,\cdots,\alpha_r\}$分别扩充为$W_1$和$W_2$基: $\{\alpha_1,\alpha_2,\cdots,\alpha_r,\beta_{r+1},\cdots,\beta_{s_1}\}$, $\{\alpha_1,\alpha_2,\cdots,\alpha_r,\gamma_{r+1},\cdots,\gamma_{s_2}\}$. 则

$$W_1=L\{\alpha_1,\alpha_2,\cdots,\alpha_r,\beta_{r+1},\cdots,\beta_{s_1}\},$$

$$W_2=L\{\alpha_1,\alpha_2,\cdots,\alpha_r,\gamma_{r+1},\cdots,\gamma_{s_2}\},$$

$$W_1+W_2=L\{\alpha_1,\alpha_2,\cdots,\alpha_r,\beta_{r+1},\cdots,\beta_{s_1},\gamma_{r+1},\cdots,\gamma_{s_2}\}.$$

下面证明$\{\boldsymbol{\alpha}_1,\boldsymbol{\alpha}_2,\cdots,\boldsymbol{\alpha}_r,\boldsymbol{\beta}_{r+1},\cdots,\boldsymbol{\beta}_{s_1},\boldsymbol{\gamma}_{r+1},\cdots,\boldsymbol{\gamma}_{s_2}\}$为线性无关组.

在数域F中任取数k_i,q_j,p_t，使

$$\sum_{i=1}^{r}k_i\boldsymbol{\alpha}_i+\sum_{j=r+1}^{s_1}q_j\boldsymbol{\beta}_j+\sum_{t=r+1}^{s_2}p_t\boldsymbol{\gamma}_t=\mathbf{0}, \tag{3.1}$$

将(3.1)式改写为

$$-\sum_{j=r+1}^{s_1}q_j\boldsymbol{\beta}_j=\sum_{i=1}^{r}k_i\boldsymbol{\alpha}_i+\sum_{t=r+1}^{s_2}p_t\boldsymbol{\gamma}_t,$$

等式左边是W_1中的向量，等式右边是W_2中的向量，所以有

$$-\sum_{j=r+1}^{s_1}q_j\boldsymbol{\beta}_j\in W_1\cap W_2,$$

借助于$W_1\cap W_2$的基，该向量可以表示为

$$-\sum_{j=r+1}^{s_1}q_j\boldsymbol{\beta}_j=\sum_{i=1}^{r}n_i\boldsymbol{\alpha}_i,$$

其中$n_i\in F, i=1,2,\cdots,r$，将它写为线性组合

$$\sum_{i=1}^{r}n_i\boldsymbol{\alpha}_i+\sum_{j=r+1}^{s_1}q_j\boldsymbol{\beta}_j=\mathbf{0},$$

由$\{\boldsymbol{\alpha}_1,\boldsymbol{\alpha}_2,\cdots,\boldsymbol{\alpha}_r,\boldsymbol{\beta}_{r+1},\cdots,\boldsymbol{\beta}_{s_1}\}$线性无关，必有$q_j=0, j=r+1,\cdots,s_1$. 代入(3.1)式后得

$$\sum_{i=1}^{r}k_i\boldsymbol{\alpha}_i+\sum_{t=r+1}^{s_2}p_t\boldsymbol{\gamma}_t=\mathbf{0},$$

注意到$\{\boldsymbol{\alpha}_1,\boldsymbol{\alpha}_2,\cdots,\boldsymbol{\alpha}_r,\boldsymbol{\gamma}_{r+1},\cdots,\boldsymbol{\gamma}_{s_2}\}$为$W_2$的基，于是$k_i=0, i=1,2,\cdots,r,\ \ p_t=0, t=r+1,\cdots,s_2$，故$\{\boldsymbol{\alpha}_1,\boldsymbol{\alpha}_2,\cdots,\boldsymbol{\alpha}_r,\boldsymbol{\beta}_{r+1},\cdots,\boldsymbol{\beta}_{s_1},\boldsymbol{\gamma}_{r+1},\cdots,\boldsymbol{\gamma}_{s_2}\}$线性无关，从而有

$$\mathrm{Dim}(W_1+W_2)=r+(s_1-r)+(s_2-r)=s_1+s_2-r.$$

定义 3.2

设W_1和W_2是$V_n(F)$的子空间，$W=W_1+W_2$，如果$W_1\cap W_2=\{\mathbf{0}\}$，则称$W$是$W_1$与$W_2$的直和子空间，记为$W=W_1\oplus W_2$.

直和子空间有如下等价条件.

定理 3.4

设W_1与W_2是$V_n(F)$的子空间，$W=W_1+W_2$，则以下条件等价:

(1) $W=W_1\oplus W_2$;

(2) 任意$\boldsymbol{x}\in W$，$\boldsymbol{x}$有唯一的表示式: $\boldsymbol{x}=\boldsymbol{x}_1+\boldsymbol{x}_2$，其中$\boldsymbol{x}_1\in W_1$，$\boldsymbol{x}_2\in W_2$;

(3) W中零向量表达式是唯一的，即只要$\mathbf{0}=\boldsymbol{x}_1+\boldsymbol{x}_2$，$\boldsymbol{x}_1\in W_1$，$\boldsymbol{x}_2\in W_2$，就有$\boldsymbol{x}_1=\mathbf{0}$，$\boldsymbol{x}_2=\mathbf{0}$;

(4) $\mathrm{Dim}(W)=\mathrm{Dim}(W_1)+\mathrm{Dim}(W_2)$.

证明　(1) ⇒ (2). 设$W=W_1\oplus W_2$，由直和的定义，$W=W_1+W_2$，$W_1\cap W_2=\{\mathbf{0}\}$. 如果$\boldsymbol{x}\in W$，$\boldsymbol{x}$有两种表示式:

$$\boldsymbol{x}=\boldsymbol{x}_1+\boldsymbol{x}_2, \quad \boldsymbol{x}_1 \in W_1, \quad \boldsymbol{x}_2 \in W_2,$$

或者

$$\boldsymbol{x}=\boldsymbol{y}_1+\boldsymbol{y}_2, \quad \boldsymbol{y}_1 \in W_1, \quad \boldsymbol{y}_2 \in W_2,$$

两式相减，有

$$\boldsymbol{0}=(\boldsymbol{x}_1-\boldsymbol{y}_1)+(\boldsymbol{x}_2-\boldsymbol{y}_2),$$

即 $\boldsymbol{x}_1-\boldsymbol{y}_1=-(\boldsymbol{x}_2-\boldsymbol{y}_2)$，又因为 $\boldsymbol{x}_1-\boldsymbol{y}_1 \in W_1$，$-(\boldsymbol{x}_2-\boldsymbol{y}_2) \in W_2$，从而有

$$\boldsymbol{x}_1-\boldsymbol{y}_1, \ -(\boldsymbol{x}_2-\boldsymbol{y}_2) \in W_1 \cap W_2,$$

于是

$$\boldsymbol{x}_1-\boldsymbol{y}_1=-(\boldsymbol{x}_2-\boldsymbol{y}_2)=\boldsymbol{0},$$

因此 $\boldsymbol{x}_1=\boldsymbol{y}_1$，$\boldsymbol{x}_2=\boldsymbol{y}_2$，即形如 $\boldsymbol{x}=\boldsymbol{x}_1+\boldsymbol{x}_2$ 的表示式唯一.

(2) ⇒ (3). 设 $\forall \boldsymbol{x} \in W$，$\boldsymbol{x}=\boldsymbol{x}_1+\boldsymbol{x}_2$，$\boldsymbol{x}_1 \in W_1$，$\boldsymbol{x}_2 \in W_2$ 的表示式唯一. 因为 $\boldsymbol{0} \in W$，且已知有 $\boldsymbol{0}=\boldsymbol{0}+\boldsymbol{0}$，$\boldsymbol{0} \in W_i$，$i=1, 2$，如果还有 $\boldsymbol{0}=\boldsymbol{x}_1+\boldsymbol{x}_2$，$\boldsymbol{x}_1 \in W_1$，$\boldsymbol{x}_2 \in W_2$，由表示的唯一性，有 $\boldsymbol{x}_1=\boldsymbol{x}_2=\boldsymbol{0}$.

(3) ⇒ (4). 已知 W 中零向量有唯一表示. 任取 $\boldsymbol{x} \in W_1 \cap W_2$，则 $\boldsymbol{x}$ 可表示为

$$\boldsymbol{x}=\boldsymbol{x}+\boldsymbol{0}, \quad \boldsymbol{x} \in W_1, \quad \boldsymbol{0} \in W_2,$$

或者

$$\boldsymbol{x}=\boldsymbol{0}+\boldsymbol{x}, \quad \boldsymbol{0} \in W_1, \quad \boldsymbol{x} \in W_2,$$

两式相减，即有 $\boldsymbol{0}=\boldsymbol{x}-\boldsymbol{x}$，由 $\boldsymbol{0}$ 的唯一表示知 $\boldsymbol{x}=\boldsymbol{0}$，即 $W_1 \cap W_2=\{\boldsymbol{0}\}$. 从而 $\mathrm{Dim}(W_1 \cap W_2)=0$. 由维数公式有 $\mathrm{Dim}(W)=\mathrm{Dim}(W_1)+\mathrm{Dim}(W_2)$.

(4) ⇒ (1). 当 $\mathrm{Dim}(W)=\mathrm{Dim}(W_1)+\mathrm{Dim}(W_2)$ 时，由维数公式可推出

$$\mathrm{Dim}(W_1 \cap W_2)=\mathrm{Dim}(W)-(\mathrm{Dim}(W_1)+\mathrm{Dim}(W_2))=0,$$

又注意到 $\mathrm{Dim}(W_1 \cap W_2)=0$ 当且仅当 $W_1 \cap W_2=\{\boldsymbol{0}\}$，由直和定义可得 $W=W_1 \oplus W_2$.

例 3.5　设 $\boldsymbol{E}_r$ 表示 r 阶单位矩阵，设 n 阶方阵 $\boldsymbol{A}=\begin{pmatrix} \boldsymbol{E}_r & \boldsymbol{0} \\ \boldsymbol{0} & \boldsymbol{0} \end{pmatrix}$，$\boldsymbol{B}=\begin{pmatrix} \boldsymbol{0} & \boldsymbol{0} \\ \boldsymbol{0} & \boldsymbol{E}_{n-r} \end{pmatrix}$，它们的列空间分别为 $R(\boldsymbol{A})$ 和 $R(\boldsymbol{B})$. 证明：$\mathbf{R}^n=R(\boldsymbol{A}) \oplus R(\boldsymbol{B})$.

证明　任意 $\boldsymbol{\alpha}=(x_1, x_2, \cdots, x_n)^{\mathrm{T}} \in \mathbf{R}^n$，有

$$\boldsymbol{\alpha}=(x_1, x_2, \cdots, x_r, 0, \cdots, 0)^{\mathrm{T}}+(0, \cdots, 0, x_{r+1}, \cdots, x_n)^{\mathrm{T}},$$

由于

$$(x_1, x_2, \cdots, x_r, 0, \cdots, 0)^{\mathrm{T}} \in R(\boldsymbol{A}),$$
$$(0, \cdots, 0, x_{r+1}, \cdots, x_n)^{\mathrm{T}} \in R(\boldsymbol{B}),$$

所以 $\mathbf{R}^n \subseteq R(\boldsymbol{A})+R(\boldsymbol{B})$.

又显然 $\mathbf{R}^n \supseteq R(\boldsymbol{A})+R(\boldsymbol{B})$，从而 $\mathbf{R}^n=R(\boldsymbol{A})+R(\boldsymbol{B})$.

又因为 $\mathrm{Dim}(R(\boldsymbol{A}))+\mathrm{Dim}(R(\boldsymbol{B}))=r+(n-r)=n=\mathrm{Dim}(\mathbf{R}^n)$，所以 $\mathbf{R}^n=R(\boldsymbol{A}) \oplus R(\boldsymbol{B})$.

对 n 维空间 $V_n(F)$ 的任何子空间 W，设 $\boldsymbol{\alpha}_1, \boldsymbol{\alpha}_2, \cdots, \boldsymbol{\alpha}_r$ 为 W 的基，$r<n$，把它扩充为 $V_n(F)$ 的基 $\{\boldsymbol{\alpha}_1, \boldsymbol{\alpha}_2, \cdots, \boldsymbol{\alpha}_r, \boldsymbol{\beta}_{r+1}, \cdots, \boldsymbol{\beta}_n\}$，设 $U=L\{\boldsymbol{\beta}_{r+1}, \cdots, \boldsymbol{\beta}_n\}$，则成立 $V_n(F)=W \oplus U$. 我们称 U 是 W 的直和补子空间.

上述定义的子空间的交、和、直和等概念可推广到任意有限个子空间的情形.

习 题 1

1. 验证下列矩阵对于矩阵的加法和数乘运算构成线性空间，并写出各个空间的一个基.

(1) 二阶矩阵的全体 S_1；

(2) 主对角线上的元素之和等于 0 的二阶矩阵的全体 S_2；

(3) 二阶反对称矩阵的全体 S_3.

2. 验证与向量 $(0,0,1)^{\mathrm{T}}$ 不平行的全体三维数组向量，对于数组向量的加法和数乘运算不构成线性空间.

3. 全体实 n 维向量集合 V，对于通常的向量加法和如下定义的数乘运算

$$k\circ\boldsymbol{\alpha}=\boldsymbol{\alpha},\quad \forall\boldsymbol{\alpha}\in V,\quad \forall k\in\mathbf{R},$$

是否构成 $\mathbf{R}$ 上的线性空间？为什么？

4. 讨论 $\mathbf{R}^{2\times2}$ 的元素

$$\boldsymbol{G}_1=\begin{pmatrix}0&1\\1&1\end{pmatrix},\quad \boldsymbol{G}_2=\begin{pmatrix}1&0\\1&1\end{pmatrix},\quad \boldsymbol{G}_3=\begin{pmatrix}1&1\\0&1\end{pmatrix},\quad \boldsymbol{G}_4=\begin{pmatrix}1&1\\1&0\end{pmatrix}$$

的相关性.

5. 证明函数集合 $V=\{\boldsymbol{\alpha}=(a_2x^2+a_1x+a_0)\mathrm{e}^x\mid a_2,a_1,a_0\in\mathbf{R}\}$ 对于函数的线性运算构成三维线性空间.

6. 在 $P_3[x]$ 中，旧基为

$$p_1(x)=1,\quad p_2(x)=x,\quad p_3(x)=x^2,\quad p_4(x)=x^3,$$

新基为

$$g_1(x)=1,\quad g_2(x)=1+x,\quad g_3(x)=1+x+x^2,\quad g_4(x)=1+x+x^2+x^3,$$

求由新基到旧基的过渡矩阵.

7. 在 $\mathbf{R}^3$ 中求向量 $\boldsymbol{\alpha}=(3,7,1)^{\mathrm{T}}$ 在基

$$\boldsymbol{\alpha}_1=(1,3,5)^{\mathrm{T}},\quad \boldsymbol{\alpha}_2=(6,3,2)^{\mathrm{T}},\quad \boldsymbol{\alpha}_3=(3,1,0)^{\mathrm{T}}$$

下的坐标.

8. 在 $\mathbf{R}^4$ 中取两个基

$$\boldsymbol{e}_1=(1,0,0,0)^{\mathrm{T}},\quad \boldsymbol{e}_2=(0,1,0,0)^{\mathrm{T}},$$
$$\boldsymbol{e}_3=(0,0,1,0)^{\mathrm{T}},\quad \boldsymbol{e}_4=(0,0,0,1)^{\mathrm{T}}$$

和

$$\boldsymbol{\alpha}_1=(2,1,-1,1)^{\mathrm{T}},\quad \boldsymbol{\alpha}_2=(0,3,1,0)^{\mathrm{T}},$$
$$\boldsymbol{\alpha}_3=(5,3,2,1)^{\mathrm{T}},\quad \boldsymbol{\alpha}_4=(6,6,1,3)^{\mathrm{T}}.$$

(1) 求由前一个基到后一个基的过渡矩阵;

(2) 求向量 $(x_1,x_2,x_3,x_4)^{\mathrm{T}}$ 在后一个基下的坐标;

(3) 求在两个基下有相同坐标的向量.

9. 求 $\mathbf{R}^{2\times2}$ 的元素 $\boldsymbol{A}=\begin{pmatrix}0&1\\2&-3\end{pmatrix}$ 在基

$$G_1=\begin{pmatrix}0&1\\1&1\end{pmatrix},\quad G_2=\begin{pmatrix}1&0\\1&1\end{pmatrix},\quad G_3=\begin{pmatrix}1&1\\0&1\end{pmatrix},\quad G_4=\begin{pmatrix}1&1\\1&0\end{pmatrix}$$

下的坐标.

10. 在 $\mathbf{R}^{2\times2}$ 中，求由基

$$A_1=\begin{pmatrix}1&1\\1&1\end{pmatrix},\quad A_2=\begin{pmatrix}0&-1\\1&0\end{pmatrix},\quad A_3=\begin{pmatrix}1&-1\\0&0\end{pmatrix},\quad A_4=\begin{pmatrix}1&0\\0&0\end{pmatrix}$$

到基

$$G_1=\begin{pmatrix}0&1\\1&1\end{pmatrix},\quad G_2=\begin{pmatrix}1&0\\1&1\end{pmatrix},\quad G_3=\begin{pmatrix}1&1\\0&1\end{pmatrix},\quad G_4=\begin{pmatrix}1&1\\1&0\end{pmatrix}$$

的过渡矩阵.

11. 设 V_r 是 V_n 的一个子空间，$\boldsymbol{\alpha}_1,\boldsymbol{\alpha}_2,\cdots,\boldsymbol{\alpha}_r$ 是 V_r 的一个基. 试证：V_n 中存在元素 $\boldsymbol{\alpha}_{r+1}$，$\cdots,\boldsymbol{\alpha}_n$，使 $\boldsymbol{\alpha}_1,\boldsymbol{\alpha}_2,\cdots,\boldsymbol{\alpha}_r,\boldsymbol{\alpha}_{r+1},\cdots,\boldsymbol{\alpha}_n$ 成为 V_n 的一个基.

12. 在 $\mathbf{R}^3$ 中，取两个基

$$\boldsymbol{e}_1=(3,1,4)^{\mathrm T},\quad \boldsymbol{e}_2=(5,2,1)^{\mathrm T},\quad \boldsymbol{e}_3=(1,1,-6)^{\mathrm T}$$

和

$$\boldsymbol{\alpha}_1=(1,2,1)^{\mathrm T},\quad \boldsymbol{\alpha}_2=(2,3,3)^{\mathrm T},\quad \boldsymbol{\alpha}_3=(3,7,1)^{\mathrm T},$$

试求坐标变换公式.

13. 在 $\mathbf{R}^3$ 中定义线性变换 $T(a,b,c)^{\mathrm T}=(2b+c,a-4b,3a)^{\mathrm T}$，求 T 在基 $\boldsymbol{e}_1=(1,0,0)^{\mathrm T}$，$\boldsymbol{e}_2=(0,1,0)^{\mathrm T}$，$\boldsymbol{e}_3=(0,0,1)^{\mathrm T}$ 下的矩阵.

14. 函数集合 $V=\{(a_2x^2+a_1x+a_0)\mathrm{e}^x \mid a_2,a_1,a_0\in\mathbf{R}\}$ 对于函数的线性运算构成三维线性空间，在 V 中取一个基

$$\boldsymbol{\alpha}_1=x^2\mathrm{e}^x,\quad \boldsymbol{\alpha}_2=x\mathrm{e}^x,\quad \boldsymbol{\alpha}_3=\mathrm{e}^x,$$

求微分运算 d 在这个基下的矩阵.

15. 设二阶对称矩阵的全体集合

$$V=\left\{A=\begin{pmatrix}x_1&x_2\\x_2&x_3\end{pmatrix}\middle|\, x_1,x_2,x_3\in\mathbf{R}\right\},$$

在 V 中定义合同变换

$$T(A)=\begin{pmatrix}1&0\\1&1\end{pmatrix}A\begin{pmatrix}1&1\\0&1\end{pmatrix},$$

求 T 在基 $A_1=\begin{pmatrix}1&0\\0&0\end{pmatrix}$，$A_2=\begin{pmatrix}0&1\\1&0\end{pmatrix}$，$A_3=\begin{pmatrix}0&0\\0&1\end{pmatrix}$ 下的矩阵.

16. 设 T 是 4 维线性空间 V 的线性变换，T 在 V 的基 $\boldsymbol{\alpha}_1,\boldsymbol{\alpha}_2,\boldsymbol{\alpha}_3,\boldsymbol{\alpha}_4$ 下的矩阵为

$$A=\begin{pmatrix}-1&-2&-2&-2\\2&6&5&2\\0&0&-1&-2\\0&0&2&6\end{pmatrix},$$

求 T 在 V 的基 $\boldsymbol{\beta}_1=\boldsymbol{\alpha}_1$，$\boldsymbol{\beta}_2=-\boldsymbol{\alpha}_1+\boldsymbol{\alpha}_2$，$\boldsymbol{\beta}_3=-\boldsymbol{\alpha}_2+\boldsymbol{\alpha}_3$，$\boldsymbol{\beta}_4=-\boldsymbol{\alpha}_3+\boldsymbol{\alpha}_4$ 下的矩阵.

17. 设 T 是 V 上的线性变换，T 在 V 的基 $\{\boldsymbol{\alpha}_1,\boldsymbol{\alpha}_2,\boldsymbol{\alpha}_3\}$ 下的矩阵为 $\boldsymbol{A}=\begin{pmatrix}1&1&1\\1&2&1\\1&1&2\end{pmatrix}$.

(1) 求 T 在 V 的基 $\{\boldsymbol{\beta}_1,\boldsymbol{\beta}_2,\boldsymbol{\beta}_3\}$ 下的矩阵 $\boldsymbol{B}$，其中

$$\boldsymbol{\beta}_1=2\boldsymbol{\alpha}_1+3\boldsymbol{\alpha}_2+\boldsymbol{\alpha}_3,\quad \boldsymbol{\beta}_2=3\boldsymbol{\alpha}_1+4\boldsymbol{\alpha}_2+\boldsymbol{\alpha}_3,\quad \boldsymbol{\beta}_3=\boldsymbol{\alpha}_1+2\boldsymbol{\alpha}_2+2\boldsymbol{\alpha}_3.$$

(2) T 是否可逆？若可逆，求 $T^{-1}(\boldsymbol{\beta}_1)$.

18. 说明 xOy 平面上变换 $T\begin{pmatrix}x\\y\end{pmatrix}=\boldsymbol{A}\begin{pmatrix}x\\y\end{pmatrix}$ 的几何意义，其中:

(1) $\boldsymbol{A}=\begin{pmatrix}-1&0\\0&1\end{pmatrix}$;

(2) $\boldsymbol{A}=\begin{pmatrix}0&0\\0&1\end{pmatrix}$;

(3) $\boldsymbol{A}=\begin{pmatrix}0&1\\1&0\end{pmatrix}$;

(4) $\boldsymbol{A}=\begin{pmatrix}0&1\\-1&0\end{pmatrix}$.

19. n 阶对称矩阵的全体 V 对于矩阵的线性运算构成一个 $\dfrac{n(n+1)}{2}$ 维线性空间. 给出 n 阶矩阵 $\boldsymbol{P}$，以 $\boldsymbol{A}$ 表示 V 中的任一元素，变换 $T(\boldsymbol{A})=\boldsymbol{P}^{\mathrm{T}}\boldsymbol{A}\boldsymbol{P}$ 称为合同变换，试证合同变换 T 是 V 中的线性变换.

20. $\mathbf{R}^{2\times 3}$ 的下列子集是否构成子空间？为什么？

$$W=\left\{\begin{pmatrix}1&b&c\\0&c&d\end{pmatrix}\middle| b,c,d\in\mathbf{R}\right\}.$$

21. 设 U 是线性空间 V 的一个子空间，试证：若 U 与 V 的维数相等，则 $U=V$.

第 2 章

线性空间的度量

线性空间理论从各类具体空间模型中抽象出了向量加法和数乘两种运算(线性运算). 事实上, 类似于二维和三维向量空间中向量的长度和夹角等度量性质也是具有研究价值的, 比如, 方程组系数矩阵扰动对解的精度的影响、模式识别中向量之间的相似程度等都需要给出向量的某些度量性质. 向量的内积和向量的范数则是最常用的几个度量指标[3, 4, 5].

第 2 章知识导图

2.1 内积空间

在实际应用中，$V_n(F)$ 中的许多问题会涉及诸如向量的长度、向量之间的夹角、正交等与度量有关的问题. 这一节，我们将把几何空间 $\mathbf{R}^3$ 中的数量积推广到 $V_n(F)$ 中，定义内积的概念，并由此建立向量夹角和正交等度量关系.

定义 1.1

设 $V_n(F)$ 是线性空间，$(\boldsymbol{\alpha},\boldsymbol{\beta})$：$V_n(F)\times V_n(F)\to F$ 是一个映射，并且满足

(1) 对称性：$(\boldsymbol{\alpha},\boldsymbol{\beta})=\overline{(\boldsymbol{\beta},\boldsymbol{\alpha})}$，其中 $\overline{(\boldsymbol{\beta},\boldsymbol{\alpha})}$ 表示复数 $(\boldsymbol{\beta},\boldsymbol{\alpha})$ 的共轭;

(2) 线性性：$(k\boldsymbol{\alpha},\boldsymbol{\beta})=k(\boldsymbol{\alpha},\boldsymbol{\beta}),(\boldsymbol{\alpha}_1+\boldsymbol{\alpha}_2,\boldsymbol{\beta})=(\boldsymbol{\alpha}_1,\boldsymbol{\beta})+(\boldsymbol{\alpha}_2,\boldsymbol{\beta})$;

(3) 正定性：$(\boldsymbol{\alpha},\boldsymbol{\alpha})\geqslant 0$，$(\boldsymbol{\alpha},\boldsymbol{\alpha})=0$ 的充要条件是 $\boldsymbol{\alpha}=\mathbf{0}$，

则称映射 $(\boldsymbol{\alpha},\boldsymbol{\beta})$ 是 $V_n(F)$ 的一个内积，并称其中定义了内积的线性空间 $[V_n(F);(\boldsymbol{\alpha},\boldsymbol{\beta})]$ 为内积空间.

如果 $F=\mathbf{R}$，则 $(\boldsymbol{\alpha},\boldsymbol{\beta})\in\mathbf{R}$ 为实内积，对称性相应为 $(\boldsymbol{\alpha},\boldsymbol{\beta})=(\boldsymbol{\beta},\boldsymbol{\alpha})$，称 $[V_n(\mathbf{R});(\boldsymbol{\alpha},\boldsymbol{\beta})]$ 为欧氏空间(Euclidean space)，如果 $F=\mathbf{C}$，则 $(\boldsymbol{\alpha},\boldsymbol{\beta})\in\mathbf{C}$ 为复数内积，称 $[V_n(\mathbf{C});(\boldsymbol{\alpha},\boldsymbol{\beta})]$ 为酉空间(unitary space).

例 1.1 下列线性空间对所定义的内积为欧氏空间:

(1) $[\mathbf{R}^n;(\boldsymbol{\alpha},\boldsymbol{\beta})=\boldsymbol{\alpha}^{\mathrm{T}}\boldsymbol{\beta}]$，其中 $\boldsymbol{\alpha}=(x_1,x_2,\cdots,x_n)^{\mathrm{T}}$，$\boldsymbol{\beta}=(y_1,y_2,\cdots,y_n)^{\mathrm{T}}$，$(\boldsymbol{\alpha},\boldsymbol{\beta})=\sum\limits_{i=1}^{n}x_iy_i$，它是几何空间 $\mathbf{R}^3$ 中数量积的自然推广，习惯上仍用 $\mathbf{R}^n$ 表示欧氏空间 $[\mathbf{R}^n;(\boldsymbol{\alpha},\boldsymbol{\beta})=\boldsymbol{\alpha}^{\mathrm{T}}\boldsymbol{\beta}]$;

(2) $[\mathbf{R}^{m\times n};(\boldsymbol{A},\boldsymbol{B})=\mathrm{Trace}(\boldsymbol{A}\boldsymbol{B}^{\mathrm{T}})]$. 对此定义的内积 $\mathrm{Trace}(\boldsymbol{A}\boldsymbol{B}^{\mathrm{T}})$，易证对称性与线性性. 又因为 $\forall\boldsymbol{A}\neq\mathbf{0}$，$\forall\boldsymbol{x}\in\mathbf{R}^m$，二次型 $\boldsymbol{x}^{\mathrm{T}}(\boldsymbol{A}\boldsymbol{A}^{\mathrm{T}})\boldsymbol{x}=(\boldsymbol{A}^{\mathrm{T}}\boldsymbol{x},\boldsymbol{A}^{\mathrm{T}}\boldsymbol{x})\geqslant 0$，所以 $\boldsymbol{A}\boldsymbol{A}^{\mathrm{T}}$ 为半正定矩阵，所以 $\mathrm{Trace}(\boldsymbol{A}\boldsymbol{A}^{\mathrm{T}})\geqslant 0$，且 $\mathrm{Trace}(\boldsymbol{A}\boldsymbol{A}^{\mathrm{T}})=0\Leftrightarrow\boldsymbol{A}=\mathbf{0}$，所以正定性满足.

(3) $[P_n[x];(f(x),g(x))]=\int_0^1 f(x)g(x)\mathrm{d}x$. 读者易证 $\int_0^1 f(x)g(x)\mathrm{d}x$ 为实内积.

值得注意的是，在同一个线性空间里，可以定义不同的内积，例如对 $\mathbf{R}^n$，取一个给定的正定矩阵 $\boldsymbol{A}_{n\times n}$，可以定义内积 $(\boldsymbol{\alpha},\boldsymbol{\beta})=\boldsymbol{\alpha}^{\mathrm{T}}\boldsymbol{A}\boldsymbol{\beta}$，其中 $(\boldsymbol{\alpha},\boldsymbol{\alpha})=\boldsymbol{\alpha}^{\mathrm{T}}\boldsymbol{A}\boldsymbol{\alpha}$ 就是大家熟悉的二次型，$[\mathbf{R}^n;(\boldsymbol{\alpha},\boldsymbol{\beta})=\boldsymbol{\alpha}^{\mathrm{T}}\boldsymbol{\beta}]$ 与 $[\mathbf{R}^n;(\boldsymbol{\alpha},\boldsymbol{\beta})=\boldsymbol{\alpha}^{\mathrm{T}}\boldsymbol{A}\boldsymbol{\beta}]$ 就是不一样的欧氏空间. 当然，$\boldsymbol{\alpha}^{\mathrm{T}}\boldsymbol{\beta}$ 可看作 $\boldsymbol{\alpha}^{\mathrm{T}}\boldsymbol{A}\boldsymbol{\beta}$ 中 $\boldsymbol{A}=\boldsymbol{E}$ 的特例.

在酉空间中，经常会用到共轭矩阵的概念. 矩阵 $\boldsymbol{A}=(a_{ij})\in\mathbf{C}^{m\times n}$，$\boldsymbol{A}$ 的共轭是在 $\boldsymbol{A}$ 中对每一个元素取其共轭复数后得到的矩阵，用 $\overline{\boldsymbol{A}}$ 表示 $\boldsymbol{A}$ 的共轭矩阵，$\overline{\boldsymbol{A}}=(\overline{a_{ij}})$，$\boldsymbol{A}$ 的共轭转置矩阵记为 $\boldsymbol{A}^{\mathrm{H}}$，$\boldsymbol{A}^{\mathrm{H}}=(\overline{\boldsymbol{A}})^{\mathrm{T}}$.

例 1.2 下列线性空间对所定义的内积是复数域上的酉空间:

(1) $[\mathbf{C}^n;(\boldsymbol{\alpha},\boldsymbol{\beta})=\boldsymbol{\beta}^{\mathrm{H}}\boldsymbol{\alpha}]$，设 $\boldsymbol{\alpha}=(x_1,x_2,\cdots,x_n)^{\mathrm{T}}$，$\boldsymbol{\beta}=(y_1,y_2,\cdots,y_n)^{\mathrm{T}}$，则

$$(\boldsymbol{\alpha},\boldsymbol{\beta})=\boldsymbol{\beta}^{\mathrm{H}}\boldsymbol{\alpha}=x_1\overline{y}_1+x_2\overline{y}_2+\cdots+x_n\overline{y}_n;$$

(2) $[\mathbf{C}^{m\times n};(\boldsymbol{A},\boldsymbol{B})=\mathrm{Trace}(\boldsymbol{B}^{\mathrm{H}}\boldsymbol{A})]$，设 $\boldsymbol{A}=(a_{ij}),\boldsymbol{B}=(b_{ij})$，则

$$(\boldsymbol{A},\boldsymbol{B}) = \text{Trace }(\boldsymbol{B}^{\text{H}}\boldsymbol{A}) = \sum_{i=1}^{n}\sum_{j=1}^{m} a_{ji}\bar{b}_{ji}.$$

定义 1.2

设$[V_n(F);(\boldsymbol{\alpha},\boldsymbol{\beta})]$为内积空间，称$\|\boldsymbol{\alpha}\| = \sqrt{(\boldsymbol{\alpha},\boldsymbol{\alpha})}$为向量$\boldsymbol{\alpha}$的长度，若$\|\boldsymbol{\alpha}\|=1$，则称$\boldsymbol{\alpha}$为单位向量.

在欧氏空间中，我们也称由内积定义的向量长度$\|\boldsymbol{\alpha}\|$为$\boldsymbol{\alpha}$的欧几里得范数.

定理 1.1 （柯西-施瓦茨(Cauchy-Schwarz)不等式）

设$[V_n(F);(\boldsymbol{\alpha},\boldsymbol{\beta})]$是内积空间，则任意向量$\boldsymbol{\alpha},\boldsymbol{\beta}\in V_n(F)$，都有$|(\boldsymbol{\alpha},\boldsymbol{\beta})|^2 \leqslant (\boldsymbol{\alpha},\boldsymbol{\alpha})(\boldsymbol{\beta},\boldsymbol{\beta})$，等式成立的充要条件是$\boldsymbol{\alpha}$与$\boldsymbol{\beta}$线性相关.

证明　若$\boldsymbol{\alpha}=\boldsymbol{0}$或$\boldsymbol{\beta}=\boldsymbol{0}$，则结论显然成立. 设$\boldsymbol{\beta}\neq\boldsymbol{0}$，对任意数$k$，取向量$\boldsymbol{\alpha}-k\boldsymbol{\beta}$，则有$(\boldsymbol{\alpha}-k\boldsymbol{\beta},\boldsymbol{\alpha}-k\boldsymbol{\beta})\geqslant 0$，即

$$(\boldsymbol{\alpha},\boldsymbol{\alpha}) - \bar{k}\overline{(\boldsymbol{\beta},\boldsymbol{\alpha})} - k(\boldsymbol{\beta},\boldsymbol{\alpha}) + \bar{k}k(\boldsymbol{\beta},\boldsymbol{\beta}) \geqslant 0,$$

由$\boldsymbol{\beta}\neq\boldsymbol{0}$，可令$k=\dfrac{\overline{(\boldsymbol{\beta},\boldsymbol{\alpha})}}{(\boldsymbol{\beta},\boldsymbol{\beta})}$，即得$|(\boldsymbol{\alpha},\boldsymbol{\beta})|^2\leqslant(\boldsymbol{\alpha},\boldsymbol{\alpha})(\boldsymbol{\beta},\boldsymbol{\beta})$.

等式成立的充要条件是$\boldsymbol{\alpha}-k\boldsymbol{\beta}=\boldsymbol{0}$，即$\boldsymbol{\alpha}$与$\boldsymbol{\beta}$线性相关.

内积空间中的柯西-施瓦茨不等式是数学中非常重要的不等式之一，根据内积的具体形式有相应的不等式. 例如

$$\text{在 }\mathbf{C}^n\text{ 中},(\boldsymbol{\alpha},\boldsymbol{\beta}) = \boldsymbol{\beta}^{\text{H}}\boldsymbol{\alpha} \Rightarrow \left|\sum_{i=1}^{n} x_i\bar{y}_i\right|^2 \leqslant \sum_{i=1}^{n}|x_i|^2\sum_{i=1}^{n}|y_i|^2;$$

$$\text{在 }\mathbf{C}^{m\times n}\text{ 中},\ (\boldsymbol{A},\boldsymbol{B}) = \text{Trace}(\boldsymbol{B}^{\text{H}}\boldsymbol{A}) \Rightarrow \left|\text{Trace}(\boldsymbol{B}^{\text{H}}\boldsymbol{A})\right|^2 \leqslant \text{Trace}(\boldsymbol{A}^{\text{H}}\boldsymbol{A})\text{Trace}(\boldsymbol{B}^{\text{H}}\boldsymbol{B}).$$

用向量长度$\|\boldsymbol{\alpha}\|$，$\|\boldsymbol{\beta}\|$表示的柯西-施瓦茨不等式可写为

$$|(\boldsymbol{\alpha},\boldsymbol{\beta})| \leqslant \|\boldsymbol{\alpha}\|\|\boldsymbol{\beta}\|.$$

例 1.3　证明内积空间$[V_n(F);(\boldsymbol{\alpha},\boldsymbol{\beta})]$中，$\forall\boldsymbol{\alpha},\boldsymbol{\beta}\in V_n(F)$，成立三角不等式$\|\boldsymbol{\alpha}+\boldsymbol{\beta}\|\leqslant\|\boldsymbol{\alpha}\|+\|\boldsymbol{\beta}\|$.

证明　由柯西-施瓦茨不等式可得

$$\begin{aligned}\|\boldsymbol{\alpha}+\boldsymbol{\beta}\|^2 &= (\boldsymbol{\alpha}+\boldsymbol{\beta},\boldsymbol{\alpha}+\boldsymbol{\beta}) = (\boldsymbol{\alpha},\boldsymbol{\alpha})+(\boldsymbol{\beta},\boldsymbol{\beta})+(\boldsymbol{\alpha},\boldsymbol{\beta})+(\boldsymbol{\beta},\boldsymbol{\alpha})\\ &\leqslant \|\boldsymbol{\alpha}\|^2+\|\boldsymbol{\beta}\|^2+2\|\boldsymbol{\alpha}\|\|\boldsymbol{\beta}\| = (\|\boldsymbol{\alpha}\|+\|\boldsymbol{\beta}\|)^2,\end{aligned}$$

所以$\|\boldsymbol{\alpha}+\boldsymbol{\beta}\|\leqslant\|\boldsymbol{\alpha}\|+\|\boldsymbol{\beta}\|$.

由此还可得出向量长度的一些简单性质:

(1) $\|k\boldsymbol{\alpha}\| = |k|\|\boldsymbol{\alpha}\|$;

(2) $\forall\boldsymbol{\alpha}\neq\boldsymbol{0}$，令$\boldsymbol{\alpha}^0=\dfrac{\boldsymbol{\alpha}}{\|\boldsymbol{\alpha}\|}$，则$\|\boldsymbol{\alpha}^0\|=1$，计算$\boldsymbol{\alpha}^0$的过程称为向量$\boldsymbol{\alpha}$的标准化.

从柯西-施瓦茨不等式还可得出$\dfrac{|(\boldsymbol{\alpha},\boldsymbol{\beta})|}{\|\boldsymbol{\alpha}\|\|\boldsymbol{\beta}\|}\leqslant 1$，从而可在$V_n(F)$中定义向量$\boldsymbol{\alpha}$与$\boldsymbol{\beta}$之间的夹角

$$\theta = \arccos\frac{|(\boldsymbol{\alpha},\boldsymbol{\beta})|}{\|\boldsymbol{\alpha}\|\|\boldsymbol{\beta}\|}.$$

定义 1.3

在内积空间中，若向量 $\boldsymbol{\alpha}$ 与 $\boldsymbol{\beta}$ 满足 $(\boldsymbol{\alpha},\boldsymbol{\beta})=0$，则称向量 $\boldsymbol{\alpha}$ 与 $\boldsymbol{\beta}$ 是正交的.

定理 1.2

不含零向量的正交向量组是线性无关的.

证明　设 $\{\boldsymbol{\alpha}_1,\boldsymbol{\alpha}_2,\cdots,\boldsymbol{\alpha}_m\}$ 是内积空间 $V_n(F)$ 中的正交向量组，$\boldsymbol{\alpha}_i\neq\mathbf{0}, i=1,2,\cdots,m$. 设有数 $k_i, i=1,2,\cdots,m$, 使

$$k_1\boldsymbol{\alpha}_1+k_2\boldsymbol{\alpha}_2+\cdots+k_m\boldsymbol{\alpha}_m=\mathbf{0},$$

对任意 $\boldsymbol{\alpha}_j$，则有

$$(k_1\boldsymbol{\alpha}_1+k_2\boldsymbol{\alpha}_2+\cdots+k_m\boldsymbol{\alpha}_m,\boldsymbol{\alpha}_j)=k_j(\boldsymbol{\alpha}_j,\boldsymbol{\alpha}_j)=0,$$

又因为 $\boldsymbol{\alpha}_j\neq\mathbf{0}$，所以 $(\boldsymbol{\alpha}_j,\boldsymbol{\alpha}_j)\neq0$，故必有 $k_j=0, j=1,2,\cdots,m$, 即 $\{\boldsymbol{\alpha}_1,\boldsymbol{\alpha}_2,\cdots,\boldsymbol{\alpha}_m\}$ 线性无关.

定理 1.2 说明，$V_n(F)$ 中不含零向量的正交向量组至多含 n 个向量，而且由 n 个非零向量构成的正交组就是 $V_n(F)$ 的基.

定义 1.4

在内积空间 $[V_n(F);(\boldsymbol{\alpha},\boldsymbol{\beta})]$ 中，若一个基 $\{\boldsymbol{\varepsilon}_1,\boldsymbol{\varepsilon}_2,\cdots,\boldsymbol{\varepsilon}_n\}$ 满足条件

$$(\boldsymbol{\varepsilon}_i,\boldsymbol{\varepsilon}_j)=\begin{cases}1, & i=j,\\ 0, & i\neq j,\end{cases}\quad i,j=1,2,\cdots,n,$$

则称 $\{\boldsymbol{\varepsilon}_1,\boldsymbol{\varepsilon}_2,\cdots,\boldsymbol{\varepsilon}_n\}$ 为 $V_n(F)$ 的标准正交基.

为讨论标准正交基的求法，我们先给出如下定理.

定理 1.3　（格拉姆-施密特(Gram-Schmidt)正交化方法）

设 $\{\boldsymbol{\alpha}_1,\boldsymbol{\alpha}_2,\cdots,\boldsymbol{\alpha}_m\}$ 是内积空间 $[V_n(F);(\boldsymbol{\alpha},\boldsymbol{\beta})]$ 中线性无关的向量组，则由如下方法

$$\boldsymbol{\beta}_1=\boldsymbol{\alpha}_1,$$

$$\boldsymbol{\beta}_k=\boldsymbol{\alpha}_k-\sum_{i=1}^{k-1}\frac{(\boldsymbol{\alpha}_k,\boldsymbol{\beta}_i)}{(\boldsymbol{\beta}_i,\boldsymbol{\beta}_i)}\boldsymbol{\beta}_i,\quad k=2,\cdots,m \tag{1.1}$$

计算所得向量组 $\{\boldsymbol{\beta}_1,\boldsymbol{\beta}_2,\cdots,\boldsymbol{\beta}_m\}$ 是正交向量组.

证明　对向量组中向量的个数进行归纳证明. 当 $n=2$ 时，

$$(\boldsymbol{\beta}_1,\boldsymbol{\beta}_2)=(\boldsymbol{\beta}_1,\boldsymbol{\alpha}_2)-\overline{\frac{(\boldsymbol{\alpha}_2,\boldsymbol{\beta}_1)}{(\boldsymbol{\beta}_1,\boldsymbol{\beta}_1)}}(\boldsymbol{\beta}_1,\boldsymbol{\beta}_1)=(\boldsymbol{\beta}_1,\boldsymbol{\alpha}_2)-\overline{(\boldsymbol{\alpha}_2,\boldsymbol{\beta}_1)}=0,$$

即 $\boldsymbol{\beta}_1$ 与 $\boldsymbol{\beta}_2$ 正交.

设 $n=m-1$ 时，由(1.1)式所得的向量组 $\{\boldsymbol{\beta}_1,\boldsymbol{\beta}_2,\cdots,\boldsymbol{\beta}_{m-1}\}$ 正交. 当 $n=m$ 时，因为

$$\boldsymbol{\beta}_m=\boldsymbol{\alpha}_m-\sum_{i=1}^{m-1}\frac{(\boldsymbol{\alpha}_m,\boldsymbol{\beta}_i)}{(\boldsymbol{\beta}_i,\boldsymbol{\beta}_i)}\boldsymbol{\beta}_i,$$

所以对任意 $\boldsymbol{\beta}_j, j=1,2,\cdots,m-1$, 有

$$(\boldsymbol{\beta}_m,\boldsymbol{\beta}_j)=(\boldsymbol{\alpha}_m,\boldsymbol{\beta}_j)-\sum_{i=1}^{m-1}\frac{(\boldsymbol{\alpha}_m,\boldsymbol{\beta}_i)}{(\boldsymbol{\beta}_i,\boldsymbol{\beta}_i)}(\boldsymbol{\beta}_i,\boldsymbol{\beta}_j),$$

由归纳假设 $(\boldsymbol{\beta}_i,\boldsymbol{\beta}_j)=0, i\neq j, i,j<m$, 从而 $(\boldsymbol{\beta}_m,\boldsymbol{\beta}_j)=0$.

所以由归纳法, $\{\boldsymbol{\beta}_1,\boldsymbol{\beta}_2,\cdots,\boldsymbol{\beta}_m\}$ 为正交向量组.

从格拉姆-施密特过程可以看到, 正交化前后的向量组之间有关系:

$$L\{\boldsymbol{\alpha}_1,\boldsymbol{\alpha}_2,\cdots,\boldsymbol{\alpha}_m\}=L\{\boldsymbol{\beta}_1,\boldsymbol{\beta}_2,\cdots,\boldsymbol{\beta}_m\}.$$

把正交化方法和标准化方法结合在一起, 就得到由一个基 $\{\boldsymbol{\alpha}_1,\boldsymbol{\alpha}_2,\cdots,\boldsymbol{\alpha}_n\}$ 计算标准正交基 $\{\boldsymbol{\varepsilon}_1,\boldsymbol{\varepsilon}_2,\cdots,\boldsymbol{\varepsilon}_n\}$ 的方法:

$$\boldsymbol{\beta}_1=\boldsymbol{\alpha}_1,\ \boldsymbol{\varepsilon}_1=\frac{\boldsymbol{\beta}_1}{\|\boldsymbol{\beta}_1\|},$$

$$\boldsymbol{\beta}_2=\boldsymbol{\alpha}_2-(\boldsymbol{\alpha}_2,\boldsymbol{\varepsilon}_1)\boldsymbol{\varepsilon}_1,\ \boldsymbol{\varepsilon}_2=\frac{\boldsymbol{\beta}_2}{\|\boldsymbol{\beta}_2\|},$$

$$\cdots\cdots$$

$$\boldsymbol{\beta}_n=\boldsymbol{\alpha}_n-\sum_{i=1}^{n-1}(\boldsymbol{\alpha}_n,\boldsymbol{\varepsilon}_i)\boldsymbol{\varepsilon}_i,\ \boldsymbol{\varepsilon}_n=\frac{\boldsymbol{\beta}_n}{\|\boldsymbol{\beta}_n\|}.$$

用矩阵运算可表示为

$$(\boldsymbol{\alpha}_1,\boldsymbol{\alpha}_2,\cdots,\boldsymbol{\alpha}_n)=(\boldsymbol{\varepsilon}_1,\boldsymbol{\varepsilon}_2,\cdots,\boldsymbol{\varepsilon}_n)\begin{pmatrix}\|\boldsymbol{\beta}_1\| & (\boldsymbol{\alpha}_2,\boldsymbol{\varepsilon}_1) & \cdots & (\boldsymbol{\alpha}_n,\boldsymbol{\varepsilon}_1)\\ & \|\boldsymbol{\beta}_2\| & \cdots & (\boldsymbol{\alpha}_n,\boldsymbol{\varepsilon}_2)\\ & & \ddots & \vdots\\ & & & \|\boldsymbol{\beta}_n\|\end{pmatrix}.$$

例 1.4　设 U 为内积空间 $[V_n(F);(\boldsymbol{\alpha},\boldsymbol{\beta})]$ 的一个子空间, 定义 $U^{\perp}=\{\boldsymbol{\alpha}|\boldsymbol{\alpha}\in V_n(F),\forall\boldsymbol{\beta}\in U,(\boldsymbol{\alpha},\boldsymbol{\beta})=0\}$, 证明:

(1) $U^{\perp}$ 是 $V_n(F)$ 的子空间;

(2) $V_n(F)=U\oplus U^{\perp}$.

证明　(1) 显然 $\mathbf{0}\in U^{\perp}$, 所以 $U^{\perp}\neq\varnothing$. 又因为 $\forall\boldsymbol{\alpha}_1,\boldsymbol{\alpha}_2\in U^{\perp},\forall k_1,k_2\in F$, 对 $k_1\boldsymbol{\alpha}_1+k_2\boldsymbol{\alpha}_2$ 和 $\forall\boldsymbol{\beta}\in U$, 有

$$(k_1\boldsymbol{\alpha}_1+k_2\boldsymbol{\alpha}_2,\boldsymbol{\beta})=k_1(\boldsymbol{\alpha}_1,\boldsymbol{\beta})+k_2(\boldsymbol{\alpha}_2,\boldsymbol{\beta})=0,$$

因此 $k_1\boldsymbol{\alpha}_1+k_2\boldsymbol{\alpha}_2\in U^{\perp}$, $U^{\perp}$ 是 $V_n(F)$ 的子空间.

(2) 设 $\{\boldsymbol{\varepsilon}_1,\boldsymbol{\varepsilon}_2,\cdots,\boldsymbol{\varepsilon}_r\}$ 是 U 的标准正交基, 把它扩充为 $V_n(F)$ 的标准正交基 $\{\boldsymbol{\varepsilon}_1,\boldsymbol{\varepsilon}_2,\cdots,\boldsymbol{\varepsilon}_r,\boldsymbol{\eta}_{r+1},\cdots,\boldsymbol{\eta}_n\}$, 则

$$V_n(F)=L\{\boldsymbol{\varepsilon}_1,\boldsymbol{\varepsilon}_2,\cdots,\boldsymbol{\varepsilon}_r,\boldsymbol{\eta}_{r+1},\cdots,\boldsymbol{\eta}_n\},$$

$$U=L\{\boldsymbol{\varepsilon}_1,\boldsymbol{\varepsilon}_2,\cdots,\boldsymbol{\varepsilon}_r\},$$

$$U^{\perp}=L\{\boldsymbol{\eta}_{r+1},\cdots,\boldsymbol{\eta}_n\},$$

所以

$$V_n(F)=U+U^{\perp}.$$

又 $\forall\boldsymbol{\xi}\in U\cap U^{\perp}$, 有 $\boldsymbol{\xi}\in U$, 而且 $\boldsymbol{\xi}\in U^{\perp}$, 从而 $(\boldsymbol{\xi},\boldsymbol{\xi})=0$, 即 $\boldsymbol{\xi}=\mathbf{0}$, 从而 $V_n(F)=U\oplus U^{\perp}$.

我们称子空间 $U^{\perp}$ 为 U 的正交补子空间.

在 $[\mathbf{R}^n;(\boldsymbol{\alpha},\boldsymbol{\beta})=\boldsymbol{\alpha}^{\mathrm{T}}\boldsymbol{\beta}]$ 和 $[\mathbf{C}^n;(\boldsymbol{\alpha},\boldsymbol{\beta})=\boldsymbol{\beta}^{\mathrm{H}}\boldsymbol{\alpha}]$ 中我们用向量的坐标给出了内积定义, 因为坐标与选定的基有直接关系, 所以, 用不同的基计算出的内积是不相等的; 另外, 在矩阵空间 $\mathbf{R}^{m\times n}$ 和多项式函数空间 $P_n[x]$ 给出的内积没有用到坐标, 能否也用坐标来计算?

一般地，在内积空间 $V_n(F)$ 中取定一个基 $\{\boldsymbol{\alpha}_1, \boldsymbol{\alpha}_2, \cdots, \boldsymbol{\alpha}_n\}$，则 $\forall \boldsymbol{\alpha}, \boldsymbol{\beta} \in V_n(F)$，分别有坐标 $\boldsymbol{x}, \boldsymbol{y} \in F^n$ 使得

$$\boldsymbol{\alpha} = (\boldsymbol{\alpha}_1, \boldsymbol{\alpha}_2, \cdots, \boldsymbol{\alpha}_n)\boldsymbol{x} = x_1\boldsymbol{\alpha}_1 + x_2\boldsymbol{\alpha}_2 + \cdots + x_n\boldsymbol{\alpha}_n,$$

$$\boldsymbol{\beta} = (\boldsymbol{\alpha}_1, \boldsymbol{\alpha}_2, \cdots, \boldsymbol{\alpha}_n)\boldsymbol{y} = y_1\boldsymbol{\alpha}_1 + y_2\boldsymbol{\alpha}_2 + \cdots + y_n\boldsymbol{\alpha}_n,$$

则

$$(\boldsymbol{\alpha}, \boldsymbol{\beta}) = \sum_{i=1}^{n}\sum_{j=1}^{n} x_i \overline{y}_j (\boldsymbol{\alpha}_i, \boldsymbol{\alpha}_j). \tag{1.2}$$

设矩阵 $\boldsymbol{A} = ((\boldsymbol{\alpha}_i, \boldsymbol{\alpha}_j))_{n\times n}$，即矩阵 $\boldsymbol{A}$ 的元素 $a_{ij} = (\boldsymbol{\alpha}_i, \boldsymbol{\alpha}_j)$ 是基向量 $\boldsymbol{\alpha}_i$ 和 $\boldsymbol{\alpha}_j$ 的内积，则(1.2)式可用矩阵运算表示为

$$(\boldsymbol{\alpha}, \boldsymbol{\beta}) = \boldsymbol{y}^{\mathrm{H}}\boldsymbol{A}\boldsymbol{x}.$$

因此，给定 $\boldsymbol{A}$, $V_n(F)$ 中向量的内积就可转化为矩阵的运算. 由 $\boldsymbol{A}$ 中元素构成可知 $\boldsymbol{A}^{\mathrm{H}} = \boldsymbol{A}$，即 $\boldsymbol{A}$ 为埃尔米特(Hermite)矩阵，又 $\boldsymbol{\alpha} \neq \boldsymbol{0}$ 时，其坐标 $\boldsymbol{x} \neq \boldsymbol{0}$，有 $(\boldsymbol{\alpha}, \boldsymbol{\alpha}) = \boldsymbol{x}^{\mathrm{H}}\boldsymbol{A}\boldsymbol{x} > 0$，即 $\boldsymbol{A}$ 为正定的埃尔米特矩阵. 我们称 $\boldsymbol{A}$ 为内积空间 $[V_n(F); (\boldsymbol{\alpha}, \boldsymbol{\beta})]$ 关于基 $\{\boldsymbol{\alpha}_1, \boldsymbol{\alpha}_2, \cdots, \boldsymbol{\alpha}_n\}$ 的度量矩阵.

事实上，$[\mathbf{R}^n; (\boldsymbol{\alpha}, \boldsymbol{\beta}) = \boldsymbol{\alpha}^{\mathrm{T}}\boldsymbol{\beta}]$ 和 $[\mathbf{C}^n; (\boldsymbol{\alpha}, \boldsymbol{\beta}) = \boldsymbol{\beta}^{\mathrm{H}}\boldsymbol{\alpha}]$ 空间内积表达式中向量的坐标正是标准正交基下的坐标.

标准正交基的度量矩阵是单位矩阵，因此，对任意内积空间，如果我们选择一个标准正交基，则内积运算可以简化为坐标运算.

定理 1.4

设内积空间 $[\mathbf{R}^n; (\boldsymbol{\alpha}, \boldsymbol{\beta}) = \boldsymbol{\alpha}^{\mathrm{T}}\boldsymbol{\beta}]$ 中有两个基 $\{\boldsymbol{\alpha}_1, \boldsymbol{\alpha}_2, \cdots, \boldsymbol{\alpha}_n\}$ 和 $\{\boldsymbol{\beta}_1, \boldsymbol{\beta}_2, \cdots, \boldsymbol{\beta}_n\}$，$\{\boldsymbol{\alpha}_1, \boldsymbol{\alpha}_2, \cdots, \boldsymbol{\alpha}_n\}$ 到 $\{\boldsymbol{\beta}_1, \boldsymbol{\beta}_2, \cdots, \boldsymbol{\beta}_n\}$ 的过渡矩阵为 $\boldsymbol{P}$，$\{\boldsymbol{\alpha}_1, \boldsymbol{\alpha}_2, \cdots, \boldsymbol{\alpha}_n\}$ 和 $\{\boldsymbol{\beta}_1, \boldsymbol{\beta}_2, \cdots, \boldsymbol{\beta}_n\}$ 的度量矩阵分别为 $\boldsymbol{A}$ 和 $\boldsymbol{B}$，那么 $\boldsymbol{B} = \boldsymbol{P}^{\mathrm{T}}\boldsymbol{A}\boldsymbol{P}$.

证明　显然过渡矩阵 $\boldsymbol{P}$ 是可逆的. 根据度量矩阵定义，可以得到

$$\begin{aligned}
\boldsymbol{B} &= ((\boldsymbol{\beta}_i, \boldsymbol{\beta}_j))_{n\times n} \\
&= (\boldsymbol{\beta}_1, \boldsymbol{\beta}_2, \cdots, \boldsymbol{\beta}_n)^{\mathrm{T}}(\boldsymbol{\beta}_1, \boldsymbol{\beta}_2, \cdots, \boldsymbol{\beta}_n) \\
&= ((\boldsymbol{\alpha}_1, \boldsymbol{\alpha}_2, \cdots, \boldsymbol{\alpha}_n)\boldsymbol{P})^{\mathrm{T}}((\boldsymbol{\alpha}_1, \boldsymbol{\alpha}_2, \cdots, \boldsymbol{\alpha}_n)\boldsymbol{P}) \\
&= \boldsymbol{P}^{\mathrm{T}}(\boldsymbol{\alpha}_1, \boldsymbol{\alpha}_2, \cdots, \boldsymbol{\alpha}_n)^{\mathrm{T}}(\boldsymbol{\alpha}_1, \boldsymbol{\alpha}_2, \cdots, \boldsymbol{\alpha}_n)\boldsymbol{P} \\
&= \boldsymbol{P}^{\mathrm{T}}\boldsymbol{A}\boldsymbol{P}.
\end{aligned}$$

定理 1.4 说明，同一个内积空间中不同基的度量矩阵是合同的.

在内积空间，我们还可以进一步考察一种保持向量长度和夹角不变的线性变换.

定义 1.5

设 T 为内积空间 $[V_n(F); (\boldsymbol{\alpha}, \boldsymbol{\beta})]$ 上的线性变换，如果 $\forall \boldsymbol{\alpha}, \boldsymbol{\beta} \in V_n(F)$，都有 $(T(\boldsymbol{\alpha}), T(\boldsymbol{\beta})) = (\boldsymbol{\alpha}, \boldsymbol{\beta})$，则称 T 为内积空间上的正交变换 $(F = \mathbf{R})$ 或者酉变换 $(F = \mathbf{C})$，正交变换(酉变换)在标准正交基下的矩阵称为正交矩阵(酉矩阵).

例 1.5　$\mathbf{R}^2$ 上绕原点逆时针旋转角 θ 的变换 T_θ 是正交变换.

证明　取 $\mathbf{R}^2$ 上的标准正交基 $\{\boldsymbol{\varepsilon}_1, \boldsymbol{\varepsilon}_2\}$，则

$$T_\theta(\boldsymbol{\varepsilon}_1, \boldsymbol{\varepsilon}_2) = (\boldsymbol{\varepsilon}_1, \boldsymbol{\varepsilon}_2)\begin{pmatrix} \cos\theta & -\sin\theta \\ \sin\theta & \cos\theta \end{pmatrix}.$$

$\forall \boldsymbol{\alpha}, \boldsymbol{\beta} \in \mathbf{R}^2$，设 $\boldsymbol{\alpha}, \boldsymbol{\beta}$ 分别有坐标 $\boldsymbol{x}, \boldsymbol{y}$，于是 $T_\theta(\boldsymbol{\alpha})$ 和 $T_\theta(\boldsymbol{\beta})$ 的坐标分别为

$$\begin{pmatrix} \cos\theta & -\sin\theta \\ \sin\theta & \cos\theta \end{pmatrix}\boldsymbol{x} \text{ 和 } \begin{pmatrix} \cos\theta & -\sin\theta \\ \sin\theta & \cos\theta \end{pmatrix}\boldsymbol{y},$$

从而

$$(T_\theta(\boldsymbol{\alpha}), T_\theta(\boldsymbol{\beta})) = \boldsymbol{x}^{\mathrm{T}}\begin{pmatrix} \cos\theta & -\sin\theta \\ \sin\theta & \cos\theta \end{pmatrix}^{\mathrm{T}}\begin{pmatrix} \cos\theta & -\sin\theta \\ \sin\theta & \cos\theta \end{pmatrix}\boldsymbol{y} = \boldsymbol{x}^{\mathrm{T}}\boldsymbol{y} = (\boldsymbol{\alpha}, \boldsymbol{\beta}).$$

所以 T_θ 是正交变换.

定理 1.5

设 T 是内积空间上的线性变换，则下列命题等价：

(1) T 是正交（酉）变换；

(2) T 保持向量长度不变；

(3) T 把空间 $V_n(F)$ 的标准正交基变换为标准正交基；

(4) 正交变换关于任一标准正交基的矩阵 $\boldsymbol{C}$ 满足 $\boldsymbol{C}^{\mathrm{T}}\boldsymbol{C} = \boldsymbol{C}\boldsymbol{C}^{\mathrm{T}} = \boldsymbol{E}$，酉变换关于任一标准正交基的矩阵 $\boldsymbol{U}$ 满足 $\boldsymbol{U}^{\mathrm{H}}\boldsymbol{U} = \boldsymbol{U}\boldsymbol{U}^{\mathrm{H}} = \boldsymbol{E}$.

证明留作练习.

定理 1.6

正交矩阵 $\boldsymbol{C}$ 和酉矩阵 $\boldsymbol{U}$ 有如下性质：

(1) 正交矩阵的行列式为±1；酉矩阵的行列式的模长为 1.

(2) $\boldsymbol{C}^{-1} = \boldsymbol{C}^{\mathrm{T}}$；$\boldsymbol{U}^{-1} = \boldsymbol{U}^{\mathrm{H}}$.

(3) 正交（酉）矩阵的逆矩阵与乘积仍然是正交（酉）矩阵.

(4) n 阶正交（酉）矩阵的列（或者行）向量组是 $\mathbf{R}^n$（或 $\mathbf{C}^n$）空间中的标准正交基.

证明留作练习.

2.2　向量与矩阵的范数

内积运算可以在线性空间导出向量的某种度量指标，内积是一种二元函数. 实际应用中，还可以通过范数给出向量的度量指标，范数是线性空间里的一种一元函数，更具有普遍性，为我们研究多元函数的极限和微分提供了理论工具.

定义 2.1

线性空间 F^n 上向量 $\boldsymbol{x}$ 的范数是一个满足下面三个条件的非负实数，记作 $\|\boldsymbol{x}\|$：

(1) 当 $\boldsymbol{x} \neq \boldsymbol{0}$ 时 $\|\boldsymbol{x}\| > 0$，当且仅当 $\boldsymbol{x} = \boldsymbol{0}$ 时 $\|\boldsymbol{x}\| = 0$；

(2) 对任意常数 $k\in F$, $\|k\boldsymbol{x}\|=|k|\|\boldsymbol{x}\|$;

(3) 对任意 $\boldsymbol{x},\boldsymbol{y}\in F^n$, $\|\boldsymbol{x}+\boldsymbol{y}\|\leqslant\|\boldsymbol{x}\|+\|\boldsymbol{y}\|$.

例 2.1 实数域 $\mathbf{R}$ 作为一维线性空间，任意 $\boldsymbol{x}\in\mathbf{R}$ 的绝对值 $\|\boldsymbol{x}\|=|\boldsymbol{x}|$ 都是向量范数.

例 2.2 对 $\mathbf{R}^n$ 中向量 $\boldsymbol{x}=(x_1,x_2,\cdots,x_n)^{\mathrm{T}}$, $\|\boldsymbol{x}\|_2=\sqrt{\sum_{i=1}^n|x_i|^2}$, $\|\boldsymbol{x}\|_1=\sum_{i=1}^n|x_i|$ 和 $\|\boldsymbol{x}\|_\infty=\max\limits_{1\leqslant i\leqslant n}|x_i|$ 都是范数，分别称为向量的 2-范数、1-范数和∞-范数.

证明 我们仅就 $\|\boldsymbol{x}\|_2$ 给出证明. 另假设 $\boldsymbol{y}=(y_1,y_2,\cdots,y_n)^{\mathrm{T}}\in\mathbf{R}^n$, $k\in\mathbf{R}$. 显然，$\|\boldsymbol{x}\|_2=\sqrt{\sum_{i=1}^n|x_i|^2}\geqslant 0$, 且等号成立的充要条件是 $x_i=0(i=1,2,\cdots,n)$, 亦即 $\boldsymbol{x}=\mathbf{0}$. 另有

$$\|k\boldsymbol{x}\|_2=\sqrt{\sum_{i=1}^n|kx_i|^2}=|k|\sqrt{\sum_{i=1}^n|x_i|^2}=|k|\|\boldsymbol{x}\|_2,$$

$$\begin{aligned}\|\boldsymbol{x}+\boldsymbol{y}\|_2^2&=\sum_{i=1}^n|x_i+y_i|^2=\sum_{i=1}^n|x_i|^2+2\sum_{i=1}^n|x_i||y_i|+\sum_{i=1}^n|y_i|^2\\&\leqslant\sum_{i=1}^n|x_i|^2+2\sqrt{\sum_{i=1}^n|x_i|^2}\sqrt{\sum_{i=1}^n|y_i|^2}+\sum_{i=1}^n|y_i|^2\\&=\left(\sqrt{\sum_{i=1}^n|x_i|^2}+\sqrt{\sum_{i=1}^n|y_i|^2}\right)^2\\&=\left(\|\boldsymbol{x}\|_2+\|\boldsymbol{y}\|_2\right)^2.\end{aligned}$$

故 $\|\boldsymbol{x}+\boldsymbol{y}\|_2\leqslant\|\boldsymbol{x}\|_2+\|\boldsymbol{y}\|_2$.

$\mathbf{R}^n$ 中向量的上述三种范数有一个统一的形式：

$$\|\boldsymbol{x}\|_p=\sqrt[p]{\sum_{i=1}^n|x_i|^p},\quad 1\leqslant p<\infty,$$

称为向量的 p-范数，其中，$\|\boldsymbol{x}\|_\infty=\lim\limits_{p\to\infty}\|\boldsymbol{x}\|_p$.

在定义了范数的空间里，通常称集合 $\{\boldsymbol{x}|\|\boldsymbol{x}\|=1\}$ 为单位球面. $\mathbf{R}^2$ 中 $\|\boldsymbol{x}\|_p=1(p=1,2,\infty)$ 有明显的几何意义，$\|\boldsymbol{x}\|_2=1$ 表示一个以坐标原点为圆心的单位圆；$\|\boldsymbol{x}\|_1=|x_1|+|x_2|=1$ 表示一个以坐标原点为中心、对角线与坐标轴重合且边长为 $\sqrt{2}$ 的正方形；$\|\boldsymbol{x}\|_\infty=\max\{|x_1|,|x_2|\}=1$ 表示一个以坐标原点为中心、边长为 2 且平行于坐标轴的正方形.

向量范数是一个连续函数. 事实上，任意有限维线性空间上定义的范数都是坐标的连续函数.

定理 2.1

设 $\{\boldsymbol{\alpha}_1,\boldsymbol{\alpha}_2,\cdots,\boldsymbol{\alpha}_n\}$ 是 $V_n(F)$ 的一个基，$\|\boldsymbol{x}\|$ 是 $V_n(F)$ 的任意一个向量范数，$\boldsymbol{\alpha}=(\boldsymbol{\alpha}_1,\boldsymbol{\alpha}_2,\cdots,\boldsymbol{\alpha}_n)(x_1,x_2,\cdots,x_n)^{\mathrm{T}}$，$\boldsymbol{\beta}=(\boldsymbol{\alpha}_1,\boldsymbol{\alpha}_2,\cdots,\boldsymbol{\alpha}_n)(y_1,y_2,\cdots,y_n)^{\mathrm{T}}$ 是 $V_n(F)$ 的任意向量，则对任意 $\varepsilon>0$, 存在 $\delta>0$, 当 $|x_i-y_i|<\delta(i=1,2,\cdots,n)$ 时，有 $|\|\boldsymbol{\alpha}\|-\|\boldsymbol{\beta}\||<\varepsilon$.

证明 令 $M=\max\{\|\boldsymbol{\alpha}_1\|,\|\boldsymbol{\alpha}_2\|,\cdots,\|\boldsymbol{\alpha}_n\|\}$, 则 $M>0$, 选取 δ, 使得 $0<\delta<\dfrac{\varepsilon}{nM}$, 当 $|x_i-y_i|<\delta(i=1,2,\cdots,n)$ 时，有

$$\big|\|\boldsymbol{\alpha}\|-\|\boldsymbol{\beta}\|\big| \leqslant \|\boldsymbol{\alpha}-\boldsymbol{\beta}\| \leqslant \sum_{i=1}^{n}|x_i-y_i|\cdot\|\boldsymbol{\alpha}_i\| \leqslant M\sum_{i=1}^{n}|x_i-y_i| < \varepsilon.$$

定理 2.2

设 $\|\boldsymbol{x}\|_S$ 和 $\|\boldsymbol{x}\|_T$ 是 $V_n(F)$ 上任意两种向量范数，那么对所有 $\boldsymbol{x}\in V_n(F)$，存在常数 $c_1>0$ 和 $c_2>0$，满足不等式 $c_1\|\boldsymbol{x}\|_S \leqslant \|\boldsymbol{x}\|_T \leqslant c_2\|\boldsymbol{x}\|_S$，这时，称向量范数 $\|\boldsymbol{x}\|_T$ 与向量范数 $\|\boldsymbol{x}\|_S$ 等价.

证明　当 $\boldsymbol{x}=\boldsymbol{0}$ 时结论显然成立. 对一切 $\boldsymbol{x}\in V_n(F)$，且 $\boldsymbol{x}\neq\boldsymbol{0}$，此时 $\|\boldsymbol{x}\|_S\neq 0$，考虑连续函数 $f(\boldsymbol{x})=\dfrac{\|\boldsymbol{x}\|_T}{\|\boldsymbol{x}\|_S}$，记 $S=\{\boldsymbol{x}\,|\,\|\boldsymbol{x}\|_S=1,\ \boldsymbol{x}\in V_n(F)\}$，则 S 是一个有界闭集. 由于 $f(\boldsymbol{x})$ 为 S 上的连续函数，所以 $f(\boldsymbol{x})$ 于 S 上达到最大、最小值，即存在 $\boldsymbol{x}_0, \boldsymbol{y}_0\in S$ 使得

$$f(\boldsymbol{x}_0)=\min_{x\in S} f(\boldsymbol{x})=c_1,\quad f(\boldsymbol{y}_0)=\max_{x\in S} f(\boldsymbol{x})=c_2,$$

由向量范数的正定性可知 $c_1>0$ 和 $c_2>0$. 又因为 $\dfrac{\boldsymbol{x}}{\|\boldsymbol{x}\|_S}\in S$，从而有

$$c_1\leqslant f\left(\frac{\boldsymbol{x}}{\|\boldsymbol{x}\|_S}\right)\leqslant c_2,$$

即 $c_1\|\boldsymbol{x}\|_S \leqslant \|\boldsymbol{x}\|_T \leqslant c_2\|\boldsymbol{x}\|_S$.

根据范数等价性，我们在研究具体问题时可以选择合适的范数作为度量指标，其结果对所有范数都成立.

向量范数这个刻画向量之间距离的度量指标可以定义向量序列的收敛性.

定义 2.2

设 $\{\boldsymbol{x}_k\}$ 是 F^n 上的向量序列，$\boldsymbol{x}_k=(x_{k1},x_{k2},\cdots,x_{kn})^{\mathrm{T}}$，$k=1,2,\cdots$. 又设 $\boldsymbol{x}^*=(x_1^*,x_2^*,\cdots,x_n^*)^{\mathrm{T}}$ 是 F^n 上的向量. 如果 $\lim\limits_{k\to\infty}x_{ki}=x_i^*$ 对所有的 $i=1,2,\cdots,n$ 成立，那么称向量 $\boldsymbol{x}^*$ 是向量序列 $\{\boldsymbol{x}_k\}$ 的极限，记为 $\lim\limits_{k\to\infty}\boldsymbol{x}_k=\boldsymbol{x}^*$. 如果一个向量序列有极限，则称这个向量序列是收敛的.

定理 2.3

设 $\{\boldsymbol{x}_k\}$ 是 n 维向量序列，$\boldsymbol{x}^*\in\mathbf{R}^n$，那么 $\{\boldsymbol{x}_k\}$ 收敛于 $\boldsymbol{x}^*$ 的充分必要条件是

$$\lim_{k\to\infty}\left\|\boldsymbol{x}_k-\boldsymbol{x}^*\right\|_\infty=0.$$

证明　由向量序列收敛的定义知，$\lim\limits_{k\to\infty}x_{ki}=x_i^*$，从而

$$\lim_{k\to\infty}\left|x_{ki}-x_i^*\right|=0,\quad i=1,2,\cdots,n,$$

这等价于

$$\lim_{k\to\infty}\max_{1\leqslant i\leqslant n}\left|x_{ki}-x_i^*\right|=0,$$

即 $\lim\limits_{k\to\infty}\left\|\boldsymbol{x}_k-\boldsymbol{x}^*\right\|_\infty=0$.

定理 2.3 表明，向量序列的极限也可以通过向量范数序列的极限来定义. 向量序列极限有如下运算性质:

定理 2.4

设向量序列 $\{\boldsymbol{x}_k\}$ 和 $\{\boldsymbol{y}_k\}$ 分别有极限 $\boldsymbol{x}^*$ 和 $\boldsymbol{y}^*$, 数列 $\{\lambda_k\}$ 有极限 λ, 那么,

$$\lim_{k\to\infty}(\boldsymbol{x}_k \pm \boldsymbol{y}_k) = \boldsymbol{x}^* \pm \boldsymbol{y}^*,$$

$$\lim_{k\to\infty}\lambda_k \boldsymbol{x}_k = \lambda \boldsymbol{x}^*.$$

证明留作练习.

作为向量范数和向量序列极限的一个应用, 我们给出多元函数最优化问题中的最速下降法收敛性定理.

定理 2.5

设多元实值函数 $f(\boldsymbol{x}), \boldsymbol{x}\in\mathbf{R}^n$ 具有一阶连续偏导数, 给定 $\boldsymbol{x}_0\in\mathbf{R}^n$, 假定水平集 $L=\{\boldsymbol{x}\in\mathbf{R}^n \mid f(\boldsymbol{x})\leqslant f(\boldsymbol{x}_0)\}$ 有界, 令 $g(\boldsymbol{x}_k)$ 表示 $f(\boldsymbol{x})$ 在 $\boldsymbol{x}=\boldsymbol{x}_k$ 的梯度, $p(\boldsymbol{x}_k)=-g(\boldsymbol{x}_k)$ 是负梯度方向, $\boldsymbol{x}_{k+1}=\boldsymbol{x}_k+\alpha_k p(\boldsymbol{x}_k), k=0,1,2,\cdots,n$, 其中步长 α_k 满足

$$f(\boldsymbol{x}_k+\alpha_k p(\boldsymbol{x}_k)) = \min_{\alpha>0} f(\boldsymbol{x}_k+\alpha p(\boldsymbol{x}_k)),$$

则或者对某个 k_0, 有 $g(\boldsymbol{x}_{k_0})=\mathbf{0}$, 或者当 $k\to\infty$ 时, $g(\boldsymbol{x}_k)\to\mathbf{0}$.

证明　假设对任意 k 都有 $g(\boldsymbol{x}_k)\neq\mathbf{0}$, 则因 $f(\boldsymbol{x}_k)$ 单调下降且水平集 L 有界, 故 $k\to\infty$ 时序列 $f(\boldsymbol{x}_k)$ 存在极限, 所以有 $f(\boldsymbol{x}_k)-f(\boldsymbol{x}_{k+1})\to 0$.

用反证法. 假设 $g(\boldsymbol{x}_k)\to\mathbf{0}$ 不成立, 则存在 $\varepsilon_0>0$ 及无穷多个 k, 使 $\|g(\boldsymbol{x}_k)\|\geqslant\varepsilon_0$. 对这样的 k, 有

$$-(g(\boldsymbol{x}_k))^{\mathrm{T}}\frac{p(\boldsymbol{x}_k)}{\|p(\boldsymbol{x}_k)\|}\geqslant\varepsilon_0,$$

由泰勒(Taylor)公式

$$\begin{aligned}
&f(\boldsymbol{x}_k+\alpha p(\boldsymbol{x}_k))\\
&=f(\boldsymbol{x}_k)+\alpha[g(\boldsymbol{\xi}_k)]^{\mathrm{T}}p(\boldsymbol{x}_k)\\
&=f(\boldsymbol{x}_k)+\alpha[g(\boldsymbol{x}_k)]^{\mathrm{T}}p(\boldsymbol{x}_k)+\alpha[g(\boldsymbol{\xi}_k)-g(\boldsymbol{x}_k)]^{\mathrm{T}}p(\boldsymbol{x}_k)\\
&\leqslant f(\boldsymbol{x}_k)+\alpha\|p(\boldsymbol{x}_k)\|\left[\frac{[g(\boldsymbol{x}_k)]^{\mathrm{T}}p(\boldsymbol{x}_k)}{\|p(\boldsymbol{x}_k)\|}+\|g(\boldsymbol{\xi}_k)-g(\boldsymbol{x}_k)\|\right],
\end{aligned}\tag{2.1}$$

其中 $\boldsymbol{\xi}_k$ 在 $\boldsymbol{x}_k$ 和 $\boldsymbol{x}_k+\alpha p(\boldsymbol{x}_k)$ 的连线上.

由于 $g(\boldsymbol{x})$ 连续且 L 有界, 所以 $g(\boldsymbol{x})$ 在 L 一致连续, 故存在 $\eta>0$, 使当 $0\leqslant\alpha\|p(\boldsymbol{x}_k)\|\leqslant\eta$ 时, 对所有 k 成立

$$\|g(\boldsymbol{\xi}_k)-g(\boldsymbol{x}_k)\|\leqslant\frac{\varepsilon_0}{2}.$$

在(2.1)中取 $\alpha=\dfrac{\eta}{\|p(\boldsymbol{x}_k)\|}$, 则有

$$
\begin{aligned}
& f\left(\boldsymbol{x}_k+\frac{\eta}{\|p(\boldsymbol{x}_k)\|}p(\boldsymbol{x}_k)\right) \\
\leqslant\ & f(\boldsymbol{x}_k)+\eta\left[\frac{[g(\boldsymbol{x}_k)]^{\mathrm{T}}p(\boldsymbol{x}_k)}{\|p(\boldsymbol{x}_k)\|}+\|g(\boldsymbol{\xi}_k)-g(\boldsymbol{x}_k)\|\right] \\
\leqslant\ & f(\boldsymbol{x}_k)+\eta\left(-\varepsilon_0+\frac{\varepsilon_0}{2}\right)=f(\boldsymbol{x}_k)-\frac{\eta\varepsilon_0}{2},
\end{aligned}
$$

从而对无穷多个 k 成立

$$
f(\boldsymbol{x}_{k+1})=\min_{\alpha>0}f(\boldsymbol{x}_k+\alpha p(\boldsymbol{x}_k))\leqslant f\left(\boldsymbol{x}_k+\frac{\eta}{\|p(\boldsymbol{x}_k)\|}p(\boldsymbol{x}_k)\right)\leqslant f(\boldsymbol{x}_k)-\frac{\eta\varepsilon_0}{2},
$$

这与 $f(\boldsymbol{x}_k)-f(\boldsymbol{x}_{k+1})\to 0$ 矛盾，所以当 $k\to\infty$ 时，$g(\boldsymbol{x}_k)\to\mathbf{0}$.

向量是特殊的矩阵，附加一些关于矩阵乘法运算的相容性条件后向量范数可以推广到矩阵范数.

定义 2.3

设 M 是数域 F 上全体 n 阶矩阵的集合，M 中矩阵 $\boldsymbol{A}$ 的范数是一个满足下面四个条件的非负实数，记为 $\|\boldsymbol{A}\|$:

(1) 当 $\boldsymbol{A}\neq\mathbf{0}$ 时 $\|\boldsymbol{A}\|>0$，当且仅当 $\boldsymbol{A}=\mathbf{0}$ 时 $\|\boldsymbol{A}\|=0$;

(2) 对任意常数 $\lambda\in F$, $\|\lambda\boldsymbol{A}\|=|\lambda|\,\|\boldsymbol{A}\|$;

(3) 对任意 $\boldsymbol{B}\in M$, $\|\boldsymbol{A}+\boldsymbol{B}\|\leqslant\|\boldsymbol{A}\|+\|\boldsymbol{B}\|$;

(4) 对任意 $\boldsymbol{B}\in M$, $\|\boldsymbol{AB}\|\leqslant\|\boldsymbol{A}\|\,\|\boldsymbol{B}\|$，则称 $\|\boldsymbol{A}\|$ 为相容的矩阵范数.

其中 $\mathbf{0}$ 表示零矩阵.

例 2.3　设 $\boldsymbol{A}=(a_{ij})_{n\times n}\in M$. 定义 $\|\boldsymbol{A}\|=\sqrt{\sum_{i=1}^{n}\sum_{j=1}^{n}a_{ij}^2}$，称为弗罗贝尼乌斯(Frobenius)范数或 F-范数，记为 $\|\boldsymbol{A}\|_{\mathrm{F}}$.

容易看出，$\|\boldsymbol{A}\|_{\mathrm{F}}$ 是向量 2-范数的自然推广，满足定义 2.3 中条件(1)—(3). 稍后证明条件(4)也是满足的.

矩阵范数定义中对于矩阵与矩阵乘法提出了相容性要求，也可考虑矩阵与向量相乘的情形. 设 $\boldsymbol{A}\in M$, $\|\boldsymbol{A}\|_\alpha$ 是矩阵范数，又设 $\boldsymbol{x}\in F^n$, $\|\boldsymbol{x}\|_\beta$ 是向量范数，如果满足不等式

$$
\|\boldsymbol{Ax}\|_\beta\leqslant\|\boldsymbol{A}\|_\alpha\,\|\boldsymbol{x}\|_\beta,
$$

则称矩阵范数 $\|\boldsymbol{A}\|_\alpha$ 与向量范数 $\|\boldsymbol{x}\|_\beta$ 相容.

例 2.4　证明：$\|\boldsymbol{A}\|_{\mathrm{F}}$ 与 $\|\boldsymbol{x}\|_2$ 相容.

证明　记

$$
\boldsymbol{A}=\begin{pmatrix}\boldsymbol{\alpha}_1^{\mathrm{T}}\\ \vdots\\ \boldsymbol{\alpha}_n^{\mathrm{T}}\end{pmatrix},\qquad \boldsymbol{Ax}=\begin{pmatrix}\boldsymbol{\alpha}_1^{\mathrm{T}}\boldsymbol{x}\\ \vdots\\ \boldsymbol{\alpha}_n^{\mathrm{T}}\boldsymbol{x}\end{pmatrix},
$$

其中 $\boldsymbol{\alpha}_i^{\mathrm{T}}$ 是 $\boldsymbol{A}$ 的行向量，$\boldsymbol{\alpha}_i\in F^n$, $i=1,2,\cdots,n$, $\boldsymbol{x}\in F^n$. 由柯西-施瓦茨不等式可知

$$\|\boldsymbol{Ax}\|_2^2=\sum_{i=1}^{n}\left(\boldsymbol{\alpha}_i^{\mathrm{T}}\boldsymbol{x}\right)^2\leqslant\sum_{i=1}^{n}\left(\|\boldsymbol{\alpha}_i\|_2^2\|\boldsymbol{x}\|_2^2\right)=\|\boldsymbol{x}\|_2^2\sum_{i=1}^{n}\|\boldsymbol{\alpha}_i\|_2^2,$$

又因为$\|\boldsymbol{A}\|_{\mathrm{F}}^2=\sum_{i=1}^{n}\|\boldsymbol{\alpha}_i\|_2^2$,所以$\|\boldsymbol{Ax}\|_2\leqslant\|\boldsymbol{A}\|_{\mathrm{F}}\|\boldsymbol{x}\|_2$,即$\|\boldsymbol{A}\|_{\mathrm{F}}$与$\|\boldsymbol{x}\|_2$相容.

例 2.5 证明: $\|\boldsymbol{AB}\|_{\mathrm{F}}\leqslant\|\boldsymbol{A}\|_{\mathrm{F}}\|\boldsymbol{B}\|_{\mathrm{F}}$.

证明 记$\boldsymbol{B}=(\boldsymbol{B}_1,\boldsymbol{B}_2,\cdots,\boldsymbol{B}_n)$是$\boldsymbol{B}$的列分块矩阵, 则$\boldsymbol{AB}=(\boldsymbol{AB}_1,\boldsymbol{AB}_2,\cdots,\boldsymbol{AB}_n)$. 于是,

$$\|\boldsymbol{AB}\|_{\mathrm{F}}^2=\sum_{j=1}^{n}\|\boldsymbol{AB}_j\|_2^2,$$

又由$\|\boldsymbol{A}\|_{\mathrm{F}}$与$\|\boldsymbol{x}\|_2$的相容性, 知

$$\|\boldsymbol{AB}_j\|_2\leqslant\|\boldsymbol{A}\|_{\mathrm{F}}\|\boldsymbol{B}_j\|_2,$$

因此,

$$\|\boldsymbol{AB}\|_{\mathrm{F}}^2\leqslant\|\boldsymbol{A}\|_{\mathrm{F}}^2\sum_{j=1}^{n}\|\boldsymbol{B}_j\|_2^2=\|\boldsymbol{A}\|_{\mathrm{F}}^2\|\boldsymbol{B}\|_{\mathrm{F}}^2,$$

即$\|\boldsymbol{AB}\|_{\mathrm{F}}\leqslant\|\boldsymbol{A}\|_{\mathrm{F}}\|\boldsymbol{B}\|_{\mathrm{F}}$.

定理 2.6

设$\boldsymbol{A}\in M$, $\|\boldsymbol{A}\|$是M上一个相容的矩阵范数, 那么在F^n上存在一个与之相容的向量范数.

证明 设$\boldsymbol{\alpha}$是F^n上任意一个给定的非零向量, 定义F^n上的向量范数为

$$\|\boldsymbol{x}\|^*=\|\boldsymbol{x\alpha}^{\mathrm{T}}\|,$$

于是,

$$\|\boldsymbol{Ax}\|^*=\|\boldsymbol{Ax\alpha}^{\mathrm{T}}\|=\|\boldsymbol{A}(\boldsymbol{x\alpha}^{\mathrm{T}})\|\leqslant\|\boldsymbol{A}\|\,\|\boldsymbol{x\alpha}^{\mathrm{T}}\|,$$

即$\|\boldsymbol{Ax}\|^*\leqslant\|\boldsymbol{A}\|\,\|\boldsymbol{x}\|^*$.

定理 2.6 说明用相容的矩阵范数可以定义相容的向量范数. 后面会看到, 向量范数也可以诱导出矩阵范数.

本书主要讨论与向量范数相容的矩阵范数, 以后如不作特别说明, 矩阵范数均指相容的矩阵范数.

同样地, 矩阵范数这个表达矩阵之间距离的度量指标可以讨论矩阵序列的极限.

定义 2.4

设$\{\boldsymbol{A}_k\}$是n阶矩阵序列, 其中$\boldsymbol{A}_k=\left(a_{ij}^{(k)}\right)$, 又设$\boldsymbol{A}=(a_{ij})_{n\times n}$. 如果

$$\lim_{k\to\infty}a_{ij}^{(k)}=a_{ij},\quad i,\ j=1,2,\cdots,n,$$

则称矩阵$\boldsymbol{A}$是矩阵序列$\{\boldsymbol{A}_k\}$的极限, 记为$\lim\limits_{k\to\infty}\boldsymbol{A}_k=\boldsymbol{A}$. 如果一个矩阵序列有极限, 那么称这个矩阵序列是收敛的.

关于收敛的矩阵序列, 有下述运算性质.

定理 2.7

设矩阵序列$\{\boldsymbol{A}_k\}$, $\{\boldsymbol{B}_k\}$分别有极限$\boldsymbol{A}$, $\boldsymbol{B}$, 数列$\{\lambda_k\}$有极限λ, 那么

(1) $\lim\limits_{k\to\infty}(\boldsymbol{A}_k+\boldsymbol{B}_k)=\boldsymbol{A}+\boldsymbol{B}$;

(2) $\lim\limits_{k\to\infty}(\boldsymbol{A}_k\boldsymbol{B}_k)=\boldsymbol{AB}$;

(3) $\lim\limits_{k\to\infty}\lambda_k\boldsymbol{A}_k=\lambda\boldsymbol{A}$.

证明留作练习.

定理 2.8

对任意一种矩阵范数 $\|\boldsymbol{A}\|$ 而言，矩阵序列 $\{\boldsymbol{A}_k\}$ 收敛于矩阵 $\boldsymbol{A}$ 的充分必要条件是

$$\lim_{k\to\infty}\|\boldsymbol{A}_k-\boldsymbol{A}\|=0.$$

证明留作练习.

定理 2.8 说明，矩阵序列按照 n^2 个元素数列收敛和按照矩阵范数数列收敛是等价的.

相对来说，寻找向量的范数比矩阵范数容易一些，由于矩阵与向量有密切关系，我们专门讨论如何通过已知的向量范数来定义一种矩阵范数，这样定义的矩阵范数也称为从属于向量范数的矩阵范数.

定义 2.5

设 $\|\boldsymbol{x}\|$ 是已知的向量范数. 对于 n 阶矩阵 $\boldsymbol{A}$, 向量 $\boldsymbol{Ax}$ 的范数 $\|\boldsymbol{Ax}\|$ 是有意义的. 由此定义的矩阵范数

$$\|\boldsymbol{A}\|=\sup_{\boldsymbol{x}\neq\boldsymbol{0}}\frac{\|\boldsymbol{Ax}\|}{\|\boldsymbol{x}\|} \tag{2.2}$$

称为从属矩阵范数. 一般地，从属矩阵范数的标识与已知的向量范数一致，例如，$\|\boldsymbol{A}\|_1$ 表示从属于已知的向量范数 $\|\boldsymbol{x}\|_1$ 的矩阵范数.

由于 $\|\boldsymbol{Ax}\|$ 是 $\boldsymbol{x}$ 的连续函数，在有界闭集 $S=\{\boldsymbol{x}\mid\|\boldsymbol{x}\|=1\}$ 上有最大值，因此，又可以把 (2.2) 式改写为

$$\|\boldsymbol{A}\|=\max_{\|\boldsymbol{x}\|=1}\|\boldsymbol{Ax}\|. \tag{2.3}$$

在以后的讨论中，如果不作特别说明，从属矩阵范数都按 (2.3) 式定义.

现在来验证 (2.3) 式定义的矩阵范数满足定义规定的四个条件.

(1) 由 $\|\boldsymbol{x}\|=1$ 可知 $\boldsymbol{x}\neq\boldsymbol{0}$, $\|\boldsymbol{A}\|=\max\limits_{\|\boldsymbol{x}\|=1}\|\boldsymbol{Ax}\|\geqslant0$, 当 $\boldsymbol{A}=\boldsymbol{0}$ 时，有 $\boldsymbol{Ax}=\boldsymbol{0}$ 和 $\|\boldsymbol{Ax}\|=0$ 对所有 $\|\boldsymbol{x}\|=1$ 成立，由 (2.3) 式，$\|\boldsymbol{A}\|=0$. 反之，对于 $\boldsymbol{x}\neq\boldsymbol{0}$ 和 $\|\boldsymbol{A}\|=0$, 即 $\max\limits_{\|\boldsymbol{x}\|=1}\|\boldsymbol{Ax}\|=0$, 从而 $\boldsymbol{Ax}=\boldsymbol{0}$ 对所有 $\boldsymbol{x}$ 成立，即 $\boldsymbol{A}=\boldsymbol{0}$;

(2) $\|k\boldsymbol{A}\|=\max\limits_{\|\boldsymbol{x}\|=1}\|k\boldsymbol{Ax}\|=\max\limits_{\|\boldsymbol{x}\|=1}|k|\|\boldsymbol{Ax}\|=|k|\max\limits_{\|\boldsymbol{x}\|=1}\|\boldsymbol{Ax}\|=|k|\|\boldsymbol{A}\|$;

(3) $\|\boldsymbol{A}+\boldsymbol{B}\|=\max\limits_{\|\boldsymbol{x}\|=1}\|(\boldsymbol{A}+\boldsymbol{B})\boldsymbol{x}\|\leqslant\max\limits_{\|\boldsymbol{x}\|=1}\|\boldsymbol{Ax}\|+\max\limits_{\|\boldsymbol{x}\|=1}\|\boldsymbol{Bx}\|=\|\boldsymbol{A}\|+\|\boldsymbol{B}\|$;

(4)
$$\begin{aligned}\|\boldsymbol{AB}\|&=\max_{\|\boldsymbol{x}\|=1}\|(\boldsymbol{AB})\boldsymbol{x}\|=\max_{\|\boldsymbol{x}\|=1}\|\boldsymbol{A}(\boldsymbol{Bx})\|\leqslant\max_{\|\boldsymbol{x}\|=1}\left(\frac{\|\boldsymbol{A}(\boldsymbol{Bx})\|}{\|\boldsymbol{Bx}\|}\|\boldsymbol{Bx}\|\right)\\&\leqslant\max_{\|\boldsymbol{x}\|=1}\left(\frac{\|\boldsymbol{A}(\boldsymbol{Bx})\|}{\|\boldsymbol{Bx}\|}\right)\max_{\|\boldsymbol{x}\|=1}\|\boldsymbol{Bx}\|\\&\leqslant\|\boldsymbol{A}\|\|\boldsymbol{B}\|.\end{aligned}$$

因此, (2.3) 式定义了相容的矩阵范数.

定理 2.9

设 $\boldsymbol{A}=(a_{ij})_{n\times n}\in M$, $\|\boldsymbol{x}\|_p$ 是已知向量范数, $p=1,2,\infty$, 那么

(1) $\|\boldsymbol{A}\|_1=\max\limits_{1\leqslant j\leqslant n}\sum\limits_{i=1}^{n}|a_{ij}|$;

(2) $\|\boldsymbol{A}\|_\infty=\max\limits_{1\leqslant i\leqslant n}\sum\limits_{j=1}^{n}|a_{ij}|$;

(3) $\|\boldsymbol{A}\|_2=\sqrt{\rho(\boldsymbol{A}^{\mathrm{T}}\boldsymbol{A})}$.

证明 (1) 设 $\boldsymbol{x}\in F^n$ 且 $\|\boldsymbol{x}\|_1=1$, 即 $\sum\limits_{i=1}^{n}|x_i|=1$. 对 $\boldsymbol{A}\in M$, 有

$$\begin{aligned}\|\boldsymbol{Ax}\|_1&=\sum_{i=1}^{n}\left|\sum_{j=1}^{n}a_{ij}x_j\right|\leqslant\sum_{i=1}^{n}\sum_{j=1}^{n}|a_{ij}||x_j|=\sum_{j=1}^{n}|x_j|\left(\sum_{i=1}^{n}|a_{ij}|\right)\\&\leqslant\left(\max_{1\leqslant j\leqslant n}\sum_{i=1}^{n}|a_{ij}|\right)\sum_{j=1}^{n}|x_j|\leqslant\max_{1\leqslant j\leqslant n}\sum_{i=1}^{n}|a_{ij}|,\end{aligned}$$

因此

$$\|\boldsymbol{A}\|_1=\max_{\|\boldsymbol{x}\|_1=1}\|\boldsymbol{Ax}\|_1\leqslant\max_{1\leqslant j\leqslant n}\sum_{i=1}^{n}|a_{ij}|.$$

假设上式当 $j=k$ 时达到最大值, 不妨令 $\boldsymbol{x}=\boldsymbol{e}_k$, 其中 $\boldsymbol{e}_k$ 表示第 k 个分量为 1, 其余分量为 0 的单位向量. 从而有

$$\|\boldsymbol{Ax}\|_1=\sum_{i=1}^{n}|a_{ik}|=\max_{1\leqslant j\leqslant n}\sum_{i=1}^{n}|a_{ij}|,$$

因此 (1) 式成立.

(2) 证明留作练习.

(3) 设 $\boldsymbol{x}\in F^n$ 且 $\|\boldsymbol{x}\|_2=1$, 这时 $\|\boldsymbol{x}\|_2^2=\boldsymbol{x}^{\mathrm{T}}\boldsymbol{x}=1$, 同时

$$\|\boldsymbol{Ax}\|_2^2=(\boldsymbol{Ax})^{\mathrm{T}}(\boldsymbol{Ax})=\boldsymbol{x}^{\mathrm{T}}\boldsymbol{A}^{\mathrm{T}}\boldsymbol{Ax}\geqslant 0, \tag{2.4}$$

记实对称矩阵 $\boldsymbol{A}^{\mathrm{T}}\boldsymbol{A}$ 的特征值为 $\sigma_1,\sigma_2,\cdots,\sigma_n$, 则 $\sigma_i\geqslant 0$, $i=1,2,\cdots,n$, 其相应的标准正交特征向量系为 $\boldsymbol{x}_1,\boldsymbol{x}_2,\cdots,\boldsymbol{x}_n$, 那么

$$\boldsymbol{A}^{\mathrm{T}}\boldsymbol{Ax}_k=\sigma_k\boldsymbol{x}_k, \text{且 } \boldsymbol{x}_i^{\mathrm{T}}\boldsymbol{x}_j=\delta_{ij}. \tag{2.5}$$

用 $\boldsymbol{x}_k^{\mathrm{T}}$ 左乘 (2.5) 的第一个等式, 有

$$\boldsymbol{x}_k^{\mathrm{T}}\boldsymbol{A}^{\mathrm{T}}\boldsymbol{Ax}_k=\sigma_k\boldsymbol{x}_k^{\mathrm{T}}\boldsymbol{x}_k=\sigma_k.$$

记 $\boldsymbol{x}=\sum\limits_{k=1}^{n}a_k\boldsymbol{x}_k$, 则 $\sum\limits_{k=1}^{n}a_k^2=1$. 将 $\boldsymbol{x}$ 代入 (2. 4) 式中, 得到

$$\|\boldsymbol{Ax}\|_2^2=\boldsymbol{x}^{\mathrm{T}}\boldsymbol{A}^{\mathrm{T}}\boldsymbol{Ax}=\sum_{j=1}^{n}a_j\boldsymbol{x}_j^{\mathrm{T}}\boldsymbol{A}^{\mathrm{T}}\boldsymbol{A}\sum_{k=1}^{n}a_k\boldsymbol{x}_k=\sum_{j=1}^{n}a_j\boldsymbol{x}_j^{\mathrm{T}}\sum_{k=1}^{n}a_k\boldsymbol{A}^{\mathrm{T}}\boldsymbol{Ax}_k=\sum_{j=1}^{n}a_j\boldsymbol{x}_j^{\mathrm{T}}\sum_{k=1}^{n}a_k\sigma_k\boldsymbol{x}_k.$$

再由 $\boldsymbol{x}_i^{\mathrm{T}}\boldsymbol{x}_j=\delta_{ij}$, 又有

$$\|Ax\|_2^2=\sum_{j=1}^{n}\sigma_j a_j^2 \leqslant \max_j \sigma_j \sum_{j=1}^{n} a_j^2=\max_j \sigma_j,$$

因此

$$\|A\|_2=\max_{\|x\|_2=1}\|Ax\|_2 \leqslant \sqrt{\max_j \sigma_j}. \tag{2.6}$$

如果当 $x=x_k$ 时相应的特征值 $\sigma_k=\max\limits_j \sigma_j$, 那么

$$\|Ax\|_2^2=x^{\mathrm{T}}A^{\mathrm{T}}Ax=x_k^{\mathrm{T}}A^{\mathrm{T}}Ax_k=\sigma_k x_k^{\mathrm{T}}x_k=\sigma_k.$$

也就是说达到(2.6)式的最大值, 从而得到

$$\|A\|_2=\sqrt{\max_j \sigma_j}=\sqrt{\rho(A^{\mathrm{T}}A)},$$

这里 $\rho(A^{\mathrm{T}}A)$ 表示 $A^{\mathrm{T}}A$ 的谱半径, 也就是 $A^{\mathrm{T}}A$ 的按模最大的特征值. 当 $A=A^{\mathrm{T}}$ 时, 结论(3)可写为

$$\|Ax\|_2^2=\rho(A^2)=(\rho(A))^2,$$

由此可得到实对称矩阵的从属 2-范数满足 $\|A\|_2=\rho(A)$.

从属向量范数的矩阵范数具有下列主要性质.

定理 2.10

设 $\|x\|_p$ 是已知向量范数, $\|A\|_p$ 是其从属矩阵范数, 那么 $\|A\|_p$ 与 $\|x\|_p$ 相容.

证明　设 x 是任意满足 $\|x\|_p=1$ 的向量, 有

$$\|Ax\|_p \leqslant \max_{\|x\|_p=1}\|Ax\|_p=\|A\|_p\,\|x\|_p.$$

从而 $\|A\|_p$ 与 $\|x\|_p$ 满足相容性条件.

定理 2.11

设 $\|x\|_p$ 是已知向量范数, $\|A\|_p$ 是从属矩阵范数. 又设 $\|A\|^*$ 是任一与 $\|x\|_p$ 相容的矩阵范数, 那么 $\|A\|_p \leqslant \|A\|^*$.

证明　存在满足 $\|x\|_p=1$ 的向量 x, 使 $\|A\|_p=\|Ax\|_p$. 又由于 $\|A\|^*$ 与 $\|x\|_p$ 相容, 于是

$$\|A\|_p=\|Ax\|_p \leqslant \|A\|^*\,\|x\|_p=\|A\|^*.$$

这个定理的结论又称为从属矩阵范数的极小性.

定理 2.12

设 $\|A\|$ 是矩阵范数, 那么 $\|A\|$ 为从属矩阵范数的必要条件是 $\|E\|=1$, 这里 E 表示单位矩阵.

证明　$\|E\|=\max\limits_{\|x\|=1}\|Ex\|=\max\limits_{\|x\|=1}\|x\|=1.$

利用定理 2.12, 马上可知 $\|A\|_{\mathrm{F}}$ 不是从属矩阵范数.

矩阵范数也具有连续性和等价性.

例 2.6　设 $A=(a_{ij})\in \mathbf{R}^{m\times n}$, 证明下列关于矩阵范数的不等式:

(1) $\frac{1}{\sqrt{n}}\|\boldsymbol{A}\|_{\mathrm{F}} \leqslant \|\boldsymbol{A}\|_{\infty} \leqslant \sqrt{m}\|\boldsymbol{A}\|_{\mathrm{F}}$;

(2) $\frac{1}{\sqrt{m}}\|\boldsymbol{A}\|_{2} \leqslant \|\boldsymbol{A}\|_{1} \leqslant \sqrt{n}\|\boldsymbol{A}\|_{2}$;

(3) $\frac{1}{\sqrt{\min(m,n)}}\|\boldsymbol{A}\|_{\mathrm{F}} \leqslant \|\boldsymbol{A}\|_{2} \leqslant \|\boldsymbol{A}\|_{\mathrm{F}}$.

证明 (1) 不妨设 $\|\boldsymbol{A}\|_{\infty}=\sum_{j=1}^{m}|a_{1j}|$, 则

$$\|\boldsymbol{A}\|_{\infty}^{2}=\sum_{j=1}^{m}|a_{1j}|^{2}+\sum_{i=1}^{m-1}\sum_{j=i+1}^{m}2|a_{1i}a_{1j}|$$

$$\leqslant \sum_{j=1}^{m}|a_{1j}|^{2}+\sum_{i=1}^{m-1}\sum_{j=i+1}^{m}\left(|a_{1i}|^{2}+|a_{1j}|^{2}\right)=m\sum_{j=1}^{m}|a_{1j}|^{2}\leqslant m\|\boldsymbol{A}\|_{\mathrm{F}}^{2},$$

所以 $\|\boldsymbol{A}\|_{\infty} \leqslant \sqrt{m}\|\boldsymbol{A}\|_{\mathrm{F}}$; 因为

$$\left(\sqrt{n}\|\boldsymbol{A}\|_{\infty}\right)^{2}=n\left(\sum_{j=1}^{m}|a_{1j}|\right)^{2}\geqslant\sum_{i=1}^{n}\left(\sum_{j=1}^{m}|a_{ij}|\right)^{2}\geqslant\sum_{i=1}^{n}\sum_{j=1}^{m}|a_{ij}|^{2}=\|\boldsymbol{A}\|_{\mathrm{F}}^{2},$$

所以 $\frac{1}{\sqrt{n}}\|\boldsymbol{A}\|_{\mathrm{F}} \leqslant \|\boldsymbol{A}\|_{\infty}$.

(2) 和 (3) 的证明留作练习.

读者可以验证, 当 $m=1$ 时, 例 2.6 的结论对于 $\mathbf{R}^{n}$ 中的向量也成立, 此时 $\|\boldsymbol{A}\|_{\mathrm{F}}$ 就是向量的 2-范数.

空间度量性质的研究大致经历了度量空间、内积空间、赋范空间和完备度量空间等阶段. 内积可以导出范数, 范数可以导出距离度量, 反之则不成立, 所以, 内积空间⊂赋范空间⊂度量空间. 进一步, 如果空间对向量序列的极限运算封闭, 则称为完备度量空间. 完备的内积空间称为希尔伯特空间, 只有希尔伯特空间才既有长度概念, 又有夹角、正交和投影等概念, 才具有真正的几何结构.

2.3 矩阵范数的性质与应用

矩阵范数提供了一种度量矩阵之间距离的定量指标, 在迭代法解线性方程组和方程组解的误差分析领域有重要应用.

定义 3.1

设 $\boldsymbol{A}$ 是 n 阶矩阵, 关于 $\boldsymbol{A}$ 升幂的矩阵序列 $\boldsymbol{A}, \boldsymbol{A}^{2}, \cdots, \boldsymbol{A}^{k}, \cdots$, 记为 $\{\boldsymbol{A}_{k}\}$. 如果 $\lim_{k\to\infty}\boldsymbol{A}^{k}=\mathbf{0}$, 即 $\{\boldsymbol{A}_{k}\}$ 以零矩阵为极限, 称矩阵 $\boldsymbol{A}$ 是收敛的.

定理 3.1

$\lim_{k\to\infty}\boldsymbol{A}^{k}=\mathbf{0}$ 的充分必要条件是对所有的矩阵范数 $\|\boldsymbol{A}\|$, $\lim_{k\to\infty}\|\boldsymbol{A}^{k}\|=0$.

证明　由 2.2 节中定理 2.8, $\lim\limits_{k\to\infty} \boldsymbol{A}^k = \boldsymbol{0}$ 的充分必要条件是对所有的矩阵范数 $\|\boldsymbol{A}\|$, $\lim\limits_{k\to\infty}\|\boldsymbol{A}^k - \boldsymbol{0}\| = \lim\limits_{k\to\infty}\|\boldsymbol{A}^k\| = 0$.

定理 3.2

$\lim\limits_{k\to\infty} \boldsymbol{A}^k = \boldsymbol{0}$ 的充分条件是对一种矩阵范数 $\|\boldsymbol{A}\|$, 有 $\|\boldsymbol{A}\| < 1$.

证明　由矩阵范数的相容性可得

$$\|\boldsymbol{A}^k\| \leqslant \|\boldsymbol{A}\|\|\boldsymbol{A}^{k-1}\| \leqslant \cdots \leqslant \|\boldsymbol{A}\|^k,$$

当 $\|\boldsymbol{A}\| < 1$ 时, 数列 $\{\|\boldsymbol{A}^k\|\}$ 是收敛的, 从而有 $\lim\limits_{k\to\infty}\|\boldsymbol{A}^k\| = 0$. 再由定理 3.1 和矩阵范数等价性可知 $\boldsymbol{A}$ 是收敛的.

定理 3.3

设 $\boldsymbol{A} \in F^{n\times n}$, $\lambda_1, \lambda_2, \cdots, \lambda_n$ 是 $\boldsymbol{A}$ 的全部特征值, 称 $\rho(\boldsymbol{A}) = \max\limits_{1\leqslant i\leqslant n}|\lambda_i|$ 为 $\boldsymbol{A}$ 的谱半径, 又设 $\|\boldsymbol{A}\|$ 是 $F^{n\times n}$ 上任意的一种矩阵范数, 那么 $\rho(\boldsymbol{A}) \leqslant \|\boldsymbol{A}\|$.

证明　设 λ 为 $\boldsymbol{A}$ 的任意特征值, $\boldsymbol{x}$ 为其相应的特征向量, 即 $\boldsymbol{A}\boldsymbol{x} = \lambda\boldsymbol{x}$. 由向量范数的定义和 2.2 节中定理 2.6, 存在与 $\|\boldsymbol{A}\|$ 相容的向量范数 $\|\boldsymbol{x}\|$, 使

$$|\lambda|\,\|\boldsymbol{x}\| = \|\lambda\boldsymbol{x}\| = \|\boldsymbol{A}\boldsymbol{x}\| \leqslant \|\boldsymbol{A}\|\,\|\boldsymbol{x}\|,$$

再由 λ 的任意性, 得 $\rho(\boldsymbol{A}) \leqslant \|\boldsymbol{A}\|$.

定理 3.4

对任意给定的正数 ε, 存在 $F^{n\times n}$ 上的矩阵范数 $\|\boldsymbol{A}\|$, 满足不等式 $\|\boldsymbol{A}\| \leqslant \rho(\boldsymbol{A}) + \varepsilon$.

证明　证明见参考文献[2].

定理 3.3 和定理 3.4 说明矩阵的谱半径是矩阵任意范数的下确界(最大下界). 矩阵的谱半径是唯一确定的, 从而矩阵的任意范数的下确界也是确定的.

定理 3.5

设 $\boldsymbol{A}$ 是 n 阶矩阵, 那么 $\boldsymbol{A}$ 收敛的充分必要条件是 $\boldsymbol{A}$ 的谱半径 $\rho(\boldsymbol{A}) < 1$.

证明　充分性. 设 $\rho(\boldsymbol{A}) < 1$, 那么存在正数 ε, 使 $\rho(\boldsymbol{A}) + \varepsilon < 1$, 由定理 3.4, 存在矩阵范数 $\|\boldsymbol{A}\|$ 满足 $\|\boldsymbol{A}\| < \rho(\boldsymbol{A}) + \varepsilon < 1$, 即 $\|\boldsymbol{A}\| < 1$. 再由定理 3.2, 有 $\lim\limits_{k\to\infty} \boldsymbol{A}^k = \boldsymbol{0}$, 因此矩阵 $\boldsymbol{A}$ 收敛.

必要性. 用反证法.

假设当 $\lim\limits_{k\to\infty} \boldsymbol{A}^k = \boldsymbol{0}$ 时, 有 $\rho(\boldsymbol{A}) \geqslant 1$. 设 $\boldsymbol{A}$ 按模最大的特征值为 λ, 即 $|\lambda| \geqslant 1$, 其相应的特征向量为 $\boldsymbol{x}$, $\|\boldsymbol{A}\|$ 为任意矩阵范数. 由 2.2 节中定理 2.6, 存在与 $\|\boldsymbol{A}\|$ 相容的向量范数 $\|\boldsymbol{x}\|$. 而

$$\|\boldsymbol{A}^k\boldsymbol{x}\| = \|\boldsymbol{A}^{k-1}\boldsymbol{A}\boldsymbol{x}\| = |\lambda|\|\boldsymbol{A}^{k-1}\boldsymbol{x}\| = \cdots = |\lambda|^k\|\boldsymbol{x}\| \geqslant \|\boldsymbol{x}\|,$$

因此,

$$\|\boldsymbol{x}\| \leqslant \|\boldsymbol{A}^k\boldsymbol{x}\| \leqslant \|\boldsymbol{A}^k\|\,\|\boldsymbol{x}\|,$$

从而对所有的 k, $\|\boldsymbol{A}^k\|\geqslant 1$, 与 $\lim\limits_{k\to\infty}\boldsymbol{A}^k=\boldsymbol{0}$ 矛盾.

矩阵收敛概念和性质是迭代法解方程组的理论依据.

例 3.1 用雅可比迭代法求解三阶方程组:

$$\begin{cases}-2x_1+x_2=-2,\\ x_1-2x_2+x_3=0,\\ x_2-2x_3=-3.\end{cases}$$

解 设系数矩阵 $\boldsymbol{A}=\boldsymbol{D}-(\boldsymbol{L}+\boldsymbol{U})$, 即

$$\boldsymbol{A}=\begin{pmatrix}-2&&\\&-2&\\&&-2\end{pmatrix}-\begin{pmatrix}0&&\\-1&0&\\0&-1&0\end{pmatrix}-\begin{pmatrix}0&-1&0\\&0&-1\\&&0\end{pmatrix},$$

$$\boldsymbol{b}=\begin{pmatrix}-2\\0\\-3\end{pmatrix},$$

构造雅可比迭代矩阵为

$$\boldsymbol{B}=\boldsymbol{D}^{-1}(\boldsymbol{L}+\boldsymbol{U})=\begin{pmatrix}0&1/2&0\\1/2&0&1/2\\0&1/2&0\end{pmatrix},$$

则迭代格式为

$$\boldsymbol{x}_{k+1}=\boldsymbol{B}\boldsymbol{x}_k+\boldsymbol{D}^{-1}\boldsymbol{b},\qquad k=0,1,\cdots.$$

计算 $\boldsymbol{B}$ 的特征值得到谱半径

$$\rho(\boldsymbol{B})=\frac{\sqrt{2}}{2}<1,$$

因此 $\lim\limits_{k\to\infty}\boldsymbol{B}^k=\boldsymbol{0}$.

设方程组准确解是 $\boldsymbol{x}^*$, 任取初始值 $\boldsymbol{x}_0$, 有迭代格式

$$\boldsymbol{x}_{k+1}-\boldsymbol{x}^*=\boldsymbol{B}(\boldsymbol{x}_k-\boldsymbol{x}^*)=\cdots=\boldsymbol{B}^{k+1}(\boldsymbol{x}_0-\boldsymbol{x}^*),$$

于是 $\lim\limits_{k\to\infty}(\boldsymbol{x}_{k+1}-\boldsymbol{x}^*)=\lim\limits_{k\to\infty}\boldsymbol{B}^{k+1}(\boldsymbol{x}_0-\boldsymbol{x}^*)=\boldsymbol{0}$.

如果取精度 $\varepsilon=10^{-4}$, $\boldsymbol{x}_0=(0,0,1)^{\mathrm{T}}$, 则经过 31 次迭代得到近似解

$$\boldsymbol{x}_{31}=(2.996, 2.49992, 2.74996)^{\mathrm{T}}.$$

正交变换和酉变换是保持内积不变的线性变换, 因此, 由内积导出的范数也具有不变性. 矩阵的 2-范数可以由向量的 2-范数诱导, 向量的 2-范数可以由向量的内积导出; 而 F-范数可以由 $\mathrm{Trace}(\boldsymbol{A}^{\mathrm{T}}\boldsymbol{A})$ 计算, 就是一种矩阵内积. 矩阵范数在正交变换和酉变换下具有不变性, 这为我们计算化简矩阵范数提供了方便.

定理 3.6

设 $\boldsymbol{A}\in F^{n\times n}$, $\boldsymbol{U},\boldsymbol{V}$ 是 $F^{n\times n}$ 中的酉(正交)矩阵, 那么

(1) $\|\boldsymbol{AU}\|_2=\|\boldsymbol{UA}\|_2=\|\boldsymbol{UAV}\|_2=\|\boldsymbol{A}\|_2$;

(2) $\|AU\|_F=\|UA\|_F=\|UAV\|_F=\|A\|_F$;

(3) $\|A\|_2\leqslant\|A\|_F$.

证明　仅对 U,V 是 n 阶正交矩阵的情形证明，酉矩阵的情形可类似证明.

(1) 因为相似矩阵有相同的特征值，所以

$$\|AU\|_2=\sqrt{\rho((AU)^{\mathrm T}(AU))}=\sqrt{\rho(U^{\mathrm T}A^{\mathrm T}AU)}=\sqrt{\rho(A^{\mathrm T}A)}=\|A\|_2,$$

$$\|UA\|_2=\sqrt{\rho((UA)^{\mathrm T}(UA))}=\sqrt{\rho(A^{\mathrm T}A)}=\|A\|_2,$$

所以(1)式成立.

(2) 设 $A=(A_1,A_2,\cdots,A_n)$，其中 A_i 是 A 的列向量，$A_i=(a_{1i},a_{2i},\cdots,a_{ni})^{\mathrm T}\in F^n$，$i=1,2,\cdots,n$，则

$$A^{\mathrm T}A=\begin{pmatrix}A_1^{\mathrm T}\\ \vdots\\ A_n^{\mathrm T}\end{pmatrix}(A_1,A_2,\cdots,A_n)=\begin{pmatrix}A_1^{\mathrm T}A_1 & A_1^{\mathrm T}A_2 & \cdots & A_1^{\mathrm T}A_n\\ A_2^{\mathrm T}A_1 & A_2^{\mathrm T}A_2 & \cdots & A_2^{\mathrm T}A_n\\ \vdots & \vdots & & \vdots\\ A_n^{\mathrm T}A_1 & A_n^{\mathrm T}A_2 & \cdots & A_n^{\mathrm T}A_n\end{pmatrix},$$

所以

$$\|A\|_F=\sqrt{\sum_{i=1}^{n}\sum_{j=1}^{n}a_{ij}^2}=\sqrt{\sum_{j=1}^{n}\|A_j\|_2^2}=\sqrt{\sum_{j=1}^{n}\left(A_j^{\mathrm T}A_j\right)}=\sqrt{\mathrm{Trace}(A^{\mathrm T}A)}=\sqrt{\lambda_1+\lambda_2+\cdots+\lambda_n},$$

其中 $\lambda_1,\lambda_2,\cdots,\lambda_n$ 是 $A^{\mathrm T}A$ 的全部特征值. 又因为 $U^{\mathrm T}A^{\mathrm T}AU$ 与 $A^{\mathrm T}A$ 相似，所以有相同的特征值，所以

$$\|AU\|_F=\sqrt{\mathrm{Trace}((AU)^{\mathrm T}(AU))}=\sqrt{\mathrm{Trace}(A^{\mathrm T}A)}=\|A\|_F;$$

同理可证其余等式.

(3) 设 $\lambda_1,\lambda_2,\cdots,\lambda_n$ 是 $A^{\mathrm T}A$ 的全部特征值，由于 $A^{\mathrm T}A$ 半正定，所以其特征值是非负实数，

$$\|A\|_F=\sqrt{\mathrm{Trace}(A^{\mathrm T}A)}=\sqrt{\lambda_1+\lambda_2+\cdots+\lambda_n}\geqslant\sqrt{\max_{1\leqslant i\leqslant n}\{\lambda_i\}}=\sqrt{\rho(A^{\mathrm T}A)}=\|A\|_2.$$

设 $Ax=b$ 是 n 阶非奇异线性方程组，它有唯一解 x^*. 由于系数矩阵 A 和右端向量 b 的数值都是通过测量和实验等方法得到的，这些原始数据往往受测量、实验人员和工具等因素的影响而变得不可靠(相对实际的精确值而言). 这时，称原始数据受了扰动. 现在我们研究当系数矩阵 A 或右端向量 b 受到小扰动时，对相应的解 x^* 会产生怎样的影响.

首先讨论系数矩阵 A 是精确的，仅右端向量 b 有扰动的情形. 设右端向量有扰动 δb，受扰动的方程组为

$$Ax=b+\delta b,$$

其解记为 $x^*+\delta x$，即

$$A(x^*+\delta x)=b+\delta b.$$

于是，$\delta x=A^{-1}\delta b$. 因此

$$\|\delta x\|\leqslant\|A^{-1}\|\,\|\delta b\|.$$

另一方面，由 $Ax^*=b$，有 $\|b\|\leqslant\|A\|\,\|x^*\|$. 从而有

$$\frac{\|\delta x\|}{\|x^*\|}\leqslant\|A\|\,\|A^{-1}\|\frac{\|\delta b\|}{\|b\|}.\tag{3.1}$$

(3.1) 式表明，如果右端向量有小扰动，即 $\frac{\|\delta\boldsymbol{b}\|}{\|\boldsymbol{b}\|}$ 小，那么，解的相对误差 $\frac{\|\delta\boldsymbol{x}\|}{\|\boldsymbol{x}^*\|}$ 的大小与 $\|\boldsymbol{A}\|\|\boldsymbol{A}^{-1}\|$ 的大小直接相关.

再看右端向量 $\boldsymbol{b}$ 精确而系数矩阵 $\boldsymbol{A}$ 有扰动 $\delta\boldsymbol{A}$ 的情形. 受扰动的方程组为

$$(\boldsymbol{A}+\delta\boldsymbol{A})\boldsymbol{x}=\boldsymbol{b}. \tag{3.2}$$

如果 $\|\boldsymbol{A}^{-1}\delta\boldsymbol{A}\|<1$，则 $\boldsymbol{A}+\delta\boldsymbol{A}$ 也是非奇异的. 因此方程组 (3.2) 有唯一解，记为 $\boldsymbol{x}^*+\delta\boldsymbol{x}$，即

$$(\boldsymbol{A}+\delta\boldsymbol{A})(\boldsymbol{x}^*+\delta\boldsymbol{x})=\boldsymbol{b}. \tag{3.3}$$

因此

$$\boldsymbol{A}(\boldsymbol{x}^*+\delta\boldsymbol{x})+\delta\boldsymbol{A}(\boldsymbol{x}^*+\delta\boldsymbol{x})=\boldsymbol{b}$$

或

$$(\boldsymbol{x}^*+\delta\boldsymbol{x})+\boldsymbol{A}^{-1}\delta\boldsymbol{A}(\boldsymbol{x}^*+\delta\boldsymbol{x})=\boldsymbol{A}^{-1}\boldsymbol{b},$$

再由 (3.3) 式有

$$\boldsymbol{x}^*+\delta\boldsymbol{x}=(\boldsymbol{A}+\delta\boldsymbol{A})^{-1}\boldsymbol{b},$$

从而

$$\delta\boldsymbol{x}=(\boldsymbol{A}+\delta\boldsymbol{A})^{-1}\boldsymbol{b}-\boldsymbol{A}^{-1}\boldsymbol{b}=-(\boldsymbol{A}^{-1}\delta\boldsymbol{A})(\boldsymbol{x}^*+\delta\boldsymbol{x}),$$

得到 $\|\delta\boldsymbol{x}\|\leqslant\|\boldsymbol{A}^{-1}\|\|\delta\boldsymbol{A}\|\|\boldsymbol{x}^*+\delta\boldsymbol{x}\|$，即

$$\frac{\|\delta\boldsymbol{x}\|}{\|\boldsymbol{x}^*+\delta\boldsymbol{x}\|}\leqslant\|\boldsymbol{A}^{-1}\|\|\delta\boldsymbol{A}\|$$

或

$$\frac{\|\delta\boldsymbol{x}\|}{\|\boldsymbol{x}^*+\delta\boldsymbol{x}\|}\leqslant\|\boldsymbol{A}\|\|\boldsymbol{A}^{-1}\|\frac{\|\delta\boldsymbol{A}\|}{\|\boldsymbol{A}\|}. \tag{3.4}$$

进一步，还可以得到

$$\frac{\|\delta\boldsymbol{x}\|}{\|\boldsymbol{x}^*\|}\leqslant\frac{\|\boldsymbol{A}\|\|\boldsymbol{A}^{-1}\|\frac{\|\delta\boldsymbol{A}\|}{\|\boldsymbol{A}\|}}{1-\|\boldsymbol{A}\|\|\boldsymbol{A}^{-1}\|\frac{\|\delta\boldsymbol{A}\|}{\|\boldsymbol{A}\|}}. \tag{3.5}$$

(3.4) 和 (3.5) 式表明，如果系数矩阵有小扰动，即 $\frac{\|\delta\boldsymbol{A}\|}{\|\boldsymbol{A}\|}$ 小，那么，解的相对误差的大小也依赖于 $\|\boldsymbol{A}\|\|\boldsymbol{A}^{-1}\|$ 的大小.

由此可以看出，对非奇异的线性方程组来说，$\|\boldsymbol{A}\|\|\boldsymbol{A}^{-1}\|$ 是一个很重要的量.

定义 3.2

设 $\boldsymbol{A}$ 是非奇异矩阵，称 $\|\boldsymbol{A}\|\|\boldsymbol{A}^{-1}\|$ 为矩阵 $\boldsymbol{A}$ 的状态数，记为 $\mathrm{Cond}(\boldsymbol{A})$.

状态数与所取的矩阵范数有关，可以作出相应的标识以示区别. 例如

$$\mathrm{Cond}_\infty(\boldsymbol{A})=\|\boldsymbol{A}\|_\infty\|\boldsymbol{A}^{-1}\|_\infty.$$

用 λ_1,λ_n 分别表示 $\boldsymbol{A}^{\mathrm{T}}\boldsymbol{A}$ 的最大和最小正特征值，那么，

$$\mathrm{Cond}_2(\boldsymbol{A})=\|\boldsymbol{A}\|_2\|\boldsymbol{A}^{-1}\|_2=\frac{\sqrt{\lambda_1}}{\sqrt{\lambda_n}}.$$

特别地, 当 $\boldsymbol{A}$ 是对称矩阵时,

$$\mathrm{Cond}_2(\boldsymbol{A})=\frac{|\lambda_1|}{|\lambda_n|},$$

其中 λ_1, λ_n 分别表示 $\boldsymbol{A}$ 的按模最大和按模最小特征值.

容易证明, 不论取哪种矩阵范数, 都有 $\mathrm{Cond}(\boldsymbol{A})\geqslant 1$. 当 $\boldsymbol{A}$ 是酉矩阵或正交矩阵时, $\mathrm{Cond}_2(\boldsymbol{A})=1$.

此外, 对任意范数还有 $\mathrm{Cond}(k\boldsymbol{A})=\mathrm{Cond}(\boldsymbol{A})$, 这里 k 是不等于零的常数.

引进了矩阵状态数概念, 可对求解非奇异线性方程组问题的性态给出下面的定义.

定义 3.3

设线性方程组的系数矩阵是非奇异的, 如果 $\mathrm{Cond}(\boldsymbol{A})$ 越大, 就称这个方程组的求解问题越病态. 反之, 如果 $\mathrm{Cond}(\boldsymbol{A})$ 越小, 就称求解问题越良态.

例 3.2　讨论方程组 $\begin{pmatrix}1 & 1\\ 1 & 1.0001\end{pmatrix}\begin{pmatrix}x_1\\ x_2\end{pmatrix}=\begin{pmatrix}2\\ 2\end{pmatrix}$ 的性态.

解　记方程组为 $\boldsymbol{A}\boldsymbol{x}=\boldsymbol{b}$, 它的精确解为 $\boldsymbol{x}^*=(2,0)^{\mathrm{T}}$. 现在考虑右端常向量 $\boldsymbol{b}$ 的微小变化对方程组解的影响, 即考察方程组

$$\begin{pmatrix}1 & 1\\ 1 & 1.0001\end{pmatrix}\begin{pmatrix}y_1\\ y_2\end{pmatrix}=\begin{pmatrix}2\\ 2.0001\end{pmatrix}$$

解的误差, $\delta\boldsymbol{b}=(0,0.0001)^{\mathrm{T}}$.

显然该方程组的解为 $\boldsymbol{x}^*+\delta\boldsymbol{x}=(1,1)^{\mathrm{T}}$. 不难发现, 右端常向量 $\boldsymbol{b}$ 的第 2 个分量只有 0.0001 的微小变化, 方程组的解却变化很大. 这样的方程组是病态方程组.

向量和矩阵均采用 1-范数计算可知

$$\frac{\|\delta\boldsymbol{x}\|_1}{\|\boldsymbol{x}^*\|_1}=\frac{2}{2}=1,\qquad \frac{\|\delta\boldsymbol{b}\|_1}{\|\boldsymbol{b}\|_1}=\frac{0.0001}{4}=0.000025,$$

$$\mathrm{Cond}_1(\boldsymbol{A})=\|\boldsymbol{A}\|_1\|\boldsymbol{A}^{-1}\|_1=2.0001\times 20001=40004.0001.$$

习　题　2

1. 设 $a_1, a_2, \cdots, a_n$ 都是正实数, $\boldsymbol{x}=(x_1,x_2,\cdots,x_n)^{\mathrm{T}}\in\mathbf{R}^n$, 证明由 $\|\boldsymbol{x}\|=\left(\sum_{i=1}^{n}a_i x_i^2\right)^{1/2}$ 定义的非负实值函数是 $\mathbf{R}^n$ 空间的一个向量范数.

2. 证明: 对于 $\boldsymbol{x}\in\mathbf{C}^n$, 有 $\|\boldsymbol{x}\|_\infty\leqslant\|\boldsymbol{x}\|_2\leqslant\|\boldsymbol{x}\|_1$.

3. 证明: 若 $\boldsymbol{x}\in\mathbf{C}^n$, 则

(1) $\|\boldsymbol{x}\|_2\leqslant\|\boldsymbol{x}\|_1\leqslant\sqrt{n}\,\|\boldsymbol{x}\|_2$;

(2) $\|\boldsymbol{x}\|_\infty\leqslant\|\boldsymbol{x}\|_1\leqslant n\,\|\boldsymbol{x}\|_\infty$;

(3) $\|\boldsymbol{x}\|_\infty\leqslant\|\boldsymbol{x}\|_2\leqslant\sqrt{n}\,\|\boldsymbol{x}\|_\infty$.

4. 已知矩阵

$$A=\begin{pmatrix}-1 & 0 & 2 & \mathrm{i}\\ 3 & 5 & -1 & 0\\ 1 & 2 & 0 & -1\\ 7 & -\mathrm{i} & 2 & -4\end{pmatrix},\quad \mathrm{i}^2=-1.$$

计算$\|A\|_1$和$\|A\|_\infty$. 如果$x=(-1,2,0,\mathrm{i})^{\mathrm{T}}$, 计算$\|Ax\|_1$和$\|Ax\|_\infty$.

5. 设U是酉矩阵, 证明:

(1) $\|U\|_2=1$;

(2) $\|U^{\mathrm{H}}AU\|_2=\|A\|_2$.

6. 设$\|A\|_p$是由向量范数$\|x\|_p$诱导的矩阵范数, A可逆, 证明:

(1) $\|A^{-1}\|_p\geqslant(\|A\|_p)^{-1}$;

(2) $(\|A\|_p)^{-1}=\min\limits_{x\neq 0}\dfrac{\|Ax\|_p}{\|x\|_p}$.

7. 证明: $\|A\|=n\max\limits_{1\leqslant i,j\leqslant n}|a_{ij}|$是矩阵$A=(a_{ij})_{n\times n}$的范数, 并且与向量的1-范数相容.

8. 设$A\in\mathbf{C}^{n\times n}$, $\|A\|<1$, 证明: $E-A$可逆, 而且有

(1) $\|(E-A)^{-1}\|\leqslant\dfrac{1}{1-\|A\|}$;

(2) $\|(E-A)^{-1}-E\|\leqslant\dfrac{\|A\|}{1-\|A\|}$.

9. 设矩阵序列$\{A^k\}$收敛, 其极限为A, 证明: 对任意n阶可逆矩阵P, 矩阵序列$\{P^{-1}A^kP\}$收敛, 其极限为$P^{-1}AP$.

10. 讨论下列向量序列的收敛性.

(1) $x_k=\left(\dfrac{1}{k},\sin\dfrac{1}{k},\mathrm{e}^{-k}\right)^{\mathrm{T}}$;

(2) $x_k=\left(k,0,\sin k,\dfrac{k+1}{k-1}\right)^{\mathrm{T}}$.

11. 设$A=\begin{pmatrix}0 & c & c\\ c & 0 & c\\ c & c & 0\end{pmatrix}$, 讨论$c$取何值时$\sum\limits_{k=0}^{\infty}A^k$收敛.

12. 设λ为矩阵A的特征值, 证明: 对任意正整数k及矩阵范数$\|A\|$, 都有$|\lambda|\leqslant\|A^k\|^{1/k}$.

13. 利用雅可比迭代法求以下线性方程组的近似解

$$\begin{cases}7x_1+x_2+2x_3=10,\\ x_1+8x_2+2x_3=8,\\ 2x_1+2x_2+9x_3=6.\end{cases}$$

14. 已知线性方程组

$$\begin{pmatrix} 9 & -1 & -1 \\ -1 & 8 & 0 \\ -1 & 0 & 9 \end{pmatrix} \begin{pmatrix} x_1 \\ x_2 \\ x_3 \end{pmatrix} = \begin{pmatrix} 7 \\ 7 \\ 8 \end{pmatrix},$$

试给出矩阵形式的高斯-塞德尔迭代, 判断其敛散性, 取 $\boldsymbol{x}_0 = (0, 0, 0)^{\mathrm{T}}$, 求该方程组的解.

15. 证明: 如果 $\boldsymbol{A}$ 是正交矩阵, 则 $\mathrm{Cond}_2(\boldsymbol{A}) = 1$.

16. 设 $\boldsymbol{A}, \boldsymbol{B} \in \mathbf{R}^{n\times n}$, $\|\boldsymbol{A}\|$ 为矩阵范数, 证明: $\mathrm{Cond}(\boldsymbol{AB}) \leqslant \mathrm{Cond}(\boldsymbol{A})\ \mathrm{Cond}(\boldsymbol{B})$.

17. 设 $\boldsymbol{A}$ 为非奇异矩阵, 且 $\|\boldsymbol{A}^{-1}\|\ \|\delta\boldsymbol{A}\| < 1$, 求证 $(\boldsymbol{A} + \delta\boldsymbol{A})^{-1}$ 存在且有估计

$$\frac{\left\|\boldsymbol{A}^{-1} - (\boldsymbol{A} + \delta\boldsymbol{A})^{-1}\right\|}{\left\|\boldsymbol{A}^{-1}\right\|} \leqslant \frac{\mathrm{cond}(\boldsymbol{A})\dfrac{\|\delta\boldsymbol{A}\|}{\|\boldsymbol{A}\|}}{1 - \mathrm{cond}(\boldsymbol{A})\dfrac{\|\delta\boldsymbol{A}\|}{\|\boldsymbol{A}\|}}.$$

18. 设 $\boldsymbol{A} = \begin{pmatrix} 2\lambda & \lambda \\ 1 & 1 \end{pmatrix}$, $\lambda \neq 0$, 证明当 $\lambda = \pm\dfrac{2}{3}$ 时, $\mathrm{Cond}_\infty(\boldsymbol{A})$ 有最小值.

19. 设 n 阶矩阵 $\boldsymbol{A}$ 非奇异, 并在 $\mathbf{R}^n$ 中定义了范数 $\|\boldsymbol{x}\|$, 则 $\|\boldsymbol{x}\|_A = \|\boldsymbol{Ax}\|$ 也是 $\mathbf{R}^n$ 中的一种范数, $\boldsymbol{x} \in \mathbf{R}^n$.

20. 设 $\boldsymbol{A}$ 为 n 阶实对称正定矩阵, 定义 $\|\boldsymbol{x}\|_A = \sqrt{(\boldsymbol{Ax}, \boldsymbol{x})}$, 试证明 $\|\boldsymbol{x}\|_A$ 为 $\mathbf{R}^n$ 上的一种向量范数.

第 3 章

矩阵的相似标准形

同一个线性变换在不同基下的矩阵是不同的, 但它们是相似的, 我们期望选择合适的基使对应的矩阵具有一些特殊形式. 对角矩阵具有简单形状, 但我们知道, 并不是每个矩阵都可以对角化的. 现在提出问题: 线性变换的矩阵最简单的形式是什么? 我们将形式最简单的矩阵称为线性变换下矩阵的标准形. 这个问题也等价于: 任一方阵经过相似变换能变成什么样的标准形. 本章系统介绍矩阵的若尔当标准形理论及其在矩阵函数计算领域的应用.

第 3 章知识导图

3.1 线性变换的特征值与特征向量

线性变换可以用矩阵表示，虽然同一个线性变换在不同基下的矩阵是不同的，但这些矩阵的特征值是相同的. 特征值具有基不变性，只与线性变换有关，我们可以将矩阵特征值提升为线性变换的特征值.

定理 1.1

设 σ 是线性空间 $V_n(F)$ 中的线性变换，σ 在两个基 $\{\boldsymbol{\alpha}_1,\boldsymbol{\alpha}_2,\cdots,\boldsymbol{\alpha}_n\}$ 和 $\{\boldsymbol{\beta}_1,\boldsymbol{\beta}_2,\cdots,\boldsymbol{\beta}_n\}$ 下的矩阵依次为 $\boldsymbol{A}$ 和 $\boldsymbol{B}$，则 $\boldsymbol{A}$ 和 $\boldsymbol{B}$ 有相同的特征值.

证明 设基 $\{\boldsymbol{\alpha}_1,\boldsymbol{\alpha}_2,\cdots,\boldsymbol{\alpha}_n\}$ 到基 $\{\boldsymbol{\beta}_1,\boldsymbol{\beta}_2,\cdots,\boldsymbol{\beta}_n\}$ 的过渡矩阵为 $\boldsymbol{P}$，从而 $\boldsymbol{B}=\boldsymbol{P}^{-1}\boldsymbol{A}\boldsymbol{P}$. $\boldsymbol{B}$ 的特征多项式

$$|\lambda\boldsymbol{E}-\boldsymbol{B}|=|\lambda\boldsymbol{E}-\boldsymbol{P}^{-1}\boldsymbol{A}\boldsymbol{P}|=|\boldsymbol{P}^{-1}(\lambda\boldsymbol{E}-\boldsymbol{A})\boldsymbol{P}|=|\lambda\boldsymbol{E}-\boldsymbol{A}|,$$

从而 $\boldsymbol{A}$ 和 $\boldsymbol{B}$ 有相同的特征值.

事实上，设 λ 是 $\boldsymbol{A}$ 的任一特征值，非零向量 $\boldsymbol{\xi}$ 是属于 λ 的特征向量，即 $\boldsymbol{A}\boldsymbol{\xi}=\lambda\boldsymbol{\xi}$，则 $\boldsymbol{B}(\boldsymbol{P}^{-1}\boldsymbol{\xi})=(\boldsymbol{P}^{-1}\boldsymbol{A}\boldsymbol{P})(\boldsymbol{P}^{-1}\boldsymbol{\xi})=\boldsymbol{P}^{-1}\boldsymbol{A}\boldsymbol{\xi}=\boldsymbol{P}^{-1}\lambda\boldsymbol{\xi}=\lambda(\boldsymbol{P}^{-1}\boldsymbol{\xi})$，显然 $\boldsymbol{P}^{-1}\boldsymbol{\xi}\neq\boldsymbol{0}$，所以 λ 是 $\boldsymbol{B}$ 的特征值，$\boldsymbol{P}^{-1}\boldsymbol{\xi}$ 是对应的一个特征向量.

定义 1.1

设 σ 是线性空间 $V_n(F)$ 中的线性变换，如果对于数域 F 中的一个数 λ，存在一个非零向量 $\boldsymbol{\xi}$，使得 $\sigma(\boldsymbol{\xi})=\lambda\boldsymbol{\xi}$，那么 λ 是 σ 的一个特征值，而 $\boldsymbol{\xi}$ 是 σ 的属于 λ 的一个特征向量.

下面讨论线性变换的特征值和特征向量的计算问题.

设 σ 是线性空间 $V_n(F)$ 中的线性变换，$\{\boldsymbol{\alpha}_1,\boldsymbol{\alpha}_2,\cdots,\boldsymbol{\alpha}_n\}$ 是 $V_n(F)$ 的一个基，σ 在此基下的矩阵为 $\boldsymbol{A}$，λ_0 是 σ 的一个特征值，而 $\boldsymbol{\xi}$ 是 σ 的属于 λ_0 的一个特征向量，$\boldsymbol{\xi}$ 在此基下的坐标是 $\boldsymbol{x}=(x_1,x_2,\cdots,x_n)^{\mathrm{T}}\neq\boldsymbol{0}$，则 $\sigma(\boldsymbol{\xi})$ 和 $\lambda_0\boldsymbol{\xi}$ 的坐标分别是 $\boldsymbol{A}\boldsymbol{x},\lambda_0\boldsymbol{x}$.

由 $\sigma(\boldsymbol{\xi})=\lambda_0\boldsymbol{\xi}$ 可知 $\boldsymbol{A}\boldsymbol{x}=\lambda_0\boldsymbol{x}$，即 λ_0 是 $\boldsymbol{A}$ 的一个特征值，非零向量 $\boldsymbol{x}$ 是 $\boldsymbol{A}$ 的属于 λ_0 的特征向量；反之，若 λ_0 是 $\boldsymbol{A}$ 的任一特征值，非零向量 $\boldsymbol{x}=(x_1,x_2,\cdots,x_n)^{\mathrm{T}}\neq\boldsymbol{0}$ 是 $\boldsymbol{A}$ 的属于 λ_0 的特征向量，即 $\boldsymbol{A}\boldsymbol{x}=\lambda_0\boldsymbol{x}$，此时，令 $\boldsymbol{\xi}=(\boldsymbol{\alpha}_1,\boldsymbol{\alpha}_2,\cdots,\boldsymbol{\alpha}_n)\boldsymbol{x}$，则

$$\begin{aligned}\sigma(\boldsymbol{\xi})&=\sigma((\boldsymbol{\alpha}_1,\boldsymbol{\alpha}_2,\cdots,\boldsymbol{\alpha}_n)\boldsymbol{x})=\sigma(\boldsymbol{\alpha}_1,\boldsymbol{\alpha}_2,\cdots,\boldsymbol{\alpha}_n)\boldsymbol{x}\\&=(\boldsymbol{\alpha}_1,\boldsymbol{\alpha}_2,\cdots,\boldsymbol{\alpha}_n)\boldsymbol{A}\boldsymbol{x}=(\boldsymbol{\alpha}_1,\boldsymbol{\alpha}_2,\cdots,\boldsymbol{\alpha}_n)\lambda_0\boldsymbol{x}\\&=\lambda_0(\boldsymbol{\alpha}_1,\boldsymbol{\alpha}_2,\cdots,\boldsymbol{\alpha}_n)\boldsymbol{x}=\lambda_0\boldsymbol{\xi}.\end{aligned}$$

因此，线性变换 σ 和它的矩阵 $\boldsymbol{A}$ 有相同的特征值.

确定一个线性变换 σ 的特征值和特征向量可以分以下几步完成：

(1) 选择 $V_n(F)$ 的基 $\{\boldsymbol{\alpha}_1,\boldsymbol{\alpha}_2,\cdots,\boldsymbol{\alpha}_n\}$，求线性变换 σ 在此基下的矩阵 $\boldsymbol{A}$；

(2) 求矩阵 $\boldsymbol{A}$ 的特征值，也就是求特征多项式 $|\lambda\boldsymbol{E}-\boldsymbol{A}|=0$ 的全部根；

(3) 把所求得的特征值逐个代入方程组 $(\lambda\boldsymbol{E}-\boldsymbol{A})\boldsymbol{x}=\boldsymbol{0}$，对于每一个特征值求出一个基础解系，它们就是属于这个特征值的几个线性无关的特征向量在基 $\{\boldsymbol{\alpha}_1,\boldsymbol{\alpha}_2,\cdots,\boldsymbol{\alpha}_n\}$ 下的坐标，这样我们能求出属于每个特征值的全部线性无关的特征向量.

例 1.1　在 $P_n[x]$ 中，取基

$$1,\ x,\ \frac{x^2}{2!},\ \cdots,\ \frac{x^{n-1}}{(n-1)!},$$

求微分运算 d 的特征值和特征向量.

解　微分运算 d 在给定基下的矩阵是

$$A=\begin{pmatrix}0 & 1 & 0 & \cdots & 0\\ 0 & 0 & 1 & \cdots & 0\\ \vdots & \vdots & \vdots & & \vdots\\ 0 & 0 & 0 & \cdots & 1\\ 0 & 0 & 0 & \cdots & 0\end{pmatrix},$$

A 的特征多项式

$$|\lambda E-A|=\begin{vmatrix}\lambda & -1 & 0 & \cdots & 0\\ 0 & \lambda & -1 & \cdots & 0\\ \vdots & \vdots & \vdots & & \vdots\\ 0 & 0 & 0 & \cdots & -1\\ 0 & 0 & 0 & \cdots & \lambda\end{vmatrix}=\lambda^n,$$

因此，A 的特征值只有 0，令 $(\lambda E-A)\eta=-A\eta=\mathbf{0}$，解得基础解系

$$\eta_0=(1,0,\cdots,0)^{\mathrm{T}}\neq\mathbf{0},$$

特征向量通解为

$$\eta=(c,0,\cdots,0)^{\mathrm{T}},\quad c\in\mathbf{C},\quad c\neq 0,$$

从而 d 的特征值只有 0，特征向量

$$\xi=\left(1,x,\frac{x^2}{2!},\cdots,\frac{x^{n-1}}{(n-1)!}\right)\eta=c,\quad c\in\mathbf{C},\quad c\neq 0,$$

也就是全部非零常数.

根据定理 1.1 和定义 1.1，我们还可以将线性变换 σ 关于任意一个基的矩阵的特征多项式定义为线性变换的特征多项式.

我们知道，$V_n(F)$ 上的全体线性变换对变换的加法和数乘运算构成线性空间. 设 σ 是线性空间 $V_n(F)$ 中的线性变换，$\{\alpha_1,\alpha_2,\cdots,\alpha_n\}$ 是 $V_n(F)$ 的一个基，σ 在此基下的矩阵为 A. 对于由文字 λ 构成的多项式空间 $P_n[\lambda]$ 中的任一多项式

$$g(\lambda)=a_m\lambda^m+\cdots+a_1\lambda+a_0,\quad m<n,$$

利用线性变换的乘积运算、加法运算和数乘运算定义可以证明

$$g(\sigma)=a_m\sigma^m+\cdots+a_1\sigma+a_0\tau$$

仍然是 $V_n(F)$ 上的线性变换，其中 τ 是恒等变换或单位变换，而利用矩阵的乘积运算、加法运算和数乘运算可以证明

$$g(A)=a_mA^m+\cdots+a_1A+a_0E$$

是一个矩阵，并且 $g(\sigma)$ 在基 $\{\alpha_1,\alpha_2,\cdots,\alpha_n\}$ 下的矩阵正是 $g(A)$，我们称 $g(\sigma)$ 为线性变换 σ 的多项式，$g(A)$ 为矩阵 A 的多项式. 在此我们可以进一步体会到多项式定义中“文字”的抽象含义.

定理 1.2

设 $A\in\mathbf{C}^{n\times n}$，$g(\lambda)=a_m\lambda^m+\cdots+a_1\lambda+a_0$ 是 $P_n[\lambda]$ 中的任一多项式.

(1) 若 λ_0 是矩阵 A 的特征值，则 $g(\lambda_0)$ 是 $g(A)$ 的特征值；

(2) 如果 A 相似于 B：$B=P^{-1}AP$，则 $g(A)$ 相似于 $g(B)$，且 $g(B)=P^{-1}g(A)P$；

(3) 如果 A 是一个准对角矩阵，则 $g(A)$ 也是准对角矩阵，而且若 $A=\mathrm{diag}(A_1,\cdots,A_k)$，其中 A_i 是方子块，$i=1,2,\cdots,k$，则 $g(A)=\mathrm{diag}(g(A_1),\cdots,g(A_k))$.

证明 (1) 因为 λ_0 是矩阵 A 的特征值，所以存在非零向量 ξ，满足 $A\xi=\lambda_0\xi$，于是，

$$\begin{aligned}g(A)\xi&=(a_mA^m+\cdots+a_1A+a_0E)\xi\\&=a_mA^m\xi+\cdots+a_1A\xi+a_0\xi\\&=a_m\lambda_0^m\xi+\cdots+a_1\lambda_0\xi+a_0\xi\\&=(a_m\lambda_0^m+\cdots+a_1\lambda_0+a_0)\xi\\&=g(\lambda_0)\,\xi.\end{aligned}$$

所以，非零向量 ξ 也是 $g(A)$ 的属于 $g(\lambda_0)$ 的特征向量，所以 $g(\lambda_0)$ 是 $g(A)$ 的特征值.

(2) 和 (3) 的证明留作练习.

由于 $V_n(F)$ 上的线性变换空间是 n^2 维线性空间，因此，若 σ 是 $V_n(F)$ 中的线性变换，则 $\sigma^k(k=0,1,\cdots,n^2)$这 n^2+1 个线性变换一定线性相关. 于是存在不全为零的数 a_i，$i=0,1,2,\cdots,n^2$，使得

$$f(\sigma)=a_{n^2}\sigma^{n^2}+\cdots+a_1\sigma+a_0\tau=\vartheta,$$

这里 τ 和 ϑ 分别表示单位变换和零变换，我们称相应的多项式

$$f(\lambda)=a_{n^2}\lambda^{n^2}+\cdots+a_1\lambda+a_0$$

是线性变换 σ 的一个化零多项式. 在 σ 的一切化零多项式中，称其中次数最低且最高次项系数为 1 的多项式为线性变换 σ 的最小多项式. 类似地可以定义一个矩阵 A 的最小多项式. 一个最高次项系数为 1 的非零多项式 $p(\lambda)$ 叫作矩阵 A 的最小多项式，如果 $p(A)=\mathbf{0}$，而对于任意一个次数低于 $p(\lambda)$ 的非零多项式 $q(\lambda)$，$q(A)\neq\mathbf{0}$.

容易看出，相似矩阵有相同的最小多项式，并且 $V_n(F)$ 的一个线性变换 σ 的最小多项式就是 σ 关于 $V_n(F)$ 的任意基的矩阵的最小多项式.

定理 1.3（凯莱-哈密顿(Cayley-Hamilton)定理——线性变换形式）

设 σ 是 $V_n(F)$ 的一个线性变换，$f(\lambda)$ 是 σ 的特征多项式，那么 $f(\sigma)=\vartheta$.

定理 1.4（凯莱-哈密顿定理——矩阵形式）

设 A 是一个 n 阶矩阵，$f(\lambda)=|\lambda E-A|$ 是 A 的特征多项式，那么 $f(A)=\mathbf{0}$.

证明 证明见参考文献[5].

例 1.2 矩阵 $A=\begin{pmatrix}2&0&0\\1&2&0\\0&0&2\end{pmatrix}$ 的特征多项式为 $f(\lambda)=|\lambda E-A|=(\lambda-2)^3$，而

$$f(\boldsymbol{A}) = (\boldsymbol{A}-2\boldsymbol{E})^3 = \begin{pmatrix} 0 & 0 & 0 \\ 1 & 0 & 0 \\ 0 & 0 & 0 \end{pmatrix}^3 = \boldsymbol{0},$$

$$(\boldsymbol{A}-2\boldsymbol{E})^2 = \begin{pmatrix} 0 & 0 & 0 \\ 1 & 0 & 0 \\ 0 & 0 & 0 \end{pmatrix}^2 = \boldsymbol{0},$$

又因为 $\boldsymbol{A}$ 不满足任何一个一次多项式，所以矩阵 $\boldsymbol{A}$ 的最小多项式 $m_{\boldsymbol{A}}(\lambda) = (\lambda-2)^2$.

设 $\boldsymbol{A}$ 是线性变换 σ 在 $V_3(F)$ 中某个基 $\{\boldsymbol{\alpha}_1,\boldsymbol{\alpha}_2,\boldsymbol{\alpha}_3\}$ 下的矩阵，即 $\sigma(\boldsymbol{\alpha}_1,\boldsymbol{\alpha}_2,\boldsymbol{\alpha}_3) = (\boldsymbol{\alpha}_1,\boldsymbol{\alpha}_2,\boldsymbol{\alpha}_3)\boldsymbol{A}$, $V_3(F)$ 中任一向量 $\boldsymbol{\xi}$ 的坐标为 $\boldsymbol{x}$，则 $\sigma(\boldsymbol{\xi})$ 的坐标为 $\boldsymbol{Ax}$，从而

$$\begin{aligned} m_{\boldsymbol{A}}(\sigma)(\boldsymbol{\xi}) &= (\sigma-2\tau)^2(\boldsymbol{\xi}) = (\sigma^2-4\sigma+4\tau)(\boldsymbol{\xi}) = \sigma^2(\xi)-4\sigma(\xi)+4\xi \\ &= \sigma(\sigma((\boldsymbol{\alpha}_1,\boldsymbol{\alpha}_2,\boldsymbol{\alpha}_3)\boldsymbol{x}))-4\sigma((\boldsymbol{\alpha}_1,\boldsymbol{\alpha}_2,\boldsymbol{\alpha}_3)\boldsymbol{x})+4((\boldsymbol{\alpha}_1,\boldsymbol{\alpha}_2,\boldsymbol{\alpha}_3)\boldsymbol{x}) \\ &= \sigma((\boldsymbol{\alpha}_1,\boldsymbol{\alpha}_2,\boldsymbol{\alpha}_3)\boldsymbol{Ax})-4((\boldsymbol{\alpha}_1,\boldsymbol{\alpha}_2,\boldsymbol{\alpha}_3)\boldsymbol{Ax})+4((\boldsymbol{\alpha}_1,\boldsymbol{\alpha}_2,\boldsymbol{\alpha}_3)\boldsymbol{x}) \\ &= (\boldsymbol{\alpha}_1,\boldsymbol{\alpha}_2,\boldsymbol{\alpha}_3)(\boldsymbol{A}^2\boldsymbol{x}-4\boldsymbol{Ax}+4\boldsymbol{x}) \\ &= (\boldsymbol{\alpha}_1,\boldsymbol{\alpha}_2,\boldsymbol{\alpha}_3)(\boldsymbol{A}^2-4\boldsymbol{A}+4\boldsymbol{E})\boldsymbol{x} \\ &= (\boldsymbol{\alpha}_1,\boldsymbol{\alpha}_2,\boldsymbol{\alpha}_3)(\boldsymbol{A}-2\boldsymbol{E})^2\boldsymbol{x} = \boldsymbol{0}, \end{aligned}$$

所以 $m_{\boldsymbol{A}}(\sigma) = (\sigma-2\tau)^2 = \vartheta$.

$\mathbf{C}^{n\times n}$ 中所有相似的矩阵都对应着 $V_n(F)$ 中的同一个线性变换，因此，选择合适的基使得线性变换的矩阵具有简单的形式就是一件合理的事情. 线性变换的不变子空间对于化简线性变换的矩阵有着重要意义.

定义 1.2

设 σ 是 $V_n(F)$ 的一个线性变换，$V_n(F)$ 的一个子空间 W 在 σ 之下不变，如果 $\sigma(W)\subseteq W$，此时称 W 是 σ 的一个不变子空间.

显然，$V_n(F)$ 本身和零空间 $\{\boldsymbol{0}\}$ 在任意线性变换下不变.

例 1.3　设 σ 是 $V_n(F)$ 的一个线性变换，则 σ 的核 $\mathrm{Ker}(\sigma)$ 和像 $\mathrm{Im}(\sigma)$ 都在 σ 下不变.

证明　对于任意 $\xi\in\mathrm{Ker}(\sigma)$，都有 $\sigma(\sigma(\xi)) = \sigma(\boldsymbol{0}) = \boldsymbol{0}\in\mathrm{Ker}(\sigma)$，所以 $\mathrm{Ker}(\sigma)$ 在 σ 之下不变. 至于 $\mathrm{Im}(\sigma)$ 在 σ 之下不变，是显然的.

设 W 是线性变换 σ 的一个不变子空间. 只考虑 σ 在 W 上的作用，就得到子空间 W 本身的一个线性变换，称为 σ 在 W 上的限制，并记作 $\sigma|_W$. 这样，对于任意 $\boldsymbol{\xi}\in W$, $\sigma|_W(\xi) = \sigma(\xi)$, 然而如果 $\boldsymbol{\xi}\notin W$, 那么 $\sigma|_W(\xi)$ 没有意义.

设 σ 是 $V_n(F)$ 的一个线性变换. 假设 σ 有一个非平凡不变子空间 W , 那么取 W 的一个基 $\{\boldsymbol{\alpha}_1,\boldsymbol{\alpha}_2,\cdots,\boldsymbol{\alpha}_r\}$，再补充为 $V_n(F)$ 的一个基 $\{\boldsymbol{\alpha}_1,\boldsymbol{\alpha}_2,\cdots,\boldsymbol{\alpha}_r,\boldsymbol{\alpha}_{r+1},\cdots,\boldsymbol{\alpha}_n\}$. 由于 W 在 σ 之下不变，所以 $\sigma(\boldsymbol{\alpha}_1)$, $\sigma(\boldsymbol{\alpha}_2)$, $\cdots$, $\sigma(\boldsymbol{\alpha}_r)$ 仍在 W 内，因而可以由 W 的基 $\{\boldsymbol{\alpha}_1,\boldsymbol{\alpha}_2,\cdots,\boldsymbol{\alpha}_r\}$ 线性表示. 我们有

$$\sigma(\boldsymbol{\alpha}_1) = x_{11}\boldsymbol{\alpha}_1 + x_{21}\boldsymbol{\alpha}_2 + \cdots + x_{r1}\boldsymbol{\alpha}_r,$$

$$\cdots\cdots$$

$$\sigma(\boldsymbol{\alpha}_r) = x_{1r}\boldsymbol{\alpha}_1 + x_{2r}\boldsymbol{\alpha}_2 + \cdots + x_{rr}\boldsymbol{\alpha}_r,$$

$$\sigma(\boldsymbol{\alpha}_{r+1}) = x_{1(r+1)}\boldsymbol{\alpha}_1 + \cdots + x_{r(r+1)}\boldsymbol{\alpha}_r + x_{(r+1)(r+1)}\boldsymbol{\alpha}_{r+1} + \cdots + x_{n(r+1)}\boldsymbol{\alpha}_n,$$

$$\cdots\cdots$$

$$\sigma(\boldsymbol{\alpha}_n) = x_{1n}\boldsymbol{\alpha}_1 + \cdots + x_{rn}\boldsymbol{\alpha}_r + x_{(r+1)n}\boldsymbol{\alpha}_{r+1} + \cdots + x_{nn}\boldsymbol{\alpha}_n .$$

因此，σ 关于这个基的矩阵有形状

$$\boldsymbol{A} = \begin{pmatrix} \boldsymbol{A}_1 & \boldsymbol{A}_3 \\ \boldsymbol{0} & \boldsymbol{A}_2 \end{pmatrix},$$

其中

$$\boldsymbol{A}_1 = \begin{pmatrix} x_{11} & \cdots & x_{1r} \\ \vdots & & \vdots \\ x_{r1} & \cdots & x_{rr} \end{pmatrix}$$

是 $\sigma|_W$ 关于 W 的基 $\{\boldsymbol{\alpha}_1, \boldsymbol{\alpha}_2, \cdots, \boldsymbol{\alpha}_r\}$ 的矩阵. 而 $\boldsymbol{A}$ 中左下方的 $\boldsymbol{0}$ 表示一个 $(n-r)\times r$ 零矩阵.

一般地，如果 $V_n(F)$ 可以写成 s 个子空间 W_1，…，W_s 的直和，并且每一个子空间都在 σ 之下不变，那么在每一个子空间中取一个基凑成 $V_n(F)$ 的一个基，σ 关于这个基的矩阵就有形状

$$\begin{pmatrix} \boldsymbol{A}_1 & & \boldsymbol{0} \\ & \ddots & \\ \boldsymbol{0} & & \boldsymbol{A}_s \end{pmatrix},$$

这里 $\boldsymbol{A}_i$ 是 $\sigma|_{W_i}$ 在 W_i 的基下的矩阵，$i = 1, 2, \cdots, s$.

因此，给了 $V_n(F)$ 的一个线性变换 σ，只要能够将 $V_n(F)$ 分解成一些在 σ 之下不变的子空间的直和，就可以适当地选取 $V_n(F)$ 的基，使得 σ 关于这个基的矩阵具有比较简单的形状. 特别地，如果能够将 $V_n(F)$ 分解成 n 个在 σ 之下不变的一维子空间的直和，那么与 σ 相对应的矩阵就是对角矩阵. 下面讨论一个线性变换可以对角化的充要条件[6].

设 σ 是 $V_n(F)$ 的一个线性变换，λ 是 σ 的一个特征值. 令

$$V_\lambda = \{\boldsymbol{\xi} \in V_n(F) \mid \sigma(\xi) = \lambda\xi\}.$$

可以证明 $V_\lambda = \mathrm{Ker}(\lambda\tau - \sigma)$，因而是 $V_n(F)$ 的一个子空间，这个子空间叫作 σ 的属于特征值 λ 的特征子空间. V_λ 中每一非零向量都是 σ 的属于特征值 λ 的特征向量. 另外假设 $\boldsymbol{\xi} \in V_\lambda$，则 $\sigma(\sigma(\xi)) = \sigma(\lambda\xi) = \lambda\sigma(\xi) \in V_\lambda$，因而 V_λ 在 σ 之下不变.

定理 1.5

设 σ 是 $V_n(F)$ 的一个线性变换，σ 可以对角化的充要条件是

(1) σ 的特征多项式的根都在 F 内；

(2) 对于 σ 的特征多项式的每一个根 λ，特征子空间 V_λ 的维数等于 λ 的重数.

证明　设条件(1), (2)成立. 令 λ_1，λ_2，…，λ_t 是 σ 的一切不同的特征值，它们的重数分别是 s_1，s_2，…，s_t，则

$$s_1 + \cdots + s_t = n, \quad \mathrm{Dim}(V_{\lambda_i}) = s_i, \quad i = 1, 2, \cdots, t.$$

在每一个特征子空间 V_{λ_i} 里选取一个基 $\{\boldsymbol{\alpha}_{i1}, \boldsymbol{\alpha}_{i2}, \cdots, \boldsymbol{\alpha}_{is_i}\}$，于是

$$\boldsymbol{\alpha}_{11}, \cdots, \boldsymbol{\alpha}_{1s_1}, \cdots, \boldsymbol{\alpha}_{t1}, \cdots, \boldsymbol{\alpha}_{ts_t}$$

线性无关，因而构成 $V_n(F)$ 的一个基. σ 关于这个基的矩阵是对角矩阵

$$B = \begin{pmatrix} \lambda_1 & & & & & & 0 \\ & \ddots & & & & & \\ & & \lambda_1 & & & & \\ & & & \ddots & & & \\ & & & & \lambda_t & & \\ & & & & & \ddots & \\ 0 & & & & & & \lambda_t \end{pmatrix}.$$

反过来，设 σ 可对角化，那么 $V_n(F)$ 有一个由 σ 的特征向量所组成的基. 适当排列这一个基向量的次序，可以假定这个基是

$$\boldsymbol{\alpha}_{11},\cdots,\boldsymbol{\alpha}_{1s_1},\cdots,\boldsymbol{\alpha}_{t1},\cdots,\boldsymbol{\alpha}_{ts_t},$$

而 σ 关于这个基的矩阵是对角矩阵 $\boldsymbol{B}$. 于是 σ 的特征多项式为

$$f(\lambda)=(\lambda-\lambda_1)^{s_1}(\lambda-\lambda_2)^{s_2}\cdots(\lambda-\lambda_t)^{s_t}.$$

因此 σ 的特征多项式的根 $\lambda_1, \lambda_2, \cdots, \lambda_t$ 都在 F 内，并且 λ_i 的重数等于 s_i，$i=1,2,\cdots,t$. 然而基向量 $\boldsymbol{\alpha}_{i1},\boldsymbol{\alpha}_{i2},\cdots,\boldsymbol{\alpha}_{is_i}$ 显然是 V_{λ_i} 的线性无关的向量，所以 $s_i \leqslant \mathrm{Dim}(V_{\lambda_i})$. 但 $\mathrm{Dim}(V_{\lambda_i}) \leqslant s_i$（证明可参考文献[5]）. 因此，$\mathrm{Dim}(V_{\lambda_i})=s_i$，$i=1,2,\cdots,t$.

利用线性变换与矩阵的对应关系，我们还可以得出矩阵可以对角化的条件.

定理 1.6

设 $\boldsymbol{A}$ 是数域 F 上一个 n 阶矩阵，$\boldsymbol{A}$ 可以对角化的充要条件是

(1) $\boldsymbol{A}$ 的特征多项式的根都在 F 内；

(2) 对于 $\boldsymbol{A}$ 的特征多项式的每一根 λ，秩 $(\lambda\boldsymbol{E}-\boldsymbol{A})=n-s$，其中 s 是 λ 的重数.

证明　证明见参考文献[5].

如果一个矩阵 $\boldsymbol{A}$ 可以对角化，那么存在可逆矩阵 $\boldsymbol{P}$ 使

$$\boldsymbol{P}^{-1}\boldsymbol{AP}=\begin{pmatrix} \lambda_1 & & 0 \\ & \ddots & \\ 0 & & \lambda_n \end{pmatrix}$$

或者

$$\boldsymbol{AP}=\boldsymbol{P}\begin{pmatrix} \lambda_1 & & 0 \\ & \ddots & \\ 0 & & \lambda_n \end{pmatrix}.$$

最后等式表明，矩阵 $\boldsymbol{P}$ 的第 i 列就是 $\boldsymbol{A}$ 的属于特征值 λ_i 的一个特征向量，$i=1,2,\cdots,n$.

3.2 矩阵的若尔当标准形

一般来说，矩阵的特征子空间的维数小于对应特征值的重数，导致矩阵不能对角化. 本节利用根子空间分解的概念讨论矩阵化简问题. 矩阵的特征多项式是其特征矩阵的行列式，特征矩阵是一类简单的 λ-矩阵，在判断矩阵相似和矩阵根子空间分解方面有重要应用.

设 F 是一个数域，λ 是一个文字，一个矩阵，如果它的元素是 λ 的多项式，就称这个矩阵为 λ-

矩阵. 数域F上的数字矩阵的特征矩阵$\lambda\boldsymbol{E}-\boldsymbol{A}$就是$\lambda$-矩阵. λ-矩阵也有初等变换、行列式、逆矩阵和等价矩阵等概念, λ-矩阵的一些基本概念和性质在矩阵相似理论中有重要应用, 我们在此作简要介绍[7, 8].

定义 2.1

如果λ-矩阵$\boldsymbol{A}(\lambda)$有一个r级子式不为零, 而所有$r+1$级子式(如果有的话)全为零, 则称$\boldsymbol{A}(\lambda)$的秩为r. 零矩阵的秩为零.

定义 2.2

一个$n\times n$的λ-矩阵$\boldsymbol{A}(\lambda)$称为可逆的, 如果有一个$n\times n$的λ-矩阵$\boldsymbol{B}(\lambda)$使$\boldsymbol{A}(\lambda)\boldsymbol{B}(\lambda)=\boldsymbol{B}(\lambda)\boldsymbol{A}(\lambda)=\boldsymbol{E}$, 这里$\boldsymbol{E}$是$n$阶单位矩阵. 矩阵$\boldsymbol{B}(\lambda)$(它是唯一的)称为$\boldsymbol{A}(\lambda)$的逆矩阵, 记为$\boldsymbol{A}^{-1}(\lambda)$.

定理 2.1

一个$n\times n$的λ-矩阵$\boldsymbol{A}(\lambda)$可逆的充分必要条件是行列式$|\boldsymbol{A}(\lambda)|$是一个非零的数.

证明　先证充分性. 设$d=|\boldsymbol{A}(\lambda)|$是一个非零的数, $\boldsymbol{A}^*(\lambda)$是$\boldsymbol{A}(\lambda)$的伴随矩阵, 它也是一个$\lambda$-矩阵, 而

$$\boldsymbol{A}(\lambda)\frac{\boldsymbol{A}^*(\lambda)}{d}=\frac{\boldsymbol{A}^*(\lambda)}{d}\boldsymbol{A}(\lambda)=\boldsymbol{E},$$

因此, $\boldsymbol{A}(\lambda)$可逆.

再证必要性. 如果$\boldsymbol{A}(\lambda)$可逆, 则

$$|\boldsymbol{A}(\lambda)\boldsymbol{A}^{-1}(\lambda)|=|\boldsymbol{A}(\lambda)||\boldsymbol{A}^{-1}(\lambda)|=|\boldsymbol{E}|=1,$$

因为$|\boldsymbol{A}(\lambda)|$与$|\boldsymbol{A}^{-1}(\lambda)|$都是$\lambda$的多项式, 所以由它们的乘积是1可以推知, 它们都是零次多项式, 也就是非零的数.

定义 2.3

下面的三种变换叫作λ-矩阵的初等变换:

(1) 矩阵的两行(列)互换位置;

(2) 矩阵的某一行(列)乘非零的常数c;

(3) 矩阵的某一行(列)加另一行(列)的$\varphi(\lambda)$倍, $\varphi(\lambda)$是一个多项式.

和数字矩阵的初等变换一样, 可以引进初等矩阵. 例如, 将单位矩阵的第j行的$\varphi(\lambda)$倍加到第i行上(或第i列的$\varphi(\lambda)$倍加到第j列上)得到

$$\boldsymbol{P}(i,j(\varphi(\lambda)))=\begin{array}{cc} \begin{array}{ccccccc} & & \text{i列} & & \text{j列} & & \end{array} & \\ \left(\begin{array}{ccccccc} 1 & & & & & & \\ & \ddots & & & & & \\ & & 1 & \cdots & \varphi(\lambda) & & \\ & & & \ddots & & & \\ & & & & 1 & & \\ & & & & & \ddots & \\ & & & & & & 1 \end{array}\right) & \begin{array}{c} \\ \\ \text{i行} \\ \\ \text{j行} \\ \\ \\ \end{array} \end{array}.$$

仍然用 $P(i,j)$ 表示由单位矩阵经过第 i 行第 j 行（或第 i 列第 j 列）互换位置所得的初等矩阵，用 $P(i(c))$ 表示用非零常数 c 乘单位矩阵第 i 行所得的初等矩阵. 同样地，对一个 $s\times n$ 的 λ-矩阵 $A(\lambda)$ 作一次初等行变换就相当于在 $A(\lambda)$ 左边乘相应的 $s\times s$ 初等矩阵；对 $A(\lambda)$ 作一次初等列变换就相当于在 $A(\lambda)$ 右边乘相应的 $n\times n$ 初等矩阵.

初等矩阵都是可逆的，并且有

$$P^{-1}(i,j) = P(i,j),$$
$$P^{-1}(i(c)) = P(i(c^{-1})),$$
$$P^{-1}(i,j(\varphi(\lambda))) = P(i,j(-\varphi(\lambda))).$$

因此初等变换都是可逆变换.

定义 2.4

λ-矩阵 $A(\lambda)$ 称为与 $B(\lambda)$ 等价，如果可以经过一系列初等变换将 $A(\lambda)$ 化为 $B(\lambda)$.

显然，$A(\lambda)$ 与 $B(\lambda)$ 等价的充要条件是有一系列初等矩阵 $P_1, P_2, \cdots, P_s, Q_1, Q_2, \cdots, Q_t$ 使 $A(\lambda) = P_1\cdots P_sB(\lambda)Q_1\cdots Q_t$.

定理 2.2

任意一个 $s\times n$ 的 λ-矩阵 $A(\lambda)$ 都等价于下列形式的矩阵

$$\begin{pmatrix} d_1(\lambda) & & & & & \\ & \ddots & & & & \\ & & d_r(\lambda) & & & \\ & & & 0 & & \\ & & & & \ddots & \\ & & & & & 0 \end{pmatrix},$$

其中，$r\geqslant 1$，$d_i(\lambda)$ 是首项系数为 1 的多项式，且 $d_i(\lambda)\mid d_{i+1}(\lambda)$，$i=1,2,\cdots,r-1$. 我们称之为 λ-矩阵的等价标准形.

证明　证明见参考文献[5].

数字矩阵的特征矩阵的等价标准形与根子空间的构造密切相关. 利用 λ-矩阵可以给出两个数字矩阵相似的充要条件.

引理 2.1

如果有 n 阶数字矩阵 P 和 Q，使 $\lambda E - A = P(\lambda E - B)Q$，则 A 和 B 相似.

证明　因为

$$P(\lambda E - B)Q = \lambda PQ - PBQ = \lambda E - A,$$

两边比较可知

$$\lambda PQ = \lambda E, \quad PBQ = A,$$

即

$$PQ = E, \quad Q = P^{-1}, \quad A = PBP^{-1}.$$

所以 A 和 B 相似.

引理 2.2

对于任何不为零的 $n\times n$ 数字矩阵 $\boldsymbol{A}$ 和 λ-矩阵 $\boldsymbol{U}(\lambda)$ 与 $\boldsymbol{V}(\lambda)$，一定存在 λ-矩阵 $\boldsymbol{Q}(\lambda)$ 与 $\boldsymbol{R}(\lambda)$ 以及数字矩阵 $\boldsymbol{U}_0$ 和 $\boldsymbol{V}_0$ 使

$$\boldsymbol{U}(\lambda)=(\lambda\boldsymbol{E}-\boldsymbol{A})\boldsymbol{Q}(\lambda)+\boldsymbol{U}_0,$$
$$\boldsymbol{V}(\lambda)=\boldsymbol{R}(\lambda)(\lambda\boldsymbol{E}-\boldsymbol{A})+\boldsymbol{V}_0.$$

证明　把 $\boldsymbol{U}(\lambda)$ 改写为

$$\boldsymbol{U}(\lambda)=\boldsymbol{D}_0\lambda^m+\boldsymbol{D}_1\lambda^{m-1}+\cdots+\boldsymbol{D}_{m-1}\lambda+\boldsymbol{D}_m,$$

这里 $\boldsymbol{D}_0,\boldsymbol{D}_1,\cdots,\boldsymbol{D}_m$ 都是 $n\times n$ 数字矩阵，而且 $\boldsymbol{D}_0$ 不是零矩阵. 如果 $m=0$，则令 $\boldsymbol{Q}(\lambda)=\boldsymbol{0}$，$\boldsymbol{U}_0=\boldsymbol{D}_0$ 即可.

设 $m>0$，令

$$\boldsymbol{Q}(\lambda)=\boldsymbol{Q}_0\lambda^{m-1}+\cdots+\boldsymbol{Q}_{m-2}\lambda+\boldsymbol{Q}_{m-1},$$

这里 $\boldsymbol{Q}_0,\cdots,\boldsymbol{Q}_{m-2},\boldsymbol{Q}_{m-1}$ 都是待定的数字矩阵. 于是

$$(\lambda\boldsymbol{E}-\boldsymbol{A})\boldsymbol{Q}(\lambda)=\boldsymbol{Q}_0\lambda^m+(\boldsymbol{Q}_1-\boldsymbol{A}\boldsymbol{Q}_0)\lambda^{m-1}+\cdots+(\boldsymbol{Q}_k-\boldsymbol{A}\boldsymbol{Q}_{k-1})\lambda^{m-k}+\cdots-\boldsymbol{A}\boldsymbol{Q}_{m-1}.$$

再令

$$\boldsymbol{Q}_0=\boldsymbol{D}_0,$$
$$\boldsymbol{Q}_1=\boldsymbol{D}+\boldsymbol{A}\boldsymbol{Q}_0,$$
$$\cdots\cdots$$
$$\boldsymbol{Q}_{m-1}=\boldsymbol{D}_{m-1}+\boldsymbol{A}\boldsymbol{Q}_{m-2},$$
$$\boldsymbol{U}_0=\boldsymbol{D}_m+\boldsymbol{A}\boldsymbol{Q}_{m-1},$$

即有 $\boldsymbol{U}(\lambda)=(\lambda\boldsymbol{E}-\boldsymbol{A})\boldsymbol{Q}(\lambda)+\boldsymbol{U}_0$.

同理可得 $\boldsymbol{V}(\lambda)=\boldsymbol{R}(\lambda)(\lambda\boldsymbol{E}-\boldsymbol{A})+\boldsymbol{V}_0$.

定理 2.3

设 $\boldsymbol{A},\boldsymbol{B}$ 是数域 F 上两个 $n\times n$ 数字矩阵. $\boldsymbol{A}$ 与 $\boldsymbol{B}$ 相似的充分必要条件是它们的特征矩阵 $\lambda\boldsymbol{E}-\boldsymbol{A}$ 和 $\lambda\boldsymbol{E}-\boldsymbol{B}$ 等价.

证明　先证必要性.

设 $\boldsymbol{A}$ 与 $\boldsymbol{B}$ 相似，即有可逆矩阵 $\boldsymbol{P}$，使 $\boldsymbol{A}=\boldsymbol{P}^{-1}\boldsymbol{B}\boldsymbol{P}$，于是

$$\lambda\boldsymbol{E}-\boldsymbol{A}=\lambda\boldsymbol{E}-\boldsymbol{P}^{-1}\boldsymbol{B}\boldsymbol{P}=\boldsymbol{P}^{-1}(\lambda\boldsymbol{E}-\boldsymbol{B})\boldsymbol{P},$$

从而 $\lambda\boldsymbol{E}-\boldsymbol{A}$ 与 $\lambda\boldsymbol{E}-\boldsymbol{B}$ 等价.

再证充分性.

设 $\lambda\boldsymbol{E}-\boldsymbol{A}$ 与 $\lambda\boldsymbol{E}-\boldsymbol{B}$ 等价，即有可逆 λ-矩阵 $\boldsymbol{U}(\lambda)$ 与 $\boldsymbol{V}(\lambda)$ 使

$$\lambda\boldsymbol{E}-\boldsymbol{A}=\boldsymbol{U}(\lambda)(\lambda\boldsymbol{E}-\boldsymbol{B})\boldsymbol{V}(\lambda),$$

由引理 2.2，存在 λ-矩阵 $\boldsymbol{Q}(\lambda)$ 与 $\boldsymbol{R}(\lambda)$ 以及数字矩阵 $\boldsymbol{U}_0$ 和 $\boldsymbol{V}_0$ 使

$$\boldsymbol{U}(\lambda)=(\lambda\boldsymbol{E}-\boldsymbol{A})\boldsymbol{Q}(\lambda)+\boldsymbol{U}_0,$$
$$\boldsymbol{V}(\lambda)=\boldsymbol{R}(\lambda)(\lambda\boldsymbol{E}-\boldsymbol{A})+\boldsymbol{V}_0$$

成立. 由于

$$\boldsymbol{U}^{-1}(\lambda)(\lambda\boldsymbol{E}-\boldsymbol{A})=(\lambda\boldsymbol{E}-\boldsymbol{B})\boldsymbol{V}(\lambda),$$

所以等式

$$[\boldsymbol{U}^{-1}(\lambda)-(\lambda\boldsymbol{E}-\boldsymbol{B})\boldsymbol{R}(\lambda)](\lambda\boldsymbol{E}-\boldsymbol{A})=(\lambda\boldsymbol{E}-\boldsymbol{B})\boldsymbol{V}_0,$$

右端次数等于 1 或 $\boldsymbol{V}_0=\boldsymbol{0}$, 因此 $\boldsymbol{U}^{-1}(\lambda)-(\lambda\boldsymbol{E}-\boldsymbol{B})\boldsymbol{R}(\lambda)$ 是一个数字矩阵或零矩阵, 记作 $\boldsymbol{P}$, 即

$$\boldsymbol{P}=\boldsymbol{U}^{-1}(\lambda)-(\lambda\boldsymbol{E}-\boldsymbol{B})\boldsymbol{R}(\lambda), \tag{2.1}$$

$$\boldsymbol{P}(\lambda\boldsymbol{E}-\boldsymbol{A})=(\lambda\boldsymbol{E}-\boldsymbol{B})\boldsymbol{V}_0, \tag{2.2}$$

现在我们证明 $\boldsymbol{P}$ 是可逆的. 在(2.1)式两边同乘以 $\boldsymbol{U}(\lambda)$ 并整理可得

$$\begin{aligned}\boldsymbol{E}&=\boldsymbol{U}(\lambda)\boldsymbol{P}+\boldsymbol{U}(\lambda)(\lambda\boldsymbol{E}-\boldsymbol{B})\boldsymbol{R}(\lambda)\\&=\boldsymbol{U}(\lambda)\boldsymbol{P}+(\lambda\boldsymbol{E}-\boldsymbol{A})\boldsymbol{V}^{-1}(\lambda)\boldsymbol{R}(\lambda)\\&=[(\lambda\boldsymbol{E}-\boldsymbol{A})\boldsymbol{Q}(\lambda)+\boldsymbol{U}_0]\,\boldsymbol{P}+(\lambda\boldsymbol{E}-\boldsymbol{A})\boldsymbol{V}^{-1}(\lambda)\boldsymbol{R}(\lambda)\\&=\boldsymbol{U}_0\boldsymbol{P}+(\lambda\boldsymbol{E}-\boldsymbol{A})[\boldsymbol{Q}(\lambda)\boldsymbol{P}+\boldsymbol{V}^{-1}(\lambda)\boldsymbol{R}(\lambda)].\end{aligned}$$

等式右端的第二项必须为零, 否则它的次数至少为 1, 由于 $\boldsymbol{E}$ 和 $\boldsymbol{U}_0\boldsymbol{P}$ 都是数字矩阵, 等式不可能成立. 因此 $\boldsymbol{E}=\boldsymbol{U}_0\boldsymbol{P}$, 也就是说 $\boldsymbol{P}$ 是可逆的. 再由(2.2)式有

$$\lambda\boldsymbol{E}-\boldsymbol{A}=\boldsymbol{P}^{-1}(\lambda\boldsymbol{E}-\boldsymbol{B})\boldsymbol{V}_0,$$

由引理 2.1, $\boldsymbol{A}$ 与 $\boldsymbol{B}$ 相似.

一般来说, 要用定义判断两个矩阵是否相似是比较困难的, 而判断两个特征矩阵是否等价就容易多了.

例 2.1　证明矩阵 $\boldsymbol{A}$ 与 $\boldsymbol{B}$ 相似, 其中

$$\boldsymbol{A}=\begin{pmatrix}0&3&3\\-1&8&6\\2&-14&-10\end{pmatrix},\quad \boldsymbol{B}=\begin{pmatrix}0&0&0\\0&-1&1\\0&0&-1\end{pmatrix}.$$

证明

$$\lambda\boldsymbol{E}-\boldsymbol{A}=\begin{pmatrix}\lambda&-3&-3\\1&\lambda-8&-6\\-2&14&\lambda+10\end{pmatrix}$$

$$\xrightarrow{\text{行变换}}\begin{pmatrix}1&\lambda-8&-6\\\lambda&-3&-3\\-2&14&\lambda+10\end{pmatrix}$$

$$\xrightarrow{\text{行变换}}\begin{pmatrix}1&\lambda-8&-6\\0&-3-(\lambda-8)\lambda&-3+6\lambda\\0&14+2(\lambda-8)&\lambda+10-12\end{pmatrix}=\begin{pmatrix}1&\lambda-8&-6\\0&-\lambda^2+8\lambda-3&6\lambda-3\\0&2\lambda-2&\lambda-2\end{pmatrix}$$

$$\xrightarrow[\text{右乘}\begin{pmatrix}1&-(\lambda-8)&6\\0&1&0\\0&0&1\end{pmatrix}]{\text{列变换}}\begin{pmatrix}1&0&0\\0&-\lambda^2+8\lambda-3&6\lambda-3\\0&2\lambda-2&\lambda-2\end{pmatrix}$$

$$\xrightarrow[\text{右乘}\begin{pmatrix}1&0&0\\0&1&0\\0&-1&1\end{pmatrix}]{\text{列变换}}\begin{pmatrix}1&0&0\\0&-\lambda(\lambda-2)&6\lambda-3\\0&\lambda&\lambda-2\end{pmatrix}$$

$$\xrightarrow{\text{行变换}}\begin{pmatrix}1&0&0\\0&\lambda&\lambda-2\\0&0&\lambda^2+2\lambda+1\end{pmatrix}$$

$$\xrightarrow{\text{行变换}}\begin{pmatrix}1&0&0\\0&\frac{1}{2}\lambda&\frac{1}{2}\lambda-1\\0&0&\lambda^2+2\lambda+1\end{pmatrix}$$

$$\xrightarrow[\text{右乘}\begin{pmatrix}1&0&0\\0&1&0\\0&-1&1\end{pmatrix}]{\text{列变换}}\begin{pmatrix}1&0&0\\0&1&\frac{1}{2}\lambda-1\\0&-(\lambda+1)^2&(\lambda+1)^2\end{pmatrix}$$

$$\xrightarrow[\text{右乘}\begin{bmatrix}1&0&0\\0&1&-\left(\frac{1}{2}\lambda-1\right)\\0&0&1\end{bmatrix}]{\text{列变换}}\begin{pmatrix}1&0&0\\0&1&0\\0&-(\lambda+1)^2&\frac{1}{2}(\lambda+1)^2\lambda\end{pmatrix}$$

$$\xrightarrow{\text{行变换}}\begin{pmatrix}1&0&0\\0&1&0\\0&0&(\lambda+1)^2\lambda\end{pmatrix},$$

$$\lambda\boldsymbol{E}-\boldsymbol{B}=\begin{pmatrix}\lambda&0&0\\0&\lambda+1&-1\\0&0&\lambda+1\end{pmatrix}$$

$$\xrightarrow{\text{行变换}}\begin{pmatrix}0&\lambda+1&-1\\\lambda&0&0\\0&0&\lambda+1\end{pmatrix}$$

$$\xrightarrow[\text{右乘}\begin{pmatrix}0&0&1\\0&1&0\\1&0&0\end{pmatrix}]{\text{列变换}}\begin{pmatrix}-1&\lambda+1&0\\0&0&\lambda\\\lambda+1&0&0\end{pmatrix}$$

$$\xrightarrow{\text{行变换}}\begin{pmatrix}-1&\lambda+1&0\\0&0&\lambda\\0&(\lambda+1)^2&0\end{pmatrix}$$

$$\xrightarrow[\text{右乘}\begin{pmatrix}1&\lambda+1&0\\0&1&0\\0&0&1\end{pmatrix}]{\text{列变换}}\begin{pmatrix}-1&0&0\\0&0&\lambda\\0&(\lambda+1)^2&0\end{pmatrix}$$

$$\xrightarrow{\text{行变换}}\begin{pmatrix}1&0&0\\0&0&\lambda\\0&(\lambda+1)^2&0\end{pmatrix}$$

$$\xrightarrow{\text{行变换}} \begin{pmatrix} 1 & 0 & 0 \\ 0 & (\lambda+1)^2 & \lambda \\ 0 & (\lambda+1)^2 & 0 \end{pmatrix}$$

$$\xrightarrow[\text{右乘}\begin{pmatrix} 1 & 0 & 0 \\ 0 & 1 & 0 \\ 0 & -(\lambda+2) & 1 \end{pmatrix}]{\text{列变换}} \begin{pmatrix} 1 & 0 & 0 \\ 0 & 1 & \lambda \\ 0 & (\lambda+1)^2 & 0 \end{pmatrix}$$

$$\xrightarrow{\text{行变换}} \begin{pmatrix} 1 & 0 & 0 \\ 0 & 1 & \lambda \\ 0 & 0 & \lambda(\lambda+1)^2 \end{pmatrix}$$

$$\xrightarrow[\text{右乘}\begin{pmatrix} 1 & 0 & 0 \\ 0 & 1 & -\lambda \\ 0 & 0 & 1 \end{pmatrix}]{\text{列变换}} \begin{pmatrix} 1 & 0 & 0 \\ 0 & 1 & 0 \\ 0 & 0 & \lambda(\lambda+1)^2 \end{pmatrix}.$$

因为 $\lambda\boldsymbol{E}-\boldsymbol{A}$ 和 $\lambda\boldsymbol{E}-\boldsymbol{B}$ 等价于同一个矩阵, 因此 $\lambda\boldsymbol{E}-\boldsymbol{A}$ 和 $\lambda\boldsymbol{E}-\boldsymbol{B}$ 等价, 从而 $\boldsymbol{A}$ 与 $\boldsymbol{B}$ 相似.

接下来介绍相似矩阵的若尔当标准形.

定义 2.5

形式为

$$\boldsymbol{J}(\lambda_0,k)=\begin{pmatrix} \lambda_0 & 1 & 0 & \cdots & 0 & 0 & 0 \\ 0 & \lambda_0 & 1 & \cdots & 0 & 0 & 0 \\ \vdots & \vdots & \vdots & & \vdots & \vdots & \vdots \\ 0 & 0 & 0 & \cdots & 0 & \lambda_0 & 1 \\ 0 & 0 & 0 & \cdots & 0 & 0 & \lambda_0 \end{pmatrix}_{k\times k}$$

的矩阵称为一个若尔当块, 其中 λ_0 是复数. 由若干个若尔当块组成的准对角矩阵

$$\boldsymbol{A}=\begin{pmatrix} \boldsymbol{J}(\lambda_1,k_1) & & \\ & \ddots & \\ & & \boldsymbol{J}(\lambda_s,k_s) \end{pmatrix}$$

称为一个若尔当矩阵, 其中 $\lambda_1,\cdots,\lambda_s$ 是复数, 有一些可以相同. 例如

$$\boldsymbol{J}(1,3)=\begin{pmatrix} 1 & 1 & 0 \\ 0 & 1 & 1 \\ 0 & 0 & 1 \end{pmatrix},$$

$$\begin{pmatrix} \boldsymbol{J}(1,3) & \\ & \boldsymbol{J}(4,2) \end{pmatrix}=\begin{pmatrix} 1 & 1 & 0 & 0 & 0 \\ 0 & 1 & 1 & 0 & 0 \\ 0 & 0 & 1 & 0 & 0 \\ 0 & 0 & 0 & 4 & 1 \\ 0 & 0 & 0 & 0 & 4 \end{pmatrix},$$

都是若尔当矩阵.

一阶矩阵就是一个若尔当块. 因此, 对角矩阵是若尔当矩阵的特殊形式.

利用子空间直和分解理论，我们可以证明复数域上任何一个线性变换的最简单表现形式一定是一个若尔当矩阵.

定理 2.4

设 $V_n(\mathbf{C})$ 上线性变换 σ 的特征多项式为 $f(\lambda)$，它可以分解为一次因式的乘积

$$f(\lambda)=(\lambda-\lambda_1)^{r_1}(\lambda-\lambda_2)^{r_2}\cdots(\lambda-\lambda_s)^{r_s},$$

则 $V_n(\mathbf{C})$ 可分解为不变子空间的直和

$$V_n(\mathbf{C})=V_1\oplus V_2\oplus\cdots\oplus V_s,$$

其中 $\lambda_1, \lambda_2, \cdots, \lambda_s$ 是 σ 的全部不同的特征值，$V_i=\{\boldsymbol{\xi}\mid(\sigma-\lambda_i\tau)^{r_i}\boldsymbol{\xi}=\mathbf{0}, \boldsymbol{\xi}\in V_n(\mathbf{C})\}$，称为 σ 的属于特征值 λ_i 的根子空间，记为 V^{λ_i}，τ 表示恒等变换.

证明 令

$$f_i(\lambda)=\frac{f(\lambda)}{(\lambda-\lambda_i)^{r_i}}=(\lambda-\lambda_1)^{r_1}\cdots(\lambda-\lambda_{i-1})^{r_{i-1}}(\lambda-\lambda_{i+1})^{r_{i+1}}\cdots(\lambda-\lambda_s)^{r_s},$$

以及

$$V_i=f_i(\sigma)V_n(\mathbf{C}).$$

V_i 是 $f_i(\sigma)$ 的值域. 易证 V_i 是 σ 的不变子空间. 显然 V_i 满足

$$(\sigma-\lambda_i\tau)^{r_i}V_i=f(\sigma)V_n(\mathbf{C})=\{\mathbf{0}\}.$$

下面来证明

$$V_n(\mathbf{C})=V_1\oplus V_2\oplus\cdots\oplus V_s.$$

先证明 $V_n(\mathbf{C})$ 中每个向量 $\boldsymbol{\alpha}$ 都可表示成

$$\boldsymbol{\alpha}=\boldsymbol{\alpha}_1+\boldsymbol{\alpha}_2+\cdots+\boldsymbol{\alpha}_s,\quad \boldsymbol{\alpha}_i\in V_i,\quad i=1,2,\cdots,s.$$

再证向量的这种表示法是唯一的.

显然 $f_1(\lambda), f_2(\lambda), \cdots, f_s(\lambda)$ 两两互素，因此有多项式 $u_1(\lambda), u_2(\lambda), \cdots, u_s(\lambda)$ 使

$$u_1(\lambda)f_1(\lambda)+u_2(\lambda)f_2(\lambda)+\cdots+u_s(\lambda)f_s(\lambda)=1.$$

于是

$$u_1(\sigma)f_1(\sigma)+u_2(\sigma)f_2(\sigma)+\cdots+u_s(\sigma)f_s(\sigma)=\tau.$$

这样对 $V_n(\mathbf{C})$ 中每个向量 $\boldsymbol{\alpha}$ 都有

$$\boldsymbol{\alpha}=\tau\boldsymbol{\alpha}=u_1(\sigma)f_1(\sigma)\boldsymbol{\alpha}+u_2(\sigma)f_2(\sigma)\boldsymbol{\alpha}+\cdots+u_s(\sigma)f_s(\sigma)\boldsymbol{\alpha},$$

其中

$$u_i(\sigma)f_i(\sigma)\boldsymbol{\alpha}=f_i(\sigma)u_i(\sigma)\boldsymbol{\alpha}\in f_i(\sigma)V_n(\mathbf{C})=V_i,\quad i=1,2,\cdots,s.$$

为证明唯一性，设有

$$\boldsymbol{\beta}_1+\boldsymbol{\beta}_2+\cdots+\boldsymbol{\beta}_s=\mathbf{0}, \tag{2.3}$$

其中 $\boldsymbol{\beta}_i$ 满足

$$(\sigma-\lambda_i\tau)^{r_i}\boldsymbol{\beta}_i=\mathbf{0},\quad i=1,2,\cdots,s. \tag{2.4}$$

现在证明 $\boldsymbol{\beta}_i=\mathbf{0}, i=1,2,\cdots,s$. 因为

$$(\lambda-\lambda_j)^{r_j}\mid f_i(\lambda),\quad j\neq i,$$

所以

$$f_i(\sigma)\boldsymbol{\beta}_j = \mathbf{0}, \quad j \neq i .$$

用 $f_i(\sigma)$ 作用于(2.3)式两边，即得

$$f_i(\sigma)\boldsymbol{\beta}_i = \mathbf{0}.$$

又因为 $f_i(\lambda)$ 与 $(\lambda-\lambda_i)^{r_i}$ 互素，所以有多项式 $u(\lambda)$，$v(\lambda)$ 使

$$u(\lambda)f_i(\lambda) + v(\lambda)(\lambda-\lambda_i)^{r_i} = 1,$$

于是

$$\boldsymbol{\beta}_i = u(\sigma)f_i(\sigma)\boldsymbol{\beta}_i + v(\sigma)(\sigma-\lambda_i\tau)^{r_i}\boldsymbol{\beta}_i = \mathbf{0}.$$

现在设 $\boldsymbol{\alpha}_1+\boldsymbol{\alpha}_2+\cdots+\boldsymbol{\alpha}_s=\mathbf{0}$，其中 $\boldsymbol{\alpha}_i \in V_i$，$i=1,2,\cdots,s$．当然 $\boldsymbol{\alpha}_i$ 满足

$$(\sigma-\lambda_i\tau)^{r_i}\ \boldsymbol{\alpha}_i = \mathbf{0}, \quad i=1,2,\cdots,s .$$

所以 $\boldsymbol{\alpha}_i=\mathbf{0}$，$i=1,2,\cdots,s$．由此可得表示法唯一.

再设有一向量 $\boldsymbol{\alpha}$ 属于 $(\sigma-\lambda_i\tau)^{r_i}$ 的核空间，把 $\boldsymbol{\alpha}$ 表示成

$$\boldsymbol{\alpha} = \boldsymbol{\alpha}_1+\boldsymbol{\alpha}_2+\cdots+\boldsymbol{\alpha}_s, \quad \boldsymbol{\alpha}_i \in V_i, \quad i=1,2,\cdots,s,$$

即

$$\boldsymbol{\alpha}_1+\boldsymbol{\alpha}_2+\cdots+(\boldsymbol{\alpha}_i-\boldsymbol{\alpha})+\cdots+\boldsymbol{\alpha}_s=\mathbf{0},$$

令 $\boldsymbol{\beta}_j=\boldsymbol{\alpha}_j$，$j\neq i$，$\boldsymbol{\beta}_i=\boldsymbol{\alpha}_i-\boldsymbol{\alpha}$，则 $\boldsymbol{\beta}_1,\boldsymbol{\beta}_2,\cdots,\boldsymbol{\beta}_s$ 是满足(2.3)和(2.4)式的向量，所以

$$\boldsymbol{\beta}_1=\boldsymbol{\beta}_2=\cdots=\boldsymbol{\beta}_s=\mathbf{0},$$

于是 $\boldsymbol{\alpha}=\boldsymbol{\alpha}_i\in V_i$，这就证明了 V_i 是 $(\sigma-\lambda_i\tau)^{r_i}$ 的核空间，即

$$V_i = \{\boldsymbol{\xi} \mid (\sigma-\lambda_i\tau)^{r_i}\boldsymbol{\xi}=\mathbf{0}, \boldsymbol{\xi}\in V_n(\mathbf{C})\}.$$

例 2.2　复数域上向量空间 $\mathbf{C}^3$ 上的线性变换 σ 在某个基下的矩阵

$$\boldsymbol{A}=\begin{pmatrix}-3 & 3 & -2\\ -7 & 6 & -3\\ 1 & -1 & 2\end{pmatrix},$$

将 $\mathbf{C}^3$ 分解为根子空间的直和.

解　σ 的特征多项式 $f(\lambda)=(\lambda-1)(\lambda-2)^2$，特征值 $\lambda_1=1$ 的根子空间

$$\begin{aligned}V_1 &= \{\boldsymbol{\xi} \mid (\sigma-\tau)\boldsymbol{\xi}=\mathbf{0},\ \boldsymbol{\xi}\in\mathbf{C}^3\}\\ &= \{\boldsymbol{x} \mid (\boldsymbol{A}-\boldsymbol{E})\boldsymbol{x}=\mathbf{0},\ \boldsymbol{x}\in\mathbf{C}^3\}\\ &= \{k\boldsymbol{\alpha} \mid \boldsymbol{\alpha}=(1,\ 2,\ 1)^{\mathrm{T}},\ k\in\mathbf{C}\},\end{aligned}$$

此时 $\boldsymbol{\alpha}$ 正是 σ 的属于 $\lambda_1=1$ 的特征向量.

特征值 $\lambda_2=2$ 的根子空间

$$\begin{aligned}V_2 &= \{\boldsymbol{\xi} \mid (\sigma-2\tau)^2\boldsymbol{\xi}=\mathbf{0},\ \boldsymbol{\xi}\in\mathbf{C}^3\}\\ &= \{\boldsymbol{x} \mid (\boldsymbol{A}-2\boldsymbol{E})^2\boldsymbol{x}=\mathbf{0},\ \boldsymbol{x}\in\mathbf{C}^3\}\\ &= \{k_1\boldsymbol{\alpha}_1+k_2\boldsymbol{\alpha}_2 \mid \boldsymbol{\alpha}_1=(-1,-2,0)^{\mathrm{T}},\ \boldsymbol{\alpha}_2=(-1,-1,1)^{\mathrm{T}},\ k_1,k_2\in\mathbf{C}\},\end{aligned}$$

此时 $\boldsymbol{\alpha}_2=(\boldsymbol{A}-2\boldsymbol{E})\boldsymbol{\alpha}_1$ 正是 σ 的属于 $\lambda_2=1$ 的特征向量，我们把 $\boldsymbol{\alpha}_1$ 称为 σ 的属于 $\lambda_2=2$ 的广义特征向量.

可以验证 $\mathbf{C}^3=V_1\oplus V_2$．同时还可以验证 σ 在基 $\{\boldsymbol{\alpha},\ \boldsymbol{\alpha}_2,\ \boldsymbol{\alpha}_1\}$ 下的矩阵

$$B = \begin{pmatrix} 1 & 0 & 0 \\ 0 & 2 & 1 \\ 0 & 0 & 2 \end{pmatrix}$$

是一个若尔当矩阵.

引理 2.3

$V_n(\mathbf{C})$ 上的线性变换 σ 满足 $\sigma^k = \vartheta$, k 为某正整数, ϑ 是零变换, 称 σ 为 $V_n(\mathbf{C})$ 上的幂零线性变换. 对幂零线性变换 σ, $V_n(\mathbf{C})$ 中必有下列形式的一组元素作为一个基:

$$\begin{matrix} \boldsymbol{\alpha}_1 & \boldsymbol{\alpha}_2 & \cdots & \boldsymbol{\alpha}_s \\ \sigma(\boldsymbol{\alpha}_1) & \sigma(\boldsymbol{\alpha}_2) & \cdots & \sigma(\boldsymbol{\alpha}_s) \\ \vdots & \vdots & & \vdots \\ \sigma^{k_1-1}(\boldsymbol{\alpha}_1) & \sigma^{k_2-1}(\boldsymbol{\alpha}_2) & \cdots & \sigma^{k_s-1}(\boldsymbol{\alpha}_s) \\ (\sigma^{k_1}(\boldsymbol{\alpha}_1)=\mathbf{0}) & (\sigma^{k_2}(\boldsymbol{\alpha}_2)=\mathbf{0}) & \cdots & (\sigma^{k_s}(\boldsymbol{\alpha}_s)=\mathbf{0}) \end{matrix} \tag{2.5}$$

$\boldsymbol{\sigma}$ 在这个基下的矩阵为

$$\begin{pmatrix} \underbrace{\begin{matrix} 0 & 1 & \\ & \ddots & 1 \\ & & 0 \end{matrix}}_{k_1} & & \\ & \ddots & \\ & & \underbrace{\begin{matrix} 0 & 1 & \\ & \ddots & 1 \\ & & 0 \end{matrix}}_{k_s} \end{pmatrix}. \tag{2.6}$$

证明　我们对 $V_n(\mathbf{C})$ 的维数 n 用数学归纳法. $n=1$, 这时 $V_n(\mathbf{C})$ 有基 $\boldsymbol{\alpha}_1$, 且 $\sigma(\boldsymbol{\alpha}_1) = \lambda_1\boldsymbol{\alpha}_1$. 由 $\sigma^k(\boldsymbol{\alpha}_1) = \lambda_1^k\boldsymbol{\alpha}_1 = \mathbf{0}$, 得 $\lambda_1 = 0$. 于是 $\boldsymbol{\alpha}_1$ 是要求的基.

设线性空间维数小于 n 时, 引理的结论成立. 对满足引理条件的 $V_n(\mathbf{C})$, 考察 σ 的不变子空间 $\sigma(V_n(\mathbf{C}))$. 假若 $\sigma(V_n(\mathbf{C}))$ 的维数仍旧是 n, 则 $\sigma(V_n(\mathbf{C})) = V_n(\mathbf{C})$. 于是 $\sigma^k V_n(\mathbf{C}) = \sigma^{k-1}(\sigma V_n(\mathbf{C})) = \cdots = \sigma(V_n(\mathbf{C})) = V_n(\mathbf{C})$, 但 $\sigma^k V_n(\mathbf{C}) = \{\mathbf{0}\}$, 得 $V_n(\mathbf{C}) = \{\mathbf{0}\}$, 矛盾. 故 $\sigma(V_n(\mathbf{C}))$ 的维数小于 n. 将 σ 看成 $\sigma(V_n(\mathbf{C}))$ 上的线性变换, 仍有 $\sigma^k = \vartheta$. 由归纳假设, $\sigma(V_n(\mathbf{C}))$ 上有基

$$\begin{matrix} \boldsymbol{\varepsilon}_1 & \boldsymbol{\varepsilon}_2 & \cdots & \boldsymbol{\varepsilon}_t \\ \sigma(\boldsymbol{\varepsilon}_1) & \sigma(\boldsymbol{\varepsilon}_2) & \cdots & \sigma(\boldsymbol{\varepsilon}_t) \\ \vdots & \vdots & & \vdots \\ \sigma^{k_1-1}(\boldsymbol{\varepsilon}_1) & \sigma^{k_2-1}(\boldsymbol{\varepsilon}_2) & \cdots & \sigma^{k_t-1}(\boldsymbol{\varepsilon}_t) \\ (\sigma^{k_1}(\boldsymbol{\varepsilon}_1)=\mathbf{0}) & (\sigma^{k_2}(\boldsymbol{\varepsilon}_2)=\mathbf{0}) & \cdots & (\sigma^{k_t}(\boldsymbol{\varepsilon}_t)=\mathbf{0}) \end{matrix} \tag{2.7}$$

其中 $k_1, k_2, \cdots, k_t$ 皆为正整数. 由于 $\boldsymbol{\varepsilon}_1, \boldsymbol{\varepsilon}_2, \cdots, \boldsymbol{\varepsilon}_t$ 皆属于 $\sigma(V_n(\mathbf{C}))$, 存在 $\boldsymbol{\alpha}_1, \boldsymbol{\alpha}_2, \cdots, \boldsymbol{\alpha}_t \in V_n(\mathbf{C})$, 使 $\sigma(\boldsymbol{\alpha}_1) = \boldsymbol{\varepsilon}_1, \cdots, \sigma(\boldsymbol{\alpha}_t) = \boldsymbol{\varepsilon}_t$. 于是

$$\begin{matrix} \sigma^{k_1-1}(\boldsymbol{\alpha}_1), \cdots, \sigma(\boldsymbol{\alpha}_1), \boldsymbol{\alpha}_1; \\ \sigma^{k_2-1}(\boldsymbol{\alpha}_2), \cdots, \sigma(\boldsymbol{\alpha}_2), \boldsymbol{\alpha}_2; \\ \cdots\cdots \end{matrix} \tag{2.8}$$

$$\sigma^{k_t-1}(\boldsymbol{\alpha}_t),\ \cdots,\ \sigma(\boldsymbol{\alpha}_t),\ \boldsymbol{\alpha}_t$$

是 $\sigma(V_n(\mathbf{C}))$ 的一个基的原像，而

$$\sigma^{k_1}(\boldsymbol{\alpha}_1),\ \sigma^{k_2}(\boldsymbol{\alpha}_2),\ \cdots,\ \sigma^{k_t}(\boldsymbol{\alpha}_t) \tag{2.9}$$

是 $\sigma(V_n(\mathbf{C}))$ 中一个基的部分向量，故它们线性无关且属于 σ 的核空间，将(2.9)扩充为 σ 的核空间的一个基

$$\sigma^{k_1}(\boldsymbol{\alpha}_1),\ \sigma^{k_2}(\boldsymbol{\alpha}_2),\ \cdots,\ \sigma^{k_t}(\boldsymbol{\alpha}_t),\ \boldsymbol{\alpha}_{t+1},\cdots,\ \boldsymbol{\alpha}_s, \tag{2.10}$$

其中 $\sigma(\boldsymbol{\alpha}_{t+1})=\cdots=\sigma(\boldsymbol{\alpha}_s)=\mathbf{0}$. 则(2.8)和(2.10)合起来

$$\sigma^{k_1}(\boldsymbol{\alpha}_1),\ \sigma^{k_1-1}(\boldsymbol{\alpha}_1),\ \cdots,\ \sigma(\boldsymbol{\alpha}_1),\ \boldsymbol{\alpha}_1;$$
$$\sigma^{k_2}(\boldsymbol{\alpha}_2),\ \sigma^{k_2-1}(\boldsymbol{\alpha}_2),\ \cdots,\ \sigma(\boldsymbol{\alpha}_2),\ \boldsymbol{\alpha}_2;$$
$$\cdots\cdots$$
$$\sigma^{k_t}(\boldsymbol{\alpha}_t),\ \sigma^{k_t-1}(\boldsymbol{\alpha}_t),\ \cdots,\ \sigma(\boldsymbol{\alpha}_t),\ \boldsymbol{\alpha}_t,\ \boldsymbol{\alpha}_{t+1},\cdots,\ \boldsymbol{\alpha}_s$$

就是 $V_n(\mathbf{C})$ 的一个基. 定理得证.

例 2.3　$P_4[x]$ 上的微分变换 d 在基 $\{1,\ x,\ x^2,\ x^3\}$ 下的矩阵是

$$\boldsymbol{A}=\begin{pmatrix}0&1&0&0\\0&0&2&0\\0&0&0&3\\0&0&0&0\end{pmatrix},$$

求 $P_4[x]$ 的一个基，使得 d 在这个基下的矩阵是若尔当矩阵.

解　d 在基 $\{1,\ x,\ x^2,\ x^3\}$ 下的特征多项式 $f(\lambda)=\lambda^4$，显然有 $\mathrm{d}^4=\vartheta$.

因为 $\mathrm{d}P_4[x]=P_3[x]$ 是一个三维空间，取

$$\boldsymbol{\varepsilon}_1=(x+1)^2\in \mathrm{d}P_4[x],$$

计算得到

$$\mathrm{d}\boldsymbol{\varepsilon}_1=2(x+1),\quad \mathrm{d}^2\boldsymbol{\varepsilon}_1=2,\quad \mathrm{d}^3\boldsymbol{\varepsilon}_1=\mathbf{0},$$

从而 $\boldsymbol{\varepsilon}_1$, $\mathrm{d}\boldsymbol{\varepsilon}_1$, $\mathrm{d}^2\boldsymbol{\varepsilon}_1$ 是 $\mathrm{d}P_4[x]$ 的一个基. $\boldsymbol{\varepsilon}_1$, $\mathrm{d}\boldsymbol{\varepsilon}_1$, $\mathrm{d}^2\boldsymbol{\varepsilon}_1$ 的原像分别是

$$\boldsymbol{\alpha}_1=\frac{1}{3}(x+1)^3,$$
$$\mathrm{d}\boldsymbol{\alpha}_1=(x+1)^2=\boldsymbol{\varepsilon}_1,$$
$$\mathrm{d}^2\boldsymbol{\alpha}_1=2(x+1)=\mathrm{d}\boldsymbol{\varepsilon}_1.$$

而 $\mathrm{d}^3\boldsymbol{\alpha}_1=2=\mathrm{d}^2\boldsymbol{\varepsilon}_1\neq\mathbf{0}$ 属于 d 的核空间，又因为 d 的核空间是一维空间，无须扩充，所以 $\{\mathrm{d}^3\boldsymbol{\alpha}_1,\ \mathrm{d}^2\boldsymbol{\alpha}_1,\ \mathrm{d}\boldsymbol{\alpha}_1,\ \boldsymbol{\alpha}_1\}$ 构成 $P_4[x]$ 的一个基，可以验证

$$\begin{aligned}&\mathrm{d}\left(2,2(x+1),(x+1)^2,\frac{1}{3}(x+1)^3\right)\\&=(0,\ 2,\ 2(x+1),\ (x+1)^2)\\&=\left(2,2(x+1),(x+1)^2,\frac{1}{3}(x+1)^3\right)\begin{pmatrix}0&1&0&0\\0&0&1&0\\0&0&0&1\\0&0&0&0\end{pmatrix}.\end{aligned}$$

利用定理 2.4 和引理 2.3 的结论，我们可以得到关于若尔当矩阵的主要结果:

定理 2.5

设σ是$V_n(\mathbf{C})$的一个线性变换，则$V_n(\mathbf{C})$中一定存在一个基，σ在这个基下的矩阵是若尔当矩阵，称为σ的若尔当标准形.

证明　设σ的特征多项式是

$$f(\lambda) = (\lambda-\lambda_1)^{r_1}(\lambda-\lambda_2)^{r_2}\cdots(\lambda-\lambda_s)^{r_s},$$

$\lambda_1, \lambda_2, \cdots, \lambda_s$是$f(\lambda)$的全部不同的根. 由定理 2.4 知$V_n(\mathbf{C})$可分解为不变子空间的直和

$$V_n(\mathbf{C}) = V_1 \oplus V_2 \oplus \cdots \oplus V_s,$$

其中，$V_i = \{\boldsymbol{\xi} \mid (\sigma-\lambda_i\tau)^{r_i}\boldsymbol{\xi} = \mathbf{0},\ \boldsymbol{\xi} \in V_n(\mathbf{C})\}$, $i = 1, 2, \cdots, s$.

在V_i上有$(\sigma-\lambda_i\tau)^{r_i} = \vartheta$，令$\psi = (\sigma-\lambda_i\tau)|_{V_i}$是$\sigma-\lambda_i\tau$在$V_i$上的限制，则$\psi^{r_i} = \vartheta$，即$\psi$是$V_i$上的幂零变换，由引理 2.3 知，有$V_i$的基使$\psi$的矩阵为形如(2.6)式的若尔当形. 于是$\sigma|_{V_i} = \psi + \lambda_i\tau$在该基下的矩阵为(2.6)中矩阵与$\lambda_i\boldsymbol{E}$的和

$$\begin{pmatrix} \underbrace{\begin{matrix}\lambda_i & 1 & \\ & \ddots & 1 \\ & & \lambda_i\end{matrix}}_{k_1} & & \\ & \ddots & \\ & & \underbrace{\begin{matrix}\lambda_i & 1 & \\ & \ddots & 1 \\ & & \lambda_i\end{matrix}}_{k_s} \end{pmatrix}$$

也是若尔当矩阵. 把每个V_i的基合起来就是$V_n(\mathbf{C})$的基，σ在该基下的矩阵仍为若尔当矩阵.

上面的结论用矩阵语言表达，就是

定理 2.6

每个n阶复矩阵$\boldsymbol{A}$一定与一个若尔当矩阵相似. 这个若尔当矩阵除去其中若尔当块的排列顺序外由$\boldsymbol{A}$唯一决定，称为$\boldsymbol{A}$的若尔当标准形.

证明　证明见参考文献[5].

代数基本定理告诉我们，每个次数$n \geqslant 1$的复系数多项式必有n个复数根，为了能够将线性变换或者矩阵特征多项式分解为一次因式方幂的乘积，若尔当标准形是在复数域$\mathbf{C}$中讨论的.

3.3　若尔当标准形的计算

求一个线性变换的若尔当标准形的关键任务是寻找一个合适的基，使得线性变换在这个基下的矩阵是若尔当形矩阵. 进一步，用这个基的坐标向量作为列向量做成的矩阵就是对应矩阵之间的相似变换矩阵. 从若尔当标准形存在定理的证明可知，线性变换的每个特征值对应一个

根子空间, 根子空间的维数等于其代数重数, 根子空间里存在着若干个以特征向量为首的“若尔当链”, 每个链刚好对应着一个若尔当块, 这些若尔当块正好组成一个与该特征值对应的若尔当矩阵. 本节介绍若尔当标准形的计算步骤.

步骤 1 设 $V_n(\mathbf{C})$ 的线性变换 σ 在一个基 $\{\boldsymbol{\varepsilon}_1, \boldsymbol{\varepsilon}_2, \cdots, \boldsymbol{\varepsilon}_n\}$ 下的矩阵为 $\boldsymbol{B}$, 即有

$$\sigma(\boldsymbol{\varepsilon}_1,\boldsymbol{\varepsilon}_2,\cdots,\boldsymbol{\varepsilon}_n) = (\boldsymbol{\varepsilon}_1,\boldsymbol{\varepsilon}_2,\cdots,\boldsymbol{\varepsilon}_n)\boldsymbol{B}.$$

步骤 2 令 $\boldsymbol{A} = \boldsymbol{B}^{\mathrm{T}}$, 对 λ-矩阵 $\lambda\boldsymbol{E}-\boldsymbol{A}$ 作初等变换, 化为等价标准形. 设有 λ-矩阵 $\boldsymbol{P}(\lambda)$ 和 $\boldsymbol{Q}(\lambda)$, 使

$$\boldsymbol{P}(\lambda)(\lambda\boldsymbol{E}-\boldsymbol{A})\boldsymbol{Q}(\lambda) = \begin{pmatrix} d_1(\lambda) & & \\ & \ddots & \\ & & d_n(\lambda) \end{pmatrix},$$

其中, $d_i(\lambda)$ 是首项系数为 1 的多项式, 且 $d_i(\lambda) \mid d_{i+1}(\lambda)$, $i = 1, 2, \cdots, n-1$.

假设 λ-矩阵 $\boldsymbol{Q}^{-1}(\lambda) = (q_{ij}(\lambda))_{n\times n}$, 将文字 λ 替换为线性变换 σ, 则 $q_{ij}(\sigma)$ 是线性变换多项式, 仍然是线性变换, 令

$$\boldsymbol{\eta}_i = q_{i1}(\sigma)\boldsymbol{\varepsilon}_1 + q_{i2}(\sigma)\boldsymbol{\varepsilon}_2 + \cdots + q_{in}(\sigma)\boldsymbol{\varepsilon}_n, \quad i = 1, 2, \cdots, n.$$

同样地, 将 $\lambda\boldsymbol{E}-\boldsymbol{A}$ 等价标准形中的文字 λ 替换为线性变换 σ, 则 $d_i(\sigma)$ 是线性变换多项式, 仍然是线性变换, 令

$$d_i(\sigma)\boldsymbol{\eta}_i = \mathbf{0}, \quad i = 1, 2, \cdots, n.$$

步骤 3 设 $\boldsymbol{A}$ 的全部不同的特征值为 $\lambda_1, \lambda_2, \cdots, \lambda_s$, $s \leqslant n$.

对 $\boldsymbol{A}$ 的特征值 λ_k, $k = 1, 2, \cdots, s$, 按照下列方法计算其根子空间的一个基.

对于 $d_i(\sigma)\boldsymbol{\eta}_i = \mathbf{0}$, $i = 1, 2, \cdots, n$, 如果 $d_i(\lambda)$ 含有因式 $(\lambda-\lambda_k)^{t_{ik}}$, 令

$$d_{ik}(\lambda) = \frac{d_i(\lambda)}{(\lambda-\lambda_k)^{t_{ik}}},$$

再令

$$\boldsymbol{\alpha}_k = d_{ik}(\sigma)\boldsymbol{\eta}_i,$$

则 $(\sigma-\lambda_k\tau)^{t_{ik}-1}(\boldsymbol{\alpha}_k)$, $(\sigma-\lambda_k\tau)^{t_{ik}-2}(\boldsymbol{\alpha}_k)$, $\cdots$, $(\sigma-\lambda_k\tau)(\boldsymbol{\alpha}_k)$, $\boldsymbol{\alpha}_k$ 就是 λ_k 的一条长度为 t_{ik} 的若尔当链.

将上述 λ_k 的全部若尔当链合在一起就得到了 λ_k 对应的根子空间的一个基.

我们用下面的例子来进行实际的计算.

例 3.1 对矩阵

$$\boldsymbol{B} = \begin{pmatrix} 0 & -1 & 2 \\ 3 & 8 & -14 \\ 3 & 6 & -10 \end{pmatrix},$$

求可逆矩阵 $\boldsymbol{P}$, 使 $\boldsymbol{P}^{-1}\boldsymbol{B}\boldsymbol{P}$ 为若尔当标准形.

解 假设 $\boldsymbol{B}$ 是线性变换 σ 在 $\mathbf{C}^3$ 的某个基 $\{\boldsymbol{\varepsilon}_1, \boldsymbol{\varepsilon}_2, \boldsymbol{\varepsilon}_3\}$ 下的矩阵, 即

$$\sigma(\boldsymbol{\varepsilon}_1, \boldsymbol{\varepsilon}_2, \boldsymbol{\varepsilon}_3) = (\boldsymbol{\varepsilon}_1, \boldsymbol{\varepsilon}_2, \boldsymbol{\varepsilon}_3)\,\boldsymbol{B}. \quad 令 \boldsymbol{A} = \boldsymbol{B}^{\mathrm{T}}.$$

再将 $\lambda\boldsymbol{E}-\boldsymbol{A}$ 化为对角形. 可作多次初等变换来实现, 为得到最后的 $\boldsymbol{Q}(\lambda)$, 我们记录下每次所作的初等列变换:

$$\lambda\boldsymbol{E}-\boldsymbol{A}=\begin{pmatrix}\lambda & -3 & -3\\ 1 & \lambda-8 & -6\\ -2 & 14 & \lambda+10\end{pmatrix}$$

$$\xrightarrow{\text{行变换}}\begin{pmatrix}1 & \lambda-8 & -6\\ \lambda & -3 & -3\\ -2 & 14 & \lambda+10\end{pmatrix}$$

$$\xrightarrow{\text{行变换}}\begin{pmatrix}1 & \lambda-8 & -6\\ 0 & -\lambda^2+8\lambda-3 & 6\lambda-3\\ 0 & 2\lambda-2 & \lambda-2\end{pmatrix}$$

$$\xrightarrow{\text{右乘}\begin{pmatrix}1 & -(\lambda-8) & 6\\ 0 & 1 & 0\\ 0 & 0 & 1\end{pmatrix}}\begin{pmatrix}1 & 0 & 0\\ 0 & -\lambda^2+8\lambda-3 & 6\lambda-3\\ 0 & 2\lambda-2 & \lambda-2\end{pmatrix}$$

$$\xrightarrow{\text{右乘}\begin{pmatrix}1 & 0 & 0\\ 0 & 1 & 0\\ 0 & -1 & 1\end{pmatrix}}\begin{pmatrix}1 & 0 & 0\\ 0 & -\lambda(\lambda-2) & 6\lambda-3\\ 0 & \lambda & \lambda-2\end{pmatrix}$$

$$\xrightarrow{\text{行变换}}\begin{pmatrix}1 & 0 & 0\\ 0 & \lambda & \lambda-2\\ 0 & 0 & \lambda^2+2\lambda+1\end{pmatrix}$$

$$\xrightarrow{\text{行变换}}\begin{pmatrix}1 & 0 & 0\\ 0 & \frac{1}{2}\lambda & \frac{1}{2}\lambda-1\\ 0 & 0 & (\lambda+1)^2\end{pmatrix}$$

$$\xrightarrow{\text{右乘}\begin{pmatrix}1 & 0 & 0\\ 0 & 1 & 0\\ 0 & -1 & 1\end{pmatrix}}\begin{pmatrix}1 & 0 & 0\\ 0 & 1 & \frac{1}{2}\lambda-1\\ 0 & -(\lambda+1)^2 & (\lambda+1)^2\end{pmatrix}$$

$$\xrightarrow{\text{右乘}\begin{pmatrix}1 & 0 & 0\\ 0 & 1 & -\left(\frac{1}{2}\lambda-1\right)\\ 0 & 0 & 1\end{pmatrix}}\begin{pmatrix}1 & 0 & 0\\ 0 & 1 & 0\\ 0 & -(\lambda+1)^2 & \frac{1}{2}(\lambda+1)^2\lambda\end{pmatrix}$$

$$\xrightarrow{\text{行变换}}\begin{pmatrix}1 & 0 & 0\\ 0 & 1 & 0\\ 0 & 0 & \lambda(\lambda+1)^2\end{pmatrix}.$$

计算可得

$$Q(\lambda)=\begin{pmatrix}1 & -(\lambda-8) & 6\\0 & 1 & 0\\0 & 0 & 1\end{pmatrix}\begin{pmatrix}1 & 0 & 0\\0 & 1 & 0\\0 & -1 & 1\end{pmatrix}^2\begin{pmatrix}1 & 0 & 0\\0 & 1 & -\left(\dfrac{1}{2}\lambda-1\right)\\0 & 0 & 1\end{pmatrix},$$

$$Q^{-1}(\lambda)=\begin{pmatrix}1 & \lambda-8 & -6\\0 & \lambda-1 & \dfrac{1}{2}\lambda-1\\0 & 2 & 1\end{pmatrix}.$$

$$\begin{aligned}\boldsymbol{\eta}_1 &= \tau\boldsymbol{\varepsilon}_1+(\sigma-8\tau)\boldsymbol{\varepsilon}_2-6\tau\boldsymbol{\varepsilon}_3=\boldsymbol{\varepsilon}_1+\sigma\boldsymbol{\varepsilon}_2-8\boldsymbol{\varepsilon}_2-6\boldsymbol{\varepsilon}_3\\&=\boldsymbol{\varepsilon}_1+(-\boldsymbol{\varepsilon}_1+8\boldsymbol{\varepsilon}_2+6\boldsymbol{\varepsilon}_3)-8\boldsymbol{\varepsilon}_2-6\boldsymbol{\varepsilon}_3=\mathbf{0},\\\boldsymbol{\eta}_2 &= \vartheta\boldsymbol{\varepsilon}_1+(\sigma-\tau)\boldsymbol{\varepsilon}_2+\left(\frac{1}{2}\sigma-\tau\right)\boldsymbol{\varepsilon}_3=\sigma\boldsymbol{\varepsilon}_2-\boldsymbol{\varepsilon}_2+\frac{1}{2}\sigma\boldsymbol{\varepsilon}_3-\boldsymbol{\varepsilon}_3\\&=(-\boldsymbol{\varepsilon}_1+8\boldsymbol{\varepsilon}_2+6\boldsymbol{\varepsilon}_3)-\boldsymbol{\varepsilon}_2+\frac{1}{2}(2\boldsymbol{\varepsilon}_1-14\boldsymbol{\varepsilon}_2-10\boldsymbol{\varepsilon}_3)-\boldsymbol{\varepsilon}_3=\mathbf{0},\\\boldsymbol{\eta}_3 &= \vartheta\boldsymbol{\varepsilon}_1+2\tau\boldsymbol{\varepsilon}_2+\tau\boldsymbol{\varepsilon}_3=2\boldsymbol{\varepsilon}_2+\boldsymbol{\varepsilon}_3.\end{aligned}$$

同样地，由 $d_1(\sigma)\boldsymbol{\eta}_1=\mathbf{0}$，$d_2(\sigma)\boldsymbol{\eta}_2=\mathbf{0}$，$d_3(\sigma)\boldsymbol{\eta}_3=\mathbf{0}$ 可得

$$\tau\boldsymbol{\eta}_1=\mathbf{0},\quad \tau\boldsymbol{\eta}_2=\mathbf{0},\quad \sigma(\sigma+\tau)^2\boldsymbol{\eta}_3=\mathbf{0}.$$

$\boldsymbol{A}$ 的全部不同的特征值为 $\lambda_1=0$，$\lambda_2=-1$.

当 $\boldsymbol{A}$ 的特征值 $\lambda_1=0$ 时，对于 $d_3(\sigma)\boldsymbol{\eta}_3=\mathbf{0}$，$d_3(\lambda)$ 含有因式 λ，$t_{31}=1$，于是

$$d_{31}(\lambda)=\frac{d_3(\lambda)}{(\lambda-\lambda_1)^{t_{31}}}=\frac{\lambda(\lambda+1)^2}{\lambda}=(\lambda+1)^2,$$

再令

$$\boldsymbol{\alpha}_1=d_{31}(\sigma)\boldsymbol{\eta}_3=(\sigma+\tau)^2(2\boldsymbol{\varepsilon}_2+\boldsymbol{\varepsilon}_3)=(\sigma^2+2\sigma+\tau)(2\boldsymbol{\varepsilon}_2+\boldsymbol{\varepsilon}_3)=2\boldsymbol{\varepsilon}_1-6\boldsymbol{\varepsilon}_2-3\boldsymbol{\varepsilon}_3,$$

得到特征值 $\lambda_1=0$ 对应的一条长度为 1 的若尔当链(仅含一个特征向量)：$\boldsymbol{\alpha}_1$.

当 $\boldsymbol{A}$ 的特征值 $\lambda_2=-1$ 时，对于 $d_3(\sigma)\boldsymbol{\eta}_3=\mathbf{0}$，$d_3(\lambda)$ 含有因式 $(\lambda+1)^2$，$t_{32}=2$，于是

$$d_{32}(\lambda)=\frac{d_3(\lambda)}{(\lambda-\lambda_2)^{t_{32}}}=\frac{\lambda(\lambda+1)^2}{(\lambda+1)^2}=\lambda,$$

再令

$$\boldsymbol{\alpha}_2=d_{32}(\sigma)\boldsymbol{\eta}_3=\sigma(2\boldsymbol{\varepsilon}_2+\boldsymbol{\varepsilon}_3)=2\boldsymbol{\varepsilon}_2+2\boldsymbol{\varepsilon}_3,$$

$$\boldsymbol{\alpha}_3=(\sigma+\tau)\boldsymbol{\alpha}_2=(\sigma+\tau)(2\boldsymbol{\varepsilon}_2+2\boldsymbol{\varepsilon}_3)=2\boldsymbol{\varepsilon}_1-10\boldsymbol{\varepsilon}_2-6\boldsymbol{\varepsilon}_3.$$

得到特征值 $\lambda_2=-1$ 对应的一条长度为 2 的若尔当链(含一个特征向量和一个广义特征向量)：$\boldsymbol{\alpha}_3$，$\boldsymbol{\alpha}_2$. 令

$$\boldsymbol{P}=(\boldsymbol{\alpha}_1,\boldsymbol{\alpha}_2,\boldsymbol{\alpha}_3)=\begin{pmatrix}2 & 2 & 0\\-6 & -10 & 2\\-3 & -6 & 2\end{pmatrix},$$

则

$$J = P^{-1}BP = \begin{pmatrix} 0 & 0 & 0 \\ 0 & -1 & 1 \\ 0 & 0 & -1 \end{pmatrix}.$$

基变换公式为

$$(\boldsymbol{\alpha}_1, \boldsymbol{\alpha}_2, \boldsymbol{\alpha}_3) = (\boldsymbol{\varepsilon}_1, \boldsymbol{\varepsilon}_2, \boldsymbol{\varepsilon}_3)\boldsymbol{P}.$$

例 3.2 对矩阵

$$\boldsymbol{B} = \begin{pmatrix} -1 & -1 & -1 \\ -2 & 0 & -1 \\ 6 & 3 & 4 \end{pmatrix},$$

求可逆矩阵 $\boldsymbol{P}$，使 $\boldsymbol{P}^{-1}\boldsymbol{B}\boldsymbol{P}$ 为若尔当标准形.

解 假设 $\boldsymbol{B}$ 是线性变换 σ 在 $\mathbf{C}^3$ 的某个基 $\{\boldsymbol{\varepsilon}_1, \boldsymbol{\varepsilon}_2, \boldsymbol{\varepsilon}_3\}$ 下的矩阵，即

$$\sigma(\boldsymbol{\varepsilon}_1, \boldsymbol{\varepsilon}_2, \boldsymbol{\varepsilon}_3) = (\boldsymbol{\varepsilon}_1, \boldsymbol{\varepsilon}_2, \boldsymbol{\varepsilon}_3)\boldsymbol{B}. \quad 令 \boldsymbol{A} = \boldsymbol{B}^{\mathrm{T}}.$$

再将 $\lambda\boldsymbol{E}-\boldsymbol{A}$ 化为对角形. 可作多次初等变换来实现，为得到最后的 $\boldsymbol{Q}(\lambda)$，我们记录下每次所作的初等列变换:

$$\lambda\boldsymbol{E}-\boldsymbol{A} = \begin{pmatrix} \lambda+1 & 2 & -6 \\ 1 & \lambda & -3 \\ 1 & 1 & \lambda-4 \end{pmatrix}$$

$$\xrightarrow{\text{行变换}} \begin{pmatrix} 0 & -\lambda+1 & -\lambda^2+3\lambda-2 \\ 0 & \lambda-1 & -\lambda+1 \\ 1 & 1 & \lambda-4 \end{pmatrix}$$

$$\xrightarrow{\text{行变换}} \begin{pmatrix} 1 & 1 & \lambda-4 \\ 0 & \lambda-1 & -\lambda+1 \\ 0 & -\lambda+1 & -\lambda^2+3\lambda-2 \end{pmatrix}$$

$$\xrightarrow{\text{右乘}\begin{pmatrix} 1 & -1 & 0 \\ 0 & 1 & 0 \\ 0 & 0 & 1 \end{pmatrix}} \begin{pmatrix} 1 & 0 & \lambda-4 \\ 0 & \lambda-1 & -\lambda+1 \\ 0 & -\lambda+1 & -\lambda^2+3\lambda-2 \end{pmatrix}$$

$$\xrightarrow{\text{右乘}\begin{pmatrix} 1 & 0 & -\lambda+4 \\ 0 & 1 & 0 \\ 0 & 0 & 1 \end{pmatrix}} \begin{pmatrix} 1 & 0 & 0 \\ 0 & \lambda-1 & -\lambda+1 \\ 0 & -\lambda+1 & -\lambda^2+3\lambda-2 \end{pmatrix}$$

$$\xrightarrow{\text{行变换}} \begin{pmatrix} 1 & 0 & 0 \\ 0 & \lambda-1 & -\lambda+1 \\ 0 & 0 & \lambda^2-2\lambda+1 \end{pmatrix}$$

$$\xrightarrow{\text{右乘}\begin{pmatrix} 1 & 0 & 0 \\ 0 & 1 & 1 \\ 0 & 0 & 1 \end{pmatrix}} \begin{pmatrix} 1 & 0 & 0 \\ 0 & \lambda-1 & 0 \\ 0 & 0 & (\lambda-1)^2 \end{pmatrix}.$$

$$\boldsymbol{Q}(\lambda)=\begin{pmatrix}1&-1&0\\0&1&0\\0&0&1\end{pmatrix}\begin{pmatrix}1&0&-\lambda+4\\0&1&0\\0&0&1\end{pmatrix}\begin{pmatrix}1&0&0\\0&1&1\\0&0&1\end{pmatrix}=\begin{pmatrix}1&-1&-\lambda+3\\0&1&1\\0&0&1\end{pmatrix},$$

$$\boldsymbol{Q}^{-1}(\lambda)=\begin{pmatrix}1&1&\lambda-4\\0&1&-1\\0&0&1\end{pmatrix}.$$

$$\begin{aligned}\boldsymbol{\eta}_1&=\tau\boldsymbol{\varepsilon}_1+\tau\boldsymbol{\varepsilon}_2+(\sigma-4\tau)\boldsymbol{\varepsilon}_3=\boldsymbol{\varepsilon}_1+\boldsymbol{\varepsilon}_2+\sigma\boldsymbol{\varepsilon}_3-4\boldsymbol{\varepsilon}_3\\&=\boldsymbol{\varepsilon}_1+\boldsymbol{\varepsilon}_2-\boldsymbol{\varepsilon}_1-\boldsymbol{\varepsilon}_2+4\boldsymbol{\varepsilon}_3-4\boldsymbol{\varepsilon}_3=\boldsymbol{0},\\\boldsymbol{\eta}_2&=\vartheta\boldsymbol{\varepsilon}_1+\tau\boldsymbol{\varepsilon}_2-\tau\boldsymbol{\varepsilon}_3=\boldsymbol{\varepsilon}_2-\boldsymbol{\varepsilon}_3,\\\boldsymbol{\eta}_3&=\vartheta\boldsymbol{\varepsilon}_1+\vartheta\boldsymbol{\varepsilon}_2+\tau\boldsymbol{\varepsilon}_3=\boldsymbol{\varepsilon}_3.\end{aligned}$$

同样地，由 $d_1(\sigma)\boldsymbol{\eta}_1=\boldsymbol{0}$，$d_2(\sigma)\boldsymbol{\eta}_2=\boldsymbol{0}$，$d_3(\sigma)\boldsymbol{\eta}_3=\boldsymbol{0}$ 可得

$$\tau\boldsymbol{\eta}_1=\boldsymbol{0},\quad(\sigma-\tau)\boldsymbol{\eta}_2=\boldsymbol{0},\quad(\sigma-\tau)^2\boldsymbol{\eta}_3=\boldsymbol{0}.$$

$\boldsymbol{A}$ 的全部不同的特征值为 $\lambda_1=1$.

当 $\boldsymbol{A}$ 的特征值 $\lambda_1=1$ 时，对于 $d_2(\sigma)\boldsymbol{\eta}_2=\boldsymbol{0}$，$d_2(\lambda)$ 含有因式 $\lambda-1$，$t_{21}=1$，于是

$$d_{21}(\lambda)=\frac{d_2(\lambda)}{(\lambda-\lambda_1)^{t_{21}}}=\frac{\lambda-1}{\lambda-1}=1,$$

再令

$$\boldsymbol{\alpha}_1=d_{21}(\sigma)\boldsymbol{\eta}_2=\tau(\boldsymbol{\varepsilon}_2-\boldsymbol{\varepsilon}_3)=\boldsymbol{\varepsilon}_2-\boldsymbol{\varepsilon}_3,$$

得到特征值 $\lambda_1=1$ 对应的一条长度为 1 的若尔当链(仅含一个特征向量)：$\boldsymbol{\alpha}_1$.

对于 $d_3(\sigma)\boldsymbol{\eta}_3=\boldsymbol{0}$，$d_3(\lambda)$ 含有因式 $(\lambda-1)^2$，$t_{31}=2$，于是

$$d_{31}(\lambda)=\frac{d_3(\lambda)}{(\lambda-\lambda_1)^{t_{31}}}=\frac{(\lambda-1)^2}{(\lambda-1)^2}=1,$$

再令

$$\boldsymbol{\alpha}_2=d_{31}(\sigma)\boldsymbol{\eta}_3=\tau\boldsymbol{\varepsilon}_3=\boldsymbol{\varepsilon}_3,$$

$$\boldsymbol{\alpha}_3=(\sigma-\tau)\boldsymbol{\alpha}_2=(\sigma-\tau)\boldsymbol{\varepsilon}_3=-\boldsymbol{\varepsilon}_1-\boldsymbol{\varepsilon}_2+3\boldsymbol{\varepsilon}_3,$$

得到特征值 $\lambda_1=1$ 对应的第二条长度为 2 的若尔当链(含一个特征向量和一个广义特征向量)：$\boldsymbol{\alpha}_3$，$\boldsymbol{\alpha}_2$. 令

$$\boldsymbol{P}=\begin{pmatrix}0&-1&0\\1&-1&0\\-1&3&1\end{pmatrix},$$

则

$$\boldsymbol{J}=\boldsymbol{P}^{-1}\boldsymbol{B}\boldsymbol{P}=\begin{pmatrix}1&0&0\\0&1&1\\0&0&1\end{pmatrix}.$$

基变换公式为

$$(\boldsymbol{\alpha}_1,\boldsymbol{\alpha}_2,\boldsymbol{\alpha}_3)=(\boldsymbol{\varepsilon}_1,\boldsymbol{\varepsilon}_2,\boldsymbol{\varepsilon}_3)\boldsymbol{P}.$$

3.4 矩阵函数及其计算

矩阵多项式是简单的矩阵函数, 本节介绍矩阵幂级数的基本概念, 利用幂级数工具可以定义一般的矩阵函数, 而矩阵的若尔当标准形使得矩阵函数的计算变得尤为简单. 利用矩阵表示线性微分方程的定解问题, 形式也很简单, 而矩阵函数又使得线性微分方程的求解问题得到简化.

定义 4.1

设 $\boldsymbol{A}\in\mathbf{C}^{n\times n}$, $a_k\in\mathbf{C}$, $k=0,1,2,\cdots$, 称

$$a_0\boldsymbol{E}+a_1\boldsymbol{A}+\cdots+a_k\boldsymbol{A}^k+\cdots$$

为矩阵 $\boldsymbol{A}$ 的幂级数, 记为 $\sum\limits_{k=0}^{\infty}a_k\boldsymbol{A}^k$.

定义 4.2

矩阵幂级数 $\sum\limits_{k=0}^{\infty}a_k\boldsymbol{A}^k$ 的前 $N+1$ 项的和 $S_N(\boldsymbol{A})=\sum\limits_{k=0}^{N}a_k\boldsymbol{A}^k$ 称为矩阵幂级数的部分和. 若矩阵幂级数的部分和序列 $\{S_N(\boldsymbol{A})\}$ 收敛, 则称 $\sum\limits_{k=0}^{\infty}a_k\boldsymbol{A}^k$ 收敛; 否则, 称其为发散. 若 $\lim\limits_{N\to\infty}S_N(\boldsymbol{A})=\boldsymbol{S}$, 则称 $\boldsymbol{S}$ 为 $\sum\limits_{k=0}^{\infty}a_k\boldsymbol{A}^k$ 的和矩阵.

定理 4.1

若复变量 z 的幂级数 $\sum\limits_{k=0}^{\infty}a_kz^k$ 的收敛半径为 R, 而方阵 $\boldsymbol{A}\in\mathbf{C}^{n\times n}$ 的谱半径为 $\rho(\boldsymbol{A})$,

(1) 当 $\rho(\boldsymbol{A})<R$ 时, 矩阵幂级数 $\sum\limits_{k=0}^{\infty}a_k\boldsymbol{A}^k$ 收敛;

(2) 当 $\rho(\boldsymbol{A})>R$ 时, 矩阵幂级数 $\sum\limits_{k=0}^{\infty}a_k\boldsymbol{A}^k$ 发散.

证明　首先推导矩阵多项式的计算公式. 设关于文字 λ 的多项式

$$g(\lambda)=a_m\lambda^m+\cdots+a_1\lambda+a_0,\quad a_i\in\mathbf{C},\quad i=0,1,2,\cdots,m.$$

对 $\boldsymbol{A}\in\mathbf{C}^{n\times n}$, 存在可逆阵 $\boldsymbol{P}$, 使得

$$\boldsymbol{A}=\boldsymbol{PJP}^{-1}=\boldsymbol{P}\begin{pmatrix}\boldsymbol{J}_1&&\\&\ddots&\\&&\boldsymbol{J}_s\end{pmatrix}\boldsymbol{P}^{-1},$$

其中 $\boldsymbol{J}_i$ 是特征值 λ_i 对应的若尔当块, λ_i 不必两两不同, $i=1,2,\cdots,s$. 于是矩阵多项式

$$g(\boldsymbol{A})=a_m\boldsymbol{A}^m+\cdots+a_1\boldsymbol{A}+a_0\boldsymbol{E}=\boldsymbol{P}\begin{pmatrix}g(\boldsymbol{J}_1)&&\\&\ddots&\\&&g(\boldsymbol{J}_s)\end{pmatrix}\boldsymbol{P}^{-1}.$$

注意到

$$\boldsymbol{J}_i=\begin{pmatrix}\lambda_i & 1 & \\ & \ddots & 1\\ & & \lambda_i\end{pmatrix}_{n_i\times n_i}=\lambda_i\begin{pmatrix}1 & & \\ & \ddots & \\ & & 1\end{pmatrix}_{n_i\times n_i}+\begin{pmatrix}0 & 1 & \\ & \ddots & 1\\ & & 0\end{pmatrix}_{n_i\times n_i}=\lambda_i\boldsymbol{E}+\boldsymbol{U},$$

并且当 $k<n_i$ 时

$$\boldsymbol{U}^k=\begin{pmatrix}0 & \cdots & 0 & 1 & 0 & \cdots & 0\\ & \ddots & & 0 & \ddots & \ddots & \vdots\\ & & 0 & \cdots & \ddots & \ddots & 0\\ & & & \ddots & \cdots & 0 & 1\\ & & & & 0 & \cdots & 0\\ & & & & & \ddots & \vdots\\ & & & & & & 0\end{pmatrix}\begin{matrix}(k+1)\text{列}\\ \\ \\ (n_i-k-1)\text{行}\end{matrix},$$

当 $k\geqslant n_i$ 时

$$\boldsymbol{U}^k=\boldsymbol{0}.$$

利用二项式展开定理可得

$$\boldsymbol{J}_i^k=(\lambda_i\boldsymbol{E}+\boldsymbol{U})^k=\begin{pmatrix}\lambda_i^k & \mathrm{C}_k^1\lambda_i^{k-1} & \cdots & 1 & 0 & \cdots & 0\\ & \lambda_i^k & \cdots & \cdots & 1 & \cdots & \vdots\\ & & \lambda_i^k & \cdots & \cdots & \ddots & 0\\ & & & \ddots & \cdots & \cdots & 1\\ & & & & \lambda_i^k & \cdots & \vdots\\ & & & & & \lambda_i^k & \mathrm{C}_k^1\lambda_i^{k-1}\\ & & & & & & \lambda_i^k\end{pmatrix},\quad k<n_i;$$

或者

$$\boldsymbol{J}_i^k=(\lambda_i\boldsymbol{E}+\boldsymbol{U})^k=\begin{pmatrix}\lambda_i^k & \mathrm{C}_k^1\lambda_i^{k-1} & \cdots & \mathrm{C}_k^{n_i-1}\lambda_i^{k-n_i+1}\\ & \lambda_i^k & \ddots & \vdots\\ & & \ddots & \mathrm{C}_k^1\lambda_i^{k-1}\\ & & & \lambda_i^k\end{pmatrix},\quad k\geqslant n_i.$$

于是

$$g(\boldsymbol{J}_i)=\begin{pmatrix}g(\lambda_i) & g'(\lambda_i) & \cdots & \dfrac{g^{(n_i-1)}(\lambda_i)}{(n_i-1)!}\\ & g(\lambda_i) & \ddots & \vdots\\ & & \ddots & g'(\lambda_i)\\ & & & g(\lambda_i)\end{pmatrix},\quad m\geqslant n_i;$$

或者

$$g(\boldsymbol{J}_i)=\begin{pmatrix} g(\lambda_i) & g'(\lambda_i) & \cdots & \frac{g^{m}(\lambda_i)}{m!} & 0 & \cdots & 0 \\ 0 & g(\lambda_i) & g'(\lambda_i) & \cdots & \frac{g^{m}(\lambda_i)}{m!} & \ddots & \vdots \\ 0 & 0 & g(\lambda_i) & \ddots & \cdots & \ddots & 0 \\ \vdots & \vdots & & \ddots & \ddots & \vdots & \frac{g^{m}(\lambda_i)}{m!} \\ 0 & 0 & \cdots & 0 & g(\lambda_i) & g'(\lambda_i) & \vdots \\ 0 & 0 & \cdots & 0 & 0 & g(\lambda_i) & g'(\lambda_i) \\ 0 & 0 & \cdots & 0 & 0 & 0 & g(\lambda_i) \end{pmatrix},\quad m<n_i.$$

因此，一般矩阵的幂级数的部分和化为其若尔当块的幂级数的部分和，最终只需计算对应特征值的幂级数部分和即可. 于是

$$S_N(\boldsymbol{A})=\boldsymbol{P}\begin{pmatrix} S_N(\boldsymbol{J}_1) & & & \\ & S_N(\boldsymbol{J}_2) & & \\ & & \ddots & \\ & & & S_N(\boldsymbol{J}_s) \end{pmatrix}\boldsymbol{P}^{-1},$$

因此，序列 $\{S_N(\boldsymbol{A})\}$ 收敛当且仅当 $\{S_N(\boldsymbol{J}_i)\}$ 都收敛. 而

$$S_N(\boldsymbol{J}_i)=\begin{pmatrix} S_N(\lambda_i) & S_N'(\lambda_i) & \cdots & \frac{1}{(n_i-1)!}S_N^{(n_i-1)}(\lambda_i) \\ & S_N(\lambda_i) & \cdots & \frac{1}{(n_i-2)!}S_N^{(n_i-2)}(\lambda_i) \\ & & \ddots & \\ & & & S_N(\lambda_i) \end{pmatrix},$$

其中 $S_N^{(t)}(\lambda_i)$ 表示 $S_N(\lambda)$ 在 $\lambda=\lambda_i$ 处的 t 阶导数，n_i 是 $\boldsymbol{J}_i$ 的阶数，$i=1,2,\cdots,s$.

(1) 若 $\rho(\boldsymbol{A})<R$，则 $|\lambda_i|<R$，此时 $\{S_N^{(t)}(\lambda_i)\}$，$t=0,1,\cdots,n_i-1$ 皆收敛，从而 $\{S_N(\boldsymbol{J}_i)\}$ 收敛，故 $\sum\limits_{k=0}^{\infty}a_k\boldsymbol{A}^k$ 收敛.

(2) 若 $\rho(\boldsymbol{A})>R$，则存在某个特征值 $\lambda=\lambda_j$，使 $|\lambda_j|>R$，于是幂级数 $\sum\limits_{k=0}^{\infty}a_k\lambda_j^{\,k}$ 发散，从而 $\{S_N(\boldsymbol{J}_i)\}$ 发散，故 $\sum\limits_{k=0}^{\infty}a_k\boldsymbol{A}^k$ 发散.

例 4.1 讨论矩阵幂级数 $\sum\limits_{k=0}^{\infty}\boldsymbol{A}^k$ 的敛散性. 当它收敛时求它的和矩阵.

解 复变量 z 的幂级数 $\sum\limits_{k=0}^{\infty}z^k$ 的收敛半径 $R=1$，故当 $\rho(\boldsymbol{A})<1$，即 $\boldsymbol{A}$ 的所有特征值的模小于 1 时，矩阵幂级数 $\sum\limits_{k=0}^{\infty}\boldsymbol{A}^k$ 收敛.

当 $\rho(\boldsymbol{A})<1$ 时，1 不是 $\boldsymbol{A}$ 的特征值，$|\boldsymbol{E}-\boldsymbol{A}|\neq 0$，故 $\boldsymbol{E}-\boldsymbol{A}$ 可逆. 因为

$$S_N(\boldsymbol{A}) = \boldsymbol{E} + \cdots + \boldsymbol{A}^k + \cdots + \boldsymbol{A}^N$$

所以

$$(\boldsymbol{E} - \boldsymbol{A})S_N(\boldsymbol{A}) = (\boldsymbol{E} - \boldsymbol{A})(\boldsymbol{E} + \cdots + \boldsymbol{A}^k + \cdots + \boldsymbol{A}^N) = \boldsymbol{E} - \boldsymbol{A}^{N+1}.$$

又因为 $\lim\limits_{N\to\infty} \boldsymbol{A}^N = \boldsymbol{0}$, 所以

$$\lim_{N\to\infty}(\boldsymbol{E} - \boldsymbol{A})S_N(\boldsymbol{A}) = \lim_{N\to\infty}(\boldsymbol{E} - \boldsymbol{A}^{N+1}) = \boldsymbol{E},$$

于是

$$\lim_{N\to\infty} S_N(\boldsymbol{A}) = (\boldsymbol{E} - \boldsymbol{A})^{-1}.$$

例 4.2　讨论矩阵幂级数 $\sum\limits_{k=0}^{\infty} \dfrac{1}{k^2} \boldsymbol{A}^k$ 的敛散性, 其中 $\boldsymbol{A} = \begin{pmatrix} 1 & 4 \\ -1 & -3 \end{pmatrix}$.

解　$\boldsymbol{A}$ 的特征值为 $\lambda_1 = \lambda_2 = -1$, 所以 $\rho(\boldsymbol{A}) = 1$, 幂级数 $\sum\limits_{k=0}^{\infty} \dfrac{1}{k^2} z^k$ 的收敛半径 $R = 1$, 此时只能用定义判断收敛性. 存在可逆矩阵 $\boldsymbol{P}$, 使

$$\boldsymbol{P}^{-1}\boldsymbol{A}\boldsymbol{P} = \begin{pmatrix} -1 & 1 \\ 0 & -1 \end{pmatrix},$$

而

$$\boldsymbol{A}^k = \boldsymbol{P}\begin{pmatrix} -1 & 1 \\ 0 & -1 \end{pmatrix}^k \boldsymbol{P}^{-1} = \boldsymbol{P}\begin{pmatrix} (-1)^k & (-1)^{k-1}k \\ 0 & (-1)^k \end{pmatrix}\boldsymbol{P}^{-1},$$

于是

$$\sum_{k=0}^{\infty} \frac{1}{k^2} \boldsymbol{A}^k = \boldsymbol{P}\begin{pmatrix} \sum\limits_{k=1}^{\infty}(-1)^k / k^2 & \sum\limits_{k=1}^{\infty}(-1)^{k-1} / k \\ 0 & \sum\limits_{k=1}^{\infty}(-1)^k / k^2 \end{pmatrix}\boldsymbol{P}^{-1},$$

由于 $\sum\limits_{k=1}^{\infty}(-1)^k / k^2$ 和 $\sum\limits_{k=1}^{\infty}(-1)^{k-1} / k$ 都收敛, 因此 $\sum\limits_{k=0}^{\infty} \dfrac{1}{k^2} \boldsymbol{A}^k$ 收敛.

科学和工程计算领域经常会遇到映射值是矩阵的情形, 比如矩阵的逆矩阵、一个列向量和行向量的乘积、矩阵的方幂、矩阵多项式等. 利用矩阵幂级数概念, 我们还能够得到更多形式的矩阵函数.

定义 4.3

设 $f(z)$ 是复变量的解析函数, $f(z) = \sum\limits_{k=0}^{\infty} a_k z^k$ 的收敛半径为 R. 如果矩阵 $\boldsymbol{A} \in \mathbf{C}^{n\times n}$ 的谱半径 $\rho(\boldsymbol{A}) < R$, 则称 $f(\boldsymbol{A}) = \sum\limits_{k=0}^{\infty} a_k \boldsymbol{A}^k$ 为 $\boldsymbol{A}$ 的矩阵函数.

根据矩阵函数的定义, 利用高等数学课程里有关指数函数、三角函数和对数函数的幂级数展开式, 我们可以得到如下矩阵函数

$$\mathrm{e}^{\boldsymbol{A}} = \sum_{k=0}^{\infty} \frac{1}{k!} \boldsymbol{A}^k, \quad \boldsymbol{A} \in \mathbf{C}^{n\times n};$$

$$\cos \boldsymbol{A} = \sum_{k=0}^{\infty} \frac{(-1)^k}{(2k)!} \boldsymbol{A}^{2k}, \quad \boldsymbol{A} \in \mathbf{C}^{n \times n};$$

$$(\boldsymbol{E} - \boldsymbol{A})^{-1} = \sum_{k=0}^{\infty} \boldsymbol{A}^k, \quad \boldsymbol{A} \in \mathbf{C}^{n \times n}, \quad \rho(\boldsymbol{A}) < 1;$$

$$\ln(\boldsymbol{E} + \boldsymbol{A}) = \sum_{k=1}^{\infty} \frac{(-1)^{k-1}}{k} \boldsymbol{A}^k, \quad \boldsymbol{A} \in \mathbf{C}^{n \times n}, \quad \rho(\boldsymbol{A}) < 1.$$

下面用例子说明矩阵函数的计算方法.

例 4.3 已知矩阵 $\boldsymbol{A} = \begin{pmatrix} 2 & 0 & 0 \\ 1 & 1 & 1 \\ 1 & -1 & 3 \end{pmatrix}$, 计算 $\mathrm{e}^{\boldsymbol{A}}$, $\sin \boldsymbol{A}$ 和 $\mathrm{e}^{\boldsymbol{A}t}$.

解 $\boldsymbol{A}$ 的若尔当标准形 $\boldsymbol{J}$ 、变换矩阵 $\boldsymbol{P}$ 和 $\boldsymbol{P}^{-1}$ 分别为

$$\boldsymbol{J} = \begin{pmatrix} 2 & 1 & 0 \\ 0 & 2 & 0 \\ 0 & 0 & 2 \end{pmatrix}, \quad \boldsymbol{P} = \begin{pmatrix} 0 & 1 & 1 \\ 1 & 0 & 0 \\ 1 & 0 & -1 \end{pmatrix}, \quad \boldsymbol{P}^{-1} = \begin{pmatrix} 0 & 1 & 0 \\ 1 & -1 & 1 \\ 0 & 1 & -1 \end{pmatrix}.$$

$\mathrm{e}^{\boldsymbol{A}}$ 对应的复变量函数是 $g(\lambda) = \mathrm{e}^{\lambda}$, $\boldsymbol{A}$ 的若尔当标准形有两个块

$$\boldsymbol{J}_1 = \begin{pmatrix} 2 & 1 \\ & 2 \end{pmatrix}, \quad \boldsymbol{J}_2 = (2).$$

再注意到 $g(\lambda)$ 的幂级数展开式的部分和多项式次数趋于无穷大, 所以部分和多项式的次数总是高于若尔当块的阶数, 于是

$$g(\boldsymbol{J}) = \begin{pmatrix} g(\boldsymbol{J}_1) & \\ & g(\boldsymbol{J}_2) \end{pmatrix} = \begin{pmatrix} g(2) & g'(2) & 0 \\ 0 & g(2) & 0 \\ 0 & 0 & g(2) \end{pmatrix} = \begin{pmatrix} \mathrm{e}^2 & \mathrm{e}^2 & 0 \\ 0 & \mathrm{e}^2 & 0 \\ 0 & 0 & \mathrm{e}^2 \end{pmatrix},$$

$$\mathrm{e}^{\boldsymbol{A}} = g(\boldsymbol{A}) = \boldsymbol{P} g(\boldsymbol{J}) \boldsymbol{P}^{-1} = \begin{pmatrix} \mathrm{e}^2 & 0 & 0 \\ \mathrm{e}^2 & 0 & \mathrm{e}^2 \\ \mathrm{e}^2 & -\mathrm{e}^2 & 2\mathrm{e}^2 \end{pmatrix}.$$

$\sin \boldsymbol{A}$ 对应的复变量函数是 $g(\lambda) = \sin \lambda$,

$$\sin \boldsymbol{A} = g(\boldsymbol{A}) = \boldsymbol{P} g(\boldsymbol{J}) \boldsymbol{P}^{-1} = \begin{pmatrix} \sin 2 & 0 & 0 \\ \cos 2 & \sin 2 - \cos 2 & \cos 2 \\ \cos 2 & -\cos 2 & \sin 2 + \cos 2 \end{pmatrix},$$

$\mathrm{e}^{\boldsymbol{A}t}$ 对应的复变量函数是 $g(\lambda) = \mathrm{e}^{\lambda t}$,

$$\mathrm{e}^{\boldsymbol{A}t} = g(\boldsymbol{A}) = \boldsymbol{P} g(\boldsymbol{J}) \boldsymbol{P}^{-1} = \begin{pmatrix} \mathrm{e}^{2t} & 0 & 0 \\ t\mathrm{e}^{2t} & \mathrm{e}^{2t} - t\mathrm{e}^{2t} & t\mathrm{e}^{2t} \\ t\mathrm{e}^{2t} & -t\mathrm{e}^{2t} & \mathrm{e}^{2t} + t\mathrm{e}^{2t} \end{pmatrix}.$$

线性控制系统一般用线性微分方程组描述. 我们可以用矩阵函数高效地描述和求解这个方程组. 设线性系统为

$$\begin{cases}\dot{\boldsymbol{x}}(t)=\boldsymbol{A}(t)\boldsymbol{x}(t)+\boldsymbol{f}(t),\\ \boldsymbol{x}(t_0)=\boldsymbol{c},\end{cases} \tag{4.1}$$

其中 $\boldsymbol{x}(t)=(x_1(t),x_2(t),\cdots,x_n(t))^{\mathrm{T}}$ 是系统在时刻 t 的状态函数，$\dot{\boldsymbol{x}}(t)$ 是向量函数 $\boldsymbol{x}(t)$ 的导数(或者梯度)，$\boldsymbol{x}(t_0)$ 表示系统初始状态，$\boldsymbol{c}\in\mathbf{R}^n$ 是常数向量，$\boldsymbol{A}(t)=(a_{ij}(t))\in\mathbf{R}^{n\times n}$ 是系统矩阵，$\boldsymbol{f}(t)=(f_1(t),f_2(t),\cdots,f_n(t))^{\mathrm{T}}$ 是控制向量，$t\in[t_0,+\infty)$ 是时间参数. 如果 $\boldsymbol{f}(t)=\mathbf{0}$，则称方程组(4.1)是齐次的，否则为非齐次的；如果 $\boldsymbol{A}(t)=\boldsymbol{A}$ 是常数矩阵，则称方程组(4.1)是常系数的，否则为非常系数的. 求解线性控制系统就是从方程组中解出 $\boldsymbol{x}(t)$.

定理 4.2

一阶线性常系数非齐次微分方程组(4.1)的解为

$$\boldsymbol{x}(t)=\mathrm{e}^{\boldsymbol{A}(t-t_0)}\boldsymbol{x}(t_0)+\mathrm{e}^{\boldsymbol{A}t}\int_{t_0}^{t}\mathrm{e}^{-\boldsymbol{A}\tau}\boldsymbol{f}(\tau)\mathrm{d}\tau .$$

证明　证明见参考文献[1].

值得注意的是方程组的解的表达式里出现有向量(或矩阵)的积分运算，事实上，向量(或矩阵)的积分运算就是对每个分量作积分运算. 类似地，向量(或矩阵)的微分运算就是对每个分量作微分运算

例 4.4　设 $\boldsymbol{A}=\begin{pmatrix}2&0&0\\1&1&1\\1&-1&3\end{pmatrix}$，$\boldsymbol{f}(t)=(\mathrm{e}^{2t},\mathrm{e}^{2t},0)^{\mathrm{T}}$，$\boldsymbol{x}(0)=(-1,1,0)^{\mathrm{T}}$，求微分方程组(4.1)的解.

解　因为

$$\mathrm{e}^{\boldsymbol{A}t}=\begin{pmatrix}\mathrm{e}^{2t}&0&0\\t\mathrm{e}^{2t}&\mathrm{e}^{2t}-t\mathrm{e}^{2t}&t\mathrm{e}^{2t}\\t\mathrm{e}^{2t}&-t\mathrm{e}^{2t}&\mathrm{e}^{2t}+t\mathrm{e}^{2t}\end{pmatrix}=\mathrm{e}^{2t}\begin{pmatrix}1&0&0\\t&1-t&t\\t&-t&1+t\end{pmatrix},$$

$$\int_0^t\mathrm{e}^{-\boldsymbol{A}\tau}\boldsymbol{f}(\tau)\mathrm{d}\tau=\int_0^t\left(\begin{pmatrix}\mathrm{e}^{-2\tau}&0&0\\-\tau\mathrm{e}^{-2\tau}&\mathrm{e}^{-2\tau}+\tau\mathrm{e}^{-2\tau}&-\tau\mathrm{e}^{-2\tau}\\-\tau\mathrm{e}^{-2\tau}&\tau\mathrm{e}^{-2\tau}&\mathrm{e}^{-2\tau}-\tau\mathrm{e}^{-2\tau}\end{pmatrix}\begin{pmatrix}\mathrm{e}^{2\tau}\\\mathrm{e}^{2\tau}\\0\end{pmatrix}\right)\mathrm{d}\tau$$

$$=\int_0^t\begin{pmatrix}1\\1\\0\end{pmatrix}\mathrm{d}\tau=\begin{pmatrix}\int_0^t1\mathrm{d}\tau\\\int_0^t1\mathrm{d}\tau\\\int_0^t0\mathrm{d}\tau\end{pmatrix}=\begin{pmatrix}t\\t\\0\end{pmatrix},$$

由定理 4.2 知满足初始条件的微分方程组的解

$$\boldsymbol{x}(t)=\mathrm{e}^{\boldsymbol{A}(t-t_0)}\boldsymbol{x}(t_0)+\mathrm{e}^{\boldsymbol{A}t}\int_{t_0}^{t}\mathrm{e}^{-\boldsymbol{A}\tau}\boldsymbol{f}(\tau)\mathrm{d}\tau=\begin{pmatrix}(t-1)\mathrm{e}^{2t}\\(1-t)\mathrm{e}^{2t}\\-2t\mathrm{e}^{2t}\end{pmatrix}.$$

习 题 3

1. 设矩阵 $\boldsymbol{A}\in\mathbf{C}^{n\times n}$，如果满足 $\boldsymbol{A}\neq\boldsymbol{E}$，$\boldsymbol{A}^k=\boldsymbol{E}$（$k$ 为大于 1 的整数），证明 $\boldsymbol{A}$ 可对角化.

2. 设矩阵 $\boldsymbol{A}\in\mathbf{R}^{n\times n}$，$\lambda\in\mathbf{R}$ 是一个实特征值，则一定存在一个实向量 $\boldsymbol{x}\in\mathbf{R}^n$ 是 $\boldsymbol{A}$ 的对应于 λ 的特征向量.

3. 设 T 是 $V_3(\mathbf{C})$ 上的线性变换，T 在基 $\{\boldsymbol{\alpha}_1,\boldsymbol{\alpha}_2,\boldsymbol{\alpha}_3\}$ 下的矩阵是

$$\boldsymbol{A}=\begin{pmatrix}3&1&0\\-4&-1&0\\4&-8&-2\end{pmatrix},$$

求 T 的特征值与特征子空间.

4. 设 $\varepsilon\neq0$，矩阵 $\boldsymbol{A}$，$\boldsymbol{B}$，$\boldsymbol{C}$ 分别为

$$\boldsymbol{A}=\begin{pmatrix}a&\varepsilon&0\\0&a&\varepsilon\\0&0&a\end{pmatrix},\quad \boldsymbol{B}=\begin{pmatrix}a&1&0\\0&a&1\\\varepsilon&0&a\end{pmatrix},\quad \boldsymbol{C}=\begin{pmatrix}a&1&0\\0&a&1\\0&0&a\end{pmatrix},$$

讨论哪些矩阵具有相似关系.

5. 设矩阵

$$\boldsymbol{A}=\begin{pmatrix}1&1&-1\\2&1&0\\1&-1&0\end{pmatrix},$$

试用凯莱-哈密顿定理计算 $\boldsymbol{A}^{-1}$.

6. 证明：矩阵 $\boldsymbol{A}=\begin{pmatrix}2&-1\\1&4\end{pmatrix}$ 不能用相似变换对角化.

7. 计算矩阵多项式 $(f(\boldsymbol{A}))^{-1}$，其中

$$\boldsymbol{A}=\begin{pmatrix}1&0&2\\0&-1&1\\0&1&0\end{pmatrix},$$

$$f(x)=2x^{11}+2x^8-8x^6+3x^5+x^4+11x^2-4.$$

8. 求下列矩阵的若尔当标准形.

$$\boldsymbol{A}=\begin{pmatrix}1&-3&0&3\\-2&6&0&13\\0&-3&1&3\\-1&2&0&8\end{pmatrix},\quad \boldsymbol{B}=\begin{pmatrix}-5&1&4\\-12&3&8\\-6&1&5\end{pmatrix}.$$

9. 设复矩阵

$$\boldsymbol{A}=\begin{pmatrix}2&0&0\\a&2&0\\b&c&-1\end{pmatrix},$$

问矩阵 $\boldsymbol{A}$ 可能有哪些形式的若尔当标准形？并求 $\boldsymbol{A}$ 相似于对角矩阵的充要条件.

10. 设 $\{\boldsymbol{\varepsilon}_1, \boldsymbol{\varepsilon}_2, \boldsymbol{\varepsilon}_3, \boldsymbol{\varepsilon}_4\}$ 是四维线性空间 V 的一个基，已知线性变换 T 在这个基下的矩阵是

$$\boldsymbol{A}=\begin{pmatrix}1 & 0 & 2 & 1\\ -1 & 2 & 1 & 3\\ 1 & 2 & 5 & 5\\ 2 & -2 & 1 & -2\end{pmatrix}.$$

(1) 求 T 在基 $\boldsymbol{\eta}_1=\boldsymbol{\varepsilon}_1-2\boldsymbol{\varepsilon}_2+\boldsymbol{\varepsilon}_4$，$\boldsymbol{\eta}_2=3\boldsymbol{\varepsilon}_2-\boldsymbol{\varepsilon}_3-\boldsymbol{\varepsilon}_4$，$\boldsymbol{\eta}_3=\boldsymbol{\varepsilon}_3+\boldsymbol{\varepsilon}_4$，$\boldsymbol{\eta}_4=2\boldsymbol{\varepsilon}_4$ 下的矩阵；

(2) 求 T 的值域与核；

(3) 在 T 的核中选择一个基，把它扩充成 V 的一个基，并求 T 在这个基下的矩阵；

(4) 在 T 的值域中选择一个基，把它扩充成 V 的一个基.

11. 计算 $\sin\boldsymbol{A}t$，$\mathrm{e}^{\boldsymbol{A}t}$，其中矩阵 $\boldsymbol{A}$ 分别满足

(1) $\boldsymbol{A}^2=\boldsymbol{A}$；

(2) $\boldsymbol{A}^2=\boldsymbol{0}$；

(3) $\boldsymbol{A}^2=\boldsymbol{E}$；

(4) $\boldsymbol{A}=\begin{pmatrix}0 & -1 & 0\\ 1 & 0 & 1\\ 0 & 1 & 0\end{pmatrix}$.

12. 解一阶线性常系数微分方程组 $\begin{cases}\dot{\boldsymbol{x}}(t)=\boldsymbol{A}(t)\boldsymbol{x}(t)+\boldsymbol{f}(t),\\ \boldsymbol{x}(t_0)=\boldsymbol{c},\end{cases}$ 其中

$$\boldsymbol{A}(t)=\begin{pmatrix}2 & 2 & -1\\ -1 & -1 & 1\\ -1 & -2 & 2\end{pmatrix},$$

$$\boldsymbol{f}(t)=(\mathrm{e}^{2t},\mathrm{e}^{2t},0)^{\mathrm{T}},$$

$$\boldsymbol{c}=(1,1,3)^{\mathrm{T}},$$

$$\boldsymbol{x}(t)=(x_1(t),x_2(t),x_3(t))^{\mathrm{T}}.$$

第 4 章

子空间分析

子空间分析关注空间的局部结构及其逻辑关系，提供一种微观分析视角. 子空间分析在函数逼近、信号处理和系统实时控制等领域有着广泛的应用.

第 4 章知识导图

4.1 列空间与零空间

线性变换有值域(像空间)和核空间两个密切相关的子空间，相应的矩阵对应着列(行)空间和零空间，这些子空间是描述线性变换及其矩阵性质的基本工具.

定义 1.1

设矩阵 $\boldsymbol{A}=(a_{ij})=(\boldsymbol{\alpha}_1,\boldsymbol{\alpha}_2,\cdots,\boldsymbol{\alpha}_n)\in\mathbf{C}^{m\times n}$ 为复矩阵，则下列集合

$$\mathrm{Col}(\boldsymbol{A})=\{\boldsymbol{y}=\boldsymbol{A}\boldsymbol{x}\,|\,\boldsymbol{x}\in\mathbf{C}^n,\boldsymbol{y}\in\mathbf{C}^m\},$$

$$\mathrm{Row}(\boldsymbol{A})=\{\boldsymbol{y}=\boldsymbol{A}^{\mathrm{H}}\boldsymbol{x}\,|\,\boldsymbol{x}\in\mathbf{C}^m,\boldsymbol{y}\in\mathbf{C}^n\},$$

$$\mathrm{Null}(\boldsymbol{A})=\{\boldsymbol{x}\,|\,\boldsymbol{A}\boldsymbol{x}=\boldsymbol{0},\boldsymbol{x}\in\mathbf{C}^n\},$$

其中 $\boldsymbol{A}^{\mathrm{H}}$ 表示 $\boldsymbol{A}$ 的共轭转置矩阵，分别构成一个子空间，依次称为矩阵 $\boldsymbol{A}$ 的列空间、行空间和零空间.

注意，子空间 $\mathrm{Col}(\boldsymbol{A})$ 也可使用记号 $\mathrm{Span}\{\boldsymbol{\alpha}_1,\boldsymbol{\alpha}_2,\cdots,\boldsymbol{\alpha}_n\}$ 表示，它是由 $\boldsymbol{\alpha}_1,\boldsymbol{\alpha}_2,\cdots,\boldsymbol{\alpha}_n$ 的全体线性组合构成的集合，称为由向量组 $\boldsymbol{\alpha}_1,\boldsymbol{\alpha}_2,\cdots,\boldsymbol{\alpha}_n$ 生成(张成)的线性空间.

定理 1.1

设 σ 是 $\mathbf{C}^n$ 上的线性变换，$\boldsymbol{A}$ 是 σ 在基 $\{\boldsymbol{\alpha}_1,\boldsymbol{\alpha}_2,\cdots,\boldsymbol{\alpha}_n\}$ 下的矩阵，则 σ 的值域 $R(\sigma)=\mathrm{Col}(\boldsymbol{A})$，$\sigma$ 的核 $\mathrm{Ker}(\sigma)=\mathrm{Null}(\boldsymbol{A})$.

证明留作练习.

定理 1.2

设矩阵 $\boldsymbol{A}\in\mathbf{C}^{m\times n}$ 为复矩阵，则 $\boldsymbol{A}$ 的列空间的正交补子空间 $\mathrm{Col}^{\perp}(\boldsymbol{A})=\mathrm{Null}(\boldsymbol{A}^{\mathrm{H}})$，$\boldsymbol{A}$ 的行空间的正交补子空间 $\mathrm{Row}^{\perp}(\boldsymbol{A})=\mathrm{Null}(\boldsymbol{A})$.

证明 设矩阵 $\boldsymbol{A}=(a_{ij})=(\boldsymbol{\alpha}_1,\boldsymbol{\alpha}_2,\cdots,\boldsymbol{\alpha}_n)$，考虑空间 $\mathbf{C}^m$，显然有 $\mathbf{C}^m=\mathrm{Col}(\boldsymbol{A})\oplus\mathrm{Col}^{\perp}(\boldsymbol{A})$，下面证明 $\mathrm{Col}^{\perp}(\boldsymbol{A})=\mathrm{Null}(\boldsymbol{A}^{\mathrm{H}})$.

$\forall\boldsymbol{y}\in\mathrm{Col}^{\perp}(\boldsymbol{A})$，则 $\boldsymbol{y}$ 与 $\mathrm{Col}(\boldsymbol{A})$ 正交，由于 $\mathrm{Col}(\boldsymbol{A})$ 就是 $\boldsymbol{A}$ 的列向量 $\boldsymbol{\alpha}_1,\boldsymbol{\alpha}_2,\cdots,\boldsymbol{\alpha}_n$ 的全部线性组合构成的集合，所以 $\boldsymbol{y}$ 与 $\boldsymbol{\alpha}_1,\boldsymbol{\alpha}_2,\cdots,\boldsymbol{\alpha}_n$ 都正交，即内积

$$(\boldsymbol{y},\boldsymbol{\alpha}_i)=\boldsymbol{\alpha}_i^{\mathrm{H}}\boldsymbol{y}=\boldsymbol{0},\quad i=1,2,\cdots,n.$$

从而

$$\boldsymbol{A}^{\mathrm{H}}\boldsymbol{y}=\boldsymbol{0},\quad \boldsymbol{y}\in\mathrm{Null}(\boldsymbol{A}^{\mathrm{H}}).$$

另一方面，对 $\forall\boldsymbol{y}\in\mathrm{Null}(\boldsymbol{A}^{\mathrm{H}})$，有 $\boldsymbol{A}^{\mathrm{H}}\boldsymbol{y}=\boldsymbol{0}$，从而 $\boldsymbol{\alpha}_i^{\mathrm{H}}\boldsymbol{y}=\boldsymbol{0}$，$i=1,2,\cdots,n$，也就是 $\boldsymbol{y}$ 与 $\boldsymbol{\alpha}_1,\boldsymbol{\alpha}_2,\cdots,\boldsymbol{\alpha}_n$ 都正交，$\boldsymbol{y}$ 与 $\mathrm{Col}(\boldsymbol{A})$ 正交，所以 $\boldsymbol{y}\in\mathrm{Col}^{\perp}(\boldsymbol{A})$.

综上所述，$\mathrm{Col}^{\perp}(\boldsymbol{A})=\mathrm{Null}(\boldsymbol{A}^{\mathrm{H}})$.

同理可证 $\mathrm{Row}^{\perp}(\boldsymbol{A})=\mathrm{Null}(\boldsymbol{A})$.

矩阵的列空间、行空间和零空间具有初等变换不变性.

定理 1.3

列(或行)初等变换不改变矩阵的列(或行)空间.

证明　列初等变换有 3 种形式，用 $\boldsymbol{P}(i,j)$ 表示由单位矩阵经过第 i 列与第 j 列互换位置所得的初等矩阵，用 $\boldsymbol{P}(i(c))$ 表示由非零常数 c 乘单位矩阵第 i 列所得的初等矩阵，用 $\boldsymbol{P}(i,j(c))$ 表示将单位矩阵的第 j 列的 c 倍加到第 i 列所得的初等矩阵.

设 $\boldsymbol{A}=(\boldsymbol{\alpha}_1,\boldsymbol{\alpha}_2,\cdots,\boldsymbol{\alpha}_i,\cdots,\boldsymbol{\alpha}_j,\cdots,\boldsymbol{\alpha}_n)\in\mathbf{C}^{n\times n}$ 为复矩阵，于是

$$\begin{aligned}\boldsymbol{AP}(i,j)&=(\boldsymbol{\alpha}_1,\boldsymbol{\alpha}_2,\cdots,\boldsymbol{\alpha}_i,\cdots,\boldsymbol{\alpha}_j,\cdots,\boldsymbol{\alpha}_n)\boldsymbol{P}(i,j)\\&=(\boldsymbol{\alpha}_1,\boldsymbol{\alpha}_2,\cdots,\boldsymbol{\alpha}_j,\cdots,\boldsymbol{\alpha}_i,\cdots,\boldsymbol{\alpha}_n),\\ \boldsymbol{AP}(i(c))&=(\boldsymbol{\alpha}_1,\boldsymbol{\alpha}_2,\cdots,\boldsymbol{\alpha}_i,\cdots,\boldsymbol{\alpha}_j,\cdots,\boldsymbol{\alpha}_n)\boldsymbol{P}(i(c))\\&=(\boldsymbol{\alpha}_1,\boldsymbol{\alpha}_2,\cdots,c\boldsymbol{\alpha}_i,\cdots,\boldsymbol{\alpha}_j,\cdots,\boldsymbol{\alpha}_n),\\ \boldsymbol{AP}(i,j(c))&=(\boldsymbol{\alpha}_1,\boldsymbol{\alpha}_2,\cdots,\boldsymbol{\alpha}_i,\cdots,\boldsymbol{\alpha}_j,\cdots,\boldsymbol{\alpha}_n)\boldsymbol{P}(i,j(c))\\&=(\boldsymbol{\alpha}_1,\boldsymbol{\alpha}_2,\cdots,\boldsymbol{\alpha}_i+c\boldsymbol{\alpha}_j,\cdots,\boldsymbol{\alpha}_j,\cdots,\boldsymbol{\alpha}_n),\end{aligned}$$

$\mathrm{Col}(\boldsymbol{AP}(i,j))$, $\mathrm{Col}(\boldsymbol{AP}(i(c)))$, $\mathrm{Col}(\boldsymbol{AP}(i,j(c)))$ 仍然都是由 $\boldsymbol{\alpha}_1,\boldsymbol{\alpha}_2,\cdots,\boldsymbol{\alpha}_i,\cdots,\boldsymbol{\alpha}_j,\cdots,\boldsymbol{\alpha}_n$ 的全体线性组合构成的子空间，于是

$$\mathrm{Col}(\boldsymbol{AP}(i,j))=\mathrm{Col}(\boldsymbol{AP}(i(c)))=\mathrm{Col}(\boldsymbol{AP}(i,j(c)))=\mathrm{Col}(\boldsymbol{A}).$$

同理可证与行初等变换对应的结果.

推论 1.1

列初等变换不改变矩阵 $\boldsymbol{A}^{\mathrm{H}}$ 的零空间 $\mathrm{Null}(\boldsymbol{A}^{\mathrm{H}})$.

证明　因为

$$\mathrm{Col}(\boldsymbol{A})=\mathrm{Col}(\boldsymbol{AP}(i,j))=\mathrm{Col}(\boldsymbol{AP}(i(c)))=\mathrm{Col}(\boldsymbol{AP}(i,j(c))),$$

所以

$$\mathrm{Col}^{\perp}(\boldsymbol{A})=\mathrm{Col}^{\perp}(\boldsymbol{AP}(i,j))=\mathrm{Col}^{\perp}(\boldsymbol{AP}(i(c)))=\mathrm{Col}^{\perp}(\boldsymbol{AP}(i,j(c))),$$

又因为

$$\begin{aligned}&\mathrm{Null}(\boldsymbol{A}^{\mathrm{H}})=\mathrm{Col}^{\perp}(\boldsymbol{A}),\\&\mathrm{Null}((\boldsymbol{AP}(i,j))^{\mathrm{H}})=\mathrm{Col}^{\perp}(\boldsymbol{AP}(i,j)),\\&\mathrm{Null}((\boldsymbol{AP}(i(c)))^{\mathrm{H}})=\mathrm{Col}^{\perp}(\boldsymbol{AP}(i(c))),\\&\mathrm{Null}((\boldsymbol{AP}(i,j(c)))^{\mathrm{H}})=\mathrm{Col}^{\perp}(\boldsymbol{AP}(i,j(c))),\end{aligned}$$

所以

$$\mathrm{Null}(\boldsymbol{A}^{\mathrm{H}})=\mathrm{Null}((\boldsymbol{AP}(i,j))^{\mathrm{H}})=\mathrm{Null}((\boldsymbol{AP}(i(c)))^{\mathrm{H}})=\mathrm{Null}((\boldsymbol{AP}(i,j(c)))^{\mathrm{H}}).$$

定理 1.3 和推论 1.1 的结果可以给出一个矩阵的列空间、行空间的计算方法:

(1)用行初等变换把 $\boldsymbol{A}$ 化为埃尔米特标准形(每一行第一个非零元素为 1, 而且该元素所在列的其余元素为 0 的阶梯矩阵);

(2)依埃尔米特标准形中单位向量 $\boldsymbol{e}_i$ 所在的列的位置第 j_i 列, 相应地取出 $\boldsymbol{A}$ 的第 j_i 列 $\boldsymbol{A}_{j_i}$, 得到 $\boldsymbol{A}$ 的列空间的一个基 $\{\boldsymbol{A}_{j_1},\boldsymbol{A}_{j_2},\cdots,\boldsymbol{A}_{j_r}\}$, 其中 r 是 $\boldsymbol{A}$ 的秩;

(3) $\boldsymbol{A}$ 的埃尔米特标准形中非零行的共轭转置构成 $\boldsymbol{A}$ 的行空间的一个基 $\{\boldsymbol{B}_1^{\mathrm{H}},\boldsymbol{B}_2^{\mathrm{H}},\cdots,\boldsymbol{B}_r^{\mathrm{H}}\}$;

(4)令 $\boldsymbol{B}=(\boldsymbol{B}_1^{\mathrm{H}},\boldsymbol{B}_2^{\mathrm{H}},\cdots,\boldsymbol{B}_r^{\mathrm{H}})$, $\boldsymbol{C}=(\boldsymbol{A}_{j_1},\boldsymbol{A}_{j_2},\cdots,\boldsymbol{A}_{j_r})$, 则 $\boldsymbol{A}=\boldsymbol{BC}$, 称为 $\boldsymbol{A}$ 的满秩分解.

例 1.1 设 $\boldsymbol{A}=\begin{pmatrix} 0 & 1 & 0 & -1 & 5 & 6 \\ 0 & 2 & 0 & 0 & 0 & -14 \\ 2 & -1 & 2 & -4 & 0 & 1 \\ -2 & 1 & -2 & 2 & 10 & 25 \end{pmatrix}$, 求解其行空间、列空间和零空间.

解 用行初等变换将 $\boldsymbol{A}$ 化为埃尔米特标准形

$$\boldsymbol{A}\to\begin{pmatrix} 1 & 0 & 1 & 0 & -10 & -29 \\ 0 & 1 & 0 & 0 & 0 & -7 \\ 0 & 0 & 0 & 1 & -5 & -13 \\ 0 & 0 & 0 & 0 & 0 & 0 \end{pmatrix},$$

由此可知, $\boldsymbol{A}$ 的秩等于 3, $\boldsymbol{A}$ 的第 1, 2, 3 行线性无关, 因此

$$\mathrm{Row}(\boldsymbol{A})=\mathrm{Span}\{\gamma_1,\gamma_2,\gamma_3\},$$

其中

$$\gamma_1=(1,0,1,0,-10,-29)^{\mathrm{H}},$$
$$\gamma_2=(0,1,0,0,0,-7)^{\mathrm{H}},$$
$$\gamma_3=(0,0,0,1,-5,-13)^{\mathrm{H}},$$

同时, $\boldsymbol{A}$ 的第 1, 2, 4 列线性无关, 因此 $\mathrm{Col}(\boldsymbol{A})=\mathrm{Span}\{\zeta_1,\zeta_2,\zeta_3\}$, 其中

$$\zeta_1=(0,0,2,-2)^{\mathrm{T}},$$
$$\zeta_2=(1,2,-1,1)^{\mathrm{T}},$$
$$\zeta_3=(-1,0,-4,2)^{\mathrm{T}}.$$

由于 $\mathrm{Null}(\boldsymbol{A})=\mathrm{Row}^{\perp}(\boldsymbol{A})$, 于是零空间 $\mathrm{Null}(\boldsymbol{A})$ 的向量满足

$$\begin{pmatrix} 1 & 0 & 1 & 0 & -10 & -29 \\ 0 & 1 & 0 & 0 & 0 & -7 \\ 0 & 0 & 0 & 1 & -5 & -13 \end{pmatrix}\boldsymbol{x}=\boldsymbol{0},$$

解方程组得到基础解系

$$\boldsymbol{x}_1=(-1,0,1,0,0,0)^{\mathrm{T}},$$
$$\boldsymbol{x}_2=(10,0,0,5,1,0)^{\mathrm{T}},$$
$$\boldsymbol{x}_3=(29,7,0,13,0,1)^{\mathrm{T}},$$

因此 $\mathrm{Null}(\boldsymbol{A})=\mathrm{Span}\{\boldsymbol{x}_1,\boldsymbol{x}_2,\boldsymbol{x}_3\}$.

初等变换法得到的只是线性无关的基向量，对线性无关的向量，可以使用格拉姆-施密特正交化方法进一步改造为标准正交基. 后面会看到，使用矩阵的奇异值分解更方便.

关于矩阵的秩与零空间维数有如下秩定理.

定理 1.4

矩阵 $\boldsymbol{A}\in\mathbf{C}^{m\times n}$ 的列空间与行空间的维数相等，都等于矩阵 $\boldsymbol{A}$ 的秩，它与零空间的维数之间满足 $\mathrm{Rank}(\boldsymbol{A})+\mathrm{Dim}(\mathrm{Null}(\boldsymbol{A}))=n$.

证明　矩阵 $\boldsymbol{A}$ 的秩是其列向量组的秩，列空间由其列向量组生成，因此列空间的维数也等于列向量组的秩，所以矩阵 $\boldsymbol{A}$ 的秩等于列空间的维数.

同理，矩阵 $\boldsymbol{A}$ 的秩是其行向量组的秩，行空间由其行向量组对应的共轭向量组生成，容易验证每个非零复数与其共轭复数是线性相关的，因此，行向量组与其对应的共轭向量组是等价的，所以行空间的维数也等于行向量组的秩，因此矩阵 $\boldsymbol{A}$ 的秩等于行空间的维数.

$\boldsymbol{A}$ 的零空间就是线性方程组 $\boldsymbol{Ax}=\boldsymbol{0}$ 的解空间，由线性方程组解的理论可知

$$\mathrm{Rank}(\boldsymbol{A})+\mathrm{Dim}(\mathrm{Null}(\boldsymbol{A}))=n.$$

定理 1.4 揭示了矩阵的列空间与零空间维数关系，而列空间和零空间就是对应线性变换的值域和核空间，值得注意的是，虽然列空间和零空间维数之和等于 n，但列空间与零空间之和不一定是整个空间.

例 1.2　计算下列矩阵的列空间与零空间，其中

$$\boldsymbol{A}=\begin{pmatrix}0&1&0&\cdots&0\\0&0&2&\cdots&0\\\vdots&\vdots&\vdots&&\vdots\\0&0&0&\cdots&n-1\\0&0&0&\cdots&0\end{pmatrix}\in\mathbf{C}^{n\times n}.$$

解　计算可知

$$\mathrm{Col}(\boldsymbol{A})=\{\boldsymbol{y}\,|\,\boldsymbol{y}=(y_1,y_2,\cdots,y_n)^{\mathrm{T}}\in\mathbf{C}^n,y_n=0\},$$

$$\mathrm{Null}(\boldsymbol{A})=\{\boldsymbol{x}\,|\,\boldsymbol{x}=(x_1,x_2,\cdots,x_n)^{\mathrm{T}}\in\mathbf{C}^n,x_1=x_2=\cdots=x_n=0\},$$

显然

$$\mathrm{Dim}(\mathrm{Col}(\boldsymbol{A}))+\mathrm{Dim}(\mathrm{Null}(\boldsymbol{A}))=n-1+1=n,$$

但是 $\mathrm{Col}(\boldsymbol{A})+\mathrm{Null}(\boldsymbol{A})\subset\mathbf{C}^n$，这是因为

$$(0,\cdots,0,1)^{\mathrm{T}}\notin\mathrm{Col}(\boldsymbol{A})+\mathrm{Null}(\boldsymbol{A}).$$

定理 1.5

设 σ 是 $\mathbf{C}^n$ 上的线性变换，$\boldsymbol{A}$ 是 σ 在基 $\{\boldsymbol{\alpha}_1,\boldsymbol{\alpha}_2,\cdots,\boldsymbol{\alpha}_n\}$ 下的矩阵，则 $\mathrm{Col}(\boldsymbol{A})$ 的一个基的原像及 $\mathrm{Null}(\boldsymbol{A})$ 的一个基合起来就是 $\mathbf{C}^n$ 的一个基.

证明 设 Col(A) 的一个基为 $\{\eta_1,\eta_2,\cdots,\eta_r\}$，它们的原像为 $\{\varepsilon_1,\varepsilon_2,\cdots,\varepsilon_r\}$，即

$$\sigma(\varepsilon_i)=A\varepsilon_i=\eta_i,\quad i=1,2,\cdots,r.$$

由定理 1.4 的结论，又取 Null(A) 的一个基 $\{\varepsilon_{r+1},\cdots,\varepsilon_n\}$，即

$$\sigma(\varepsilon_j)=A\varepsilon_j=\mathbf{0},\quad j=r+1,\cdots,n.$$

下面证明 $\{\varepsilon_1,\varepsilon_2,\cdots,\varepsilon_r,\varepsilon_{r+1},\cdots,\varepsilon_n\}$ 为 $\mathbf{C}^n$ 的基. 假设有

$$k_1\varepsilon_1+k_2\varepsilon_2+\cdots+k_r\varepsilon_r+\cdots+k_n\varepsilon_n=\mathbf{0},$$

则

$$\sigma(k_1\varepsilon_1+k_2\varepsilon_2+\cdots+k_r\varepsilon_r+\cdots+k_n\varepsilon_n)=\sigma(\mathbf{0})=\mathbf{0},$$

或者

$$A(k_1\varepsilon_1+k_2\varepsilon_2+\cdots+k_r\varepsilon_r+\cdots+k_n\varepsilon_n)=\mathbf{0},$$

所以

$$k_1\eta_1+k_2\eta_2+\cdots+k_r\eta_r=\mathbf{0},$$

于是

$$k_1=k_2=\cdots=k_r=0,$$

所以

$$k_{r+1}\varepsilon_{r+1}+\cdots+k_n\varepsilon_n=\mathbf{0},$$

于是又有

$$k_{r+1}=\cdots=k_n=0,$$

这就证明了 $\varepsilon_1,\varepsilon_2,\cdots,\varepsilon_r,\varepsilon_{r+1},\cdots,\varepsilon_n$ 线性无关.

再证 $\mathbf{C}^n$ 的任一向量 α 是 $\varepsilon_1,\varepsilon_2,\cdots,\varepsilon_r,\varepsilon_{r+1},\cdots,\varepsilon_n$ 的线性组合. 一方面，α 的像可以由 $\eta_1,\eta_2,\cdots,\eta_r$ 线性表示，

$$\sigma(\alpha)=A\alpha=l_1\eta_1+l_2\eta_2+\cdots+l_r\eta_r=A(l_1\varepsilon_1+l_2\varepsilon_2+\cdots+l_r\varepsilon_r),$$

从而

$$A(\alpha-(l_1\varepsilon_1+l_2\varepsilon_2+\cdots+l_r\varepsilon_r))=\mathbf{0},$$

于是

$$\alpha-(l_1\varepsilon_1+l_2\varepsilon_2+\cdots+l_r\varepsilon_r)\in \mathrm{Null}(A),$$

所以有

$$\alpha-(l_1\varepsilon_1+l_2\varepsilon_2+\cdots+l_r\varepsilon_r)=l_{r+1}\varepsilon_{r+1}+\cdots+l_n\varepsilon_n,$$

此即

$$\alpha=l_1\varepsilon_1+l_2\varepsilon_2+\cdots+l_r\varepsilon_r+l_{r+1}\varepsilon_{r+1}+\cdots+l_n\varepsilon_n.$$

这就证明了 $\varepsilon_1,\varepsilon_2,\cdots,\varepsilon_r,\varepsilon_{r+1},\cdots,\varepsilon_n$ 为 $\mathbf{C}^n$ 的基.

对于一般线性空间上的线性变换，通过向量与其坐标这个对应关系可以建立一般线性空

间与 $\mathbf{C}^n$ 的同构，因此矩阵的列空间和零空间具有的性质可以同构到一般线性空间上线性变换的值域(像空间)和核空间.

4.2 特征子空间与谱分解

(线性变换)矩阵的特征向量在(线性变换)矩阵的相似标准形理论中有重要应用. 同时，特征子空间在矩阵分解理论中也扮演着重要角色.

对于方阵 $\boldsymbol{A}\in\mathbf{C}^{n\times n}$，设 $\lambda_1,\lambda_2,\cdots,\lambda_n$ 为矩阵 $\boldsymbol{A}$ 的全部特征值，$\boldsymbol{A}$ 的互异特征值集合 $\{\lambda_1,\lambda_2,\cdots,\lambda_s\}$ 称为矩阵 $\boldsymbol{A}$ 的谱.

定理 2.1

设 $\boldsymbol{A}\in\mathbf{C}^{n\times n}$，$\boldsymbol{A}$ 的谱为 $\{\lambda_1,\lambda_2,\cdots,\lambda_s\}$，则 $\boldsymbol{A}$ 可对角化的充分必要条件是 $\boldsymbol{A}$ 有如下分解式

$$\boldsymbol{A}=\sum_{i=1}^{s}\lambda_i\boldsymbol{P}_i,$$

其中 $\boldsymbol{P}_i\in\mathbf{C}^{n\times n}$，满足如下条件:

(1) $\boldsymbol{P}_i^2=\boldsymbol{P}_i$，$i=1,2,\cdots,s$;

(2) $\boldsymbol{P}_i\boldsymbol{P}_j=\boldsymbol{0}$，$i,j=1,2,\cdots,s$，$i\neq j$;

(3) $\boldsymbol{E}_n=\sum_{i=1}^{s}\boldsymbol{P}_i$.

证明 充分性. $\forall\boldsymbol{x}\in\mathbf{C}^n$，

$$\boldsymbol{x}=\boldsymbol{E}_n\boldsymbol{x}=\sum_{i=1}^{s}\boldsymbol{P}_i\boldsymbol{x}=\sum_{i=1}^{s}(\boldsymbol{P}_i\boldsymbol{x}),$$

$$\boldsymbol{A}(\boldsymbol{P}_j\boldsymbol{x})=\left(\sum_{i=1}^{s}\lambda_i\boldsymbol{P}_i\right)(\boldsymbol{P}_j\boldsymbol{x})=\sum_{i=1}^{s}\lambda_i(\boldsymbol{P}_i\boldsymbol{P}_j)\boldsymbol{x}=\lambda_j\boldsymbol{P}_j^2\boldsymbol{x}=\lambda_j\boldsymbol{P}_j\boldsymbol{x},\quad j=1,2,\cdots,s,$$

从而 $\boldsymbol{P}_j\boldsymbol{x}$ 属于 $\boldsymbol{A}$ 的特征值 λ_j 的特征子空间 V_{λ_j}，又因为 $V_{\lambda_i}\cap V_{\lambda_j}=\{\boldsymbol{0}\}$，所以 $\mathbf{C}^n$ 可分解为特征子空间的直和 $\mathbf{C}^n=V_{\lambda_1}\oplus V_{\lambda_2}\oplus\cdots\oplus V_{\lambda_s}$，$\boldsymbol{A}$ 可相似于对角形矩阵.

必要性. 若 $\boldsymbol{A}$ 可相似于对角形矩阵，则存在可逆矩阵 $\boldsymbol{P}$，使得

$$\boldsymbol{A}=\boldsymbol{P}\mathrm{diag}(\lambda_1,\cdots,\lambda_1,\lambda_2,\cdots,\lambda_2,\cdots,\lambda_s,\cdots,\lambda_s)\boldsymbol{P}^{-1},$$

设 λ_i 的代数重数为 r_i，$\boldsymbol{E}_{r_i}$ 是 r_i 阶单位矩阵，$i=1,2,\cdots,s$，$r_1+\cdots+r_s=n$，从而

$$\boldsymbol{A}=\boldsymbol{P}\mathrm{diag}(\lambda_1\boldsymbol{E}_{r_1},\cdots,\lambda_s\boldsymbol{E}_{r_s})\boldsymbol{P}^{-1},$$

再令

$$P_i = P\mathrm{diag}(\mathbf{0},\cdots,\mathbf{0},\lambda_i E_{r_i},\mathbf{0},\cdots,\mathbf{0})P^{-1},\quad i=1,2,\cdots,s,$$

则

$$A=\sum_{i=1}^{s}\lambda_i P_i,$$

而且 P_i $(i=1,2,\cdots,s)$ 满足条件(1)—(3).

定理 2.1 说明, 可对角化矩阵可以分解为投影矩阵的加权和, 权重正是相应的特征值, 而投影矩阵的列空间正是对应特征值的特征子空间, 即 $V_{\lambda_i}=\mathrm{Col}(P_i)$, $i=1,2,\cdots,s$. 此时, 线性变换的几何意义就是把向量分解成在各个特征子空间投影的加权和.

矩阵谱分解的结论可以推广到正规矩阵.

定义 2.1

若矩阵 $A\in \mathbf{C}^{n\times n}$ 满足 $A^{\mathrm H}A=AA^{\mathrm H}$, 则称 A 是一个正规矩阵.

例 2.1 对角矩阵、对称矩阵 ($A^{\mathrm T}=A$)、反对称矩阵 ($A^{\mathrm T}=-A$)、埃尔米特矩阵 ($A^{\mathrm H}=A$) 与反埃尔米特矩阵 ($A^{\mathrm H}=-A$)、正交矩阵 ($A^{\mathrm T}=A^{-1}$) 与酉矩阵 ($A^{\mathrm H}=A^{-1}$) 都是正规矩阵.

证明留作练习.

例 2.2 设 $A\in \mathbf{C}^{n\times n}$ 为正规矩阵, B 酉相似于 A, 则 B 是正规矩阵.

证明 B 酉相似于 A, 则存在酉矩阵 U, 使得 $B=U^{\mathrm H}AU$, 从而

$$B^{\mathrm H}B=U^{\mathrm H}A^{\mathrm H}UU^{\mathrm H}AU=U^{\mathrm H}A^{\mathrm H}AU,$$

$$BB^{\mathrm H}=U^{\mathrm H}AUU^{\mathrm H}A^{\mathrm H}U=U^{\mathrm H}AA^{\mathrm H}U,$$

而 $A^{\mathrm H}A=AA^{\mathrm H}$, 所以 $B^{\mathrm H}B=BB^{\mathrm H}$, 即 B 是正规矩阵.

为给出正规矩阵的基本性质, 先证明矩阵的舒尔(Schur)分解结论.

定理 2.2

设 $A\in \mathbf{C}^{n\times n}$ 是可逆矩阵, 则存在酉矩阵 $U\in \mathbf{C}^{n\times n}$ 和主对角线元素为正的上三角矩阵

$$R=\begin{pmatrix} r_{11} & \cdots & r_{1n}\\ & \ddots & \vdots\\ & & r_{nn}\end{pmatrix},$$

使得 $A=UR$.

证明 $A\in \mathbf{C}^{n\times n}$ 是可逆矩阵, 则 A 的列向量组 $A_1,\cdots A_2,\cdots,A_n$ 是空间 $\mathbf{C}^n$ 的一个基, 利用格拉姆-施密特正交化方法将其改造为 $\mathbf{C}^n$ 的标准正交基 $\varepsilon_1,\varepsilon_2,\cdots,\varepsilon_n$, 则有

$$(A_1,A_1,\cdots,A_n)=(\varepsilon_1,\varepsilon_2,\cdots,\varepsilon_n)\begin{pmatrix} \|\beta_1\| & (A_2,\varepsilon_1) & \cdots & (A_n,\varepsilon_1)\\ & \|\beta_2\| & \cdots & (A_n,\varepsilon_2)\\ & & \ddots & \vdots\\ & & & \|\beta_n\|\end{pmatrix},$$

其中

$$\begin{cases}\boldsymbol{\beta}_1=\boldsymbol{A}_1, \quad \boldsymbol{\varepsilon}_1=\boldsymbol{\beta}_1/\|\boldsymbol{\beta}_1\|,\\ \boldsymbol{\beta}_2=\boldsymbol{A}_2-(\boldsymbol{A}_2,\boldsymbol{\varepsilon}_1)\boldsymbol{\varepsilon}_1, \quad \boldsymbol{\varepsilon}_2=\boldsymbol{\beta}_2/\|\boldsymbol{\beta}_2\|,\\ \qquad\cdots\cdots\\ \boldsymbol{\beta}_n=\boldsymbol{A}_n-\sum_{i=1}^{n-1}(\boldsymbol{A}_n,\boldsymbol{\varepsilon}_i)\boldsymbol{\varepsilon}_i, \quad \boldsymbol{\varepsilon}_n=\boldsymbol{\beta}_n/\|\boldsymbol{\beta}_n\|.\end{cases}$$

定理 2.3(舒尔分解)

设 $\boldsymbol{A}\in\mathbf{C}^{n\times n}$, 则存在酉矩阵 $\boldsymbol{U}$ 和上三角矩阵 $\boldsymbol{T}$, 使得

$$\boldsymbol{U}^{\mathrm{H}}\boldsymbol{A}\boldsymbol{U}=\boldsymbol{T}=\begin{pmatrix}\lambda_1 & t_{12} & \cdots & t_{1n}\\ & \lambda_2 & \cdots & t_{2n}\\ & & \ddots & \vdots\\ & & & \lambda_n\end{pmatrix},$$

其中 $\lambda_1,\lambda_2,\cdots,\lambda_n$ 为矩阵 $\boldsymbol{A}$ 的特征值.

证明 因为 $\boldsymbol{A}\in\mathbf{C}^{n\times n}$, 设 $\boldsymbol{A}$ 的若尔当标准形为 $\boldsymbol{J}$, 即存在可逆矩阵 $\boldsymbol{P}$, 使 $\boldsymbol{A}=\boldsymbol{P}\boldsymbol{J}\boldsymbol{P}^{-1}$. 由于 $\boldsymbol{P}$ 为可逆矩阵, 由格拉姆-施密特正交化方法可以将 $\boldsymbol{P}$ 分解为 $\boldsymbol{P}=\boldsymbol{U}\boldsymbol{R}$, 其中 $\boldsymbol{U}\in\mathbf{C}^{n\times n}$ 是酉矩阵, $\boldsymbol{R}$ 是主对角线元素为正的上三角矩阵. 于是

$$\boldsymbol{A}=\boldsymbol{P}\boldsymbol{J}\boldsymbol{P}^{-1}=\boldsymbol{U}\boldsymbol{R}\boldsymbol{J}\boldsymbol{R}^{-1}\boldsymbol{U}^{\mathrm{H}},$$

令 $\boldsymbol{T}=\boldsymbol{R}\boldsymbol{J}\boldsymbol{R}^{-1}$, 则 $\boldsymbol{T}$ 是一个上三角矩阵, $\boldsymbol{A}=\boldsymbol{U}\boldsymbol{T}\boldsymbol{U}^{\mathrm{H}}$, 由于相似矩阵特征值相同, 因此上三角矩阵 $\boldsymbol{T}$ 的主对角线元素正是 $\boldsymbol{A}$ 的特征值.

舒尔分解一方面指出方阵 $\boldsymbol{A}$ 可酉相似于三角矩阵, 另一方面, 定理证明过程也给出了矩阵 $\boldsymbol{A}$ 的舒尔分解方法.

定理 2.4

矩阵 $\boldsymbol{A}\in\mathbf{C}^{n\times n}$ 是正规矩阵的充要条件是 $\boldsymbol{A}$ 酉相似于对角矩阵, 即存在酉矩阵 $\boldsymbol{U}\in\mathbf{C}^{n\times n}$, 使

$$\boldsymbol{U}^{\mathrm{H}}\boldsymbol{A}\boldsymbol{U}=\begin{pmatrix}\lambda_1 & & \\ & \ddots & \\ & & \lambda_n\end{pmatrix}.$$

证明 必要性. 若满足 $\boldsymbol{A}^{\mathrm{H}}\boldsymbol{A}=\boldsymbol{A}\boldsymbol{A}^{\mathrm{H}}$, 则由舒尔分解, 存在酉矩阵 $\boldsymbol{U}$ 和上三角矩阵 $\boldsymbol{T}$, 使 $\boldsymbol{A}=\boldsymbol{U}\boldsymbol{T}\boldsymbol{U}^{\mathrm{H}}$, 从而上三角矩阵 $\boldsymbol{T}$ 是正规矩阵, 即 $\boldsymbol{T}^{\mathrm{H}}\boldsymbol{T}=\boldsymbol{T}\boldsymbol{T}^{\mathrm{H}}$, 经计算可知 $\boldsymbol{T}$ 的主对角线以外元素都是 0, 因此 $\boldsymbol{T}$ 是对角矩阵.

充分性. 若 $\boldsymbol{A}$ 酉相似于对角矩阵 $\boldsymbol{T}$, 而对角矩阵 $\boldsymbol{T}$ 是正规矩阵, 从而 $\boldsymbol{A}$ 是正规矩阵.

例 2.3 设 $\boldsymbol{A}=(a_{ij})\in F^{n\times n}$, 证明 $\forall\varepsilon>0$, 存在矩阵 $\boldsymbol{A}(\varepsilon)=(a_{ij}(\varepsilon))\in F^{n\times n}$, $\boldsymbol{A}(\varepsilon)$ 有 n 个互异特征值, 而且使得

$$\|\boldsymbol{A}(\varepsilon)-\boldsymbol{A}\|_{\mathrm{F}}^2=\sum_{i,j=1}^{n}(|a_{ij}(\varepsilon)-a_{ij}|)^2<\varepsilon.$$

证明 对于方阵 $\boldsymbol{A}$, 由舒尔分解, 存在酉矩阵 $\boldsymbol{U}$ 和上三角矩阵 $\boldsymbol{T}$, 使

$$\boldsymbol{U}^{\mathrm{H}}\boldsymbol{A}\boldsymbol{U}=\boldsymbol{T}=\begin{pmatrix} t_{11} & t_{12} & \cdots & t_{1n} \\ & t_{22} & \cdots & t_{2n} \\ & & \ddots & \vdots \\ & & & t_{nn} \end{pmatrix},$$

令

$$\boldsymbol{D}=\begin{pmatrix} l_1 & & \\ & \ddots & \\ & & l_n \end{pmatrix},$$

其中 l_i 满足

$$l_i<\left(\frac{\varepsilon}{n}\right)^{1/2},$$

而且使得 $t_{ii}+l_i(i=1,2,\cdots,n)$ 是 n 个互不相同的数, 从而 $\boldsymbol{T}+\boldsymbol{D}$ 有 n 个互不相同的特征值 $t_{ii}+l_i(i=1,2,\cdots,n)$, 再令

$$\boldsymbol{A}(\varepsilon)=\boldsymbol{A}+\boldsymbol{U}\boldsymbol{D}\boldsymbol{U}^{\mathrm{H}}=\boldsymbol{U}(\boldsymbol{T}+D)\boldsymbol{U}^{\mathrm{H}},$$

则 $\boldsymbol{A}(\varepsilon)$ 有 n 个互不相同的特征值, 并且

$$\boldsymbol{A}(\varepsilon)-\boldsymbol{A}=\boldsymbol{U}\boldsymbol{D}\boldsymbol{U}^{\mathrm{H}},$$

从而

$$\|\boldsymbol{A}(\varepsilon)-\boldsymbol{A}\|_{\mathrm{F}}^2=(\|\boldsymbol{U}\|_{\mathrm{F}}\|\boldsymbol{D}\|_{\mathrm{F}}\|\boldsymbol{U}^{\mathrm{H}}\|_{\mathrm{F}})^2=\sum_{i,j=1}^{n}(|l_i|)^2<\varepsilon.$$

例 2.3 提供了一种按照 F-范数定量扰动矩阵的理论依据, 神经网络损失函数的正则化超参数有一个很重要的功能就是扰动法方程组, 使其具有唯一解.

定理 2.5

设 $\boldsymbol{A}\in\mathbf{C}^{n\times n}$, $\boldsymbol{A}$ 的谱为 $\{\lambda_1,\lambda_1,\cdots,\lambda_s\}$, $s\leqslant n$, 则 $\boldsymbol{A}$ 是正规矩阵的充分必要条件是 $\boldsymbol{A}$ 有如下谱分解式

$$\boldsymbol{A}=\sum_{i=1}^{s}\lambda_i\boldsymbol{P}_i,$$

其中 $\boldsymbol{P}_i\in\mathbf{C}^{n\times n}$, 满足如下条件:

(1) $\boldsymbol{P}_i^2=\boldsymbol{P}_i$, $\boldsymbol{P}_i^{\mathrm{H}}=\boldsymbol{P}_i$, $i=1,2,\cdots,s$;

(2) $\boldsymbol{P}_i\boldsymbol{P}_j=\boldsymbol{0}, i, j=1,2,\cdots,s$, $i\neq j$;

(3) $\boldsymbol{E}_n=\sum_{i=1}^{s}\boldsymbol{P}_i$.

证明 充分性. 由 $\boldsymbol{P}_i$ 满足的性质计算可知

$$\boldsymbol{A}^{\mathrm{H}}\boldsymbol{A}=\left(\sum_{i=1}^{s}\lambda_i\boldsymbol{P}_i\right)\left(\sum_{j=1}^{s}\overline{\lambda}_j\boldsymbol{P}_j^{\mathrm{H}}\right)=\sum_{i=1}^{s}|\lambda_i|^2\boldsymbol{P}_i=\boldsymbol{A}\boldsymbol{A}^{\mathrm{H}},$$

所以 $\boldsymbol{A}$ 是正规矩阵.

必要性. 设 λ_i 是 $\boldsymbol{A}$ 的 r_i 重根, $\sum_{i=1}^{s} r_i = n$, $\boldsymbol{A}$ 是正规矩阵, 存在酉矩阵 $\boldsymbol{U}$, 使得

$$\boldsymbol{A}=\boldsymbol{U}\begin{pmatrix} \underbrace{\begin{matrix}\lambda_1 & & \\ & \ddots & \\ & & \lambda_1\end{matrix}}_{r_1} & & \\ & \ddots & \\ & & \underbrace{\begin{matrix}\lambda_s & & \\ & \ddots & \\ & & \lambda_s\end{matrix}}_{r_s} \end{pmatrix}\boldsymbol{U}^{\mathrm{H}}$$

$$=\boldsymbol{U}\begin{pmatrix} \lambda_1\boldsymbol{E}_{r_1} & & \\ & \ddots & \\ & & \lambda_s\boldsymbol{E}_{r_s} \end{pmatrix}\boldsymbol{U}^{\mathrm{H}}$$

$$=\boldsymbol{U}\sum_{i=1}^{s}\lambda_{r_i}\begin{pmatrix} 0 & & & & & & \\ & \ddots & & & & & \\ & & 0 & & & & \\ & & & \boldsymbol{E}_{r_i} & & & \\ & & & & 0 & & \\ & & & & & \ddots & \\ & & & & & & 0 \end{pmatrix}\boldsymbol{U}^{\mathrm{H}}$$

$$=\sum_{i=1}^{s}\lambda_{r_i}\boldsymbol{U}\begin{pmatrix} 0 & & & & & & \\ & \ddots & & & & & \\ & & 0 & & & & \\ & & & \boldsymbol{E}_{r_i} & & & \\ & & & & 0 & & \\ & & & & & \ddots & \\ & & & & & & 0 \end{pmatrix}\boldsymbol{U}^{\mathrm{H}}$$

$$=\sum_{i=1}^{s}\lambda_{r_i}\boldsymbol{P}_i,$$

$$\boldsymbol{P}_i=\boldsymbol{U}\begin{pmatrix} 0 & & & & & & \\ & \ddots & & & & & \\ & & 0 & & & & \\ & & & \boldsymbol{E}_{r_i} & & & \\ & & & & 0 & & \\ & & & & & \ddots & \\ & & & & & & 0 \end{pmatrix}\boldsymbol{U}^{\mathrm{H}}, \quad i=1,2,\cdots,s.$$

容易验证 $\boldsymbol{P}_i(i=1,2,\cdots,s)$ 满足条件(1)—(3).

正规矩阵谱分解中，矩阵 $\boldsymbol{P}_i$ 不仅是幂等矩阵，还是埃尔米特矩阵，从而是正交投影矩阵.

可对角化矩阵的谱分解和正规矩阵的谱分解就是将空间 $\mathbf{C}^n$ 分解为特征子空间的直和

$$\mathbf{C}^n = V_{\lambda_1} \oplus V_{\lambda_2} \oplus \cdots \oplus V_{\lambda_s},$$

其中 V_{λ_i} 是属于特征值 λ_i 的特征向量生成的子空间. 在正规矩阵谱分解情形下，不同的特征子空间还是正交的.

矩阵特征子空间在主成分分析理论里也有着重要应用.

设对某一随机现象的研究涉及 p 个指标，分别用 $x_1, x_2, \cdots, x_p$ 表示，这 p 个指标构成 p 维随机向量，记为 $\boldsymbol{x} = (x_1, x_2, \cdots, x_p)^{\mathrm{T}}$，设随机向量 $\boldsymbol{x}$ 的均值为 $\boldsymbol{\mu}$，协方差矩阵为 $\boldsymbol{\Sigma}$. 一般地，随机向量 $\boldsymbol{x}$ 的指标之间存在冗余信息，另外，指标 p 过大会增加问题的复杂度. 为此，我们希望找到一种线性变换 $\boldsymbol{U}$，使得 $\boldsymbol{y} = (y_1, y_2, \cdots, y_p)^{\mathrm{T}} = \boldsymbol{U}\boldsymbol{x}$，满足

(1) y_i, y_j 独立，即协方差 $\mathrm{Cov}(y_i, y_j) = 0,\ i, j = 1, 2, \cdots, p,\ i \neq j$;

(2) $y_1, y_2, \cdots, y_p$ 的方差递减，即 $\mathrm{Var}(y_1) = \lambda_1 \geqslant \cdots \geqslant \mathrm{Var}(y_p) = \lambda_p$，其中 $\lambda_1 \geqslant \lambda_2 \geqslant \cdots \geqslant \lambda_p$ 是 $\boldsymbol{\Sigma}$ 的特征值;

(3) $\boldsymbol{U}$ 是正交矩阵，即 $\boldsymbol{U}^{\mathrm{H}}\boldsymbol{U} = \boldsymbol{U}\boldsymbol{U}^{\mathrm{H}} = \boldsymbol{E}$.

满足上述条件的线性变换将指标 $x_1, x_2, \cdots, x_p$ 变换为指标 $y_1, y_2, \cdots, y_p$，新的指标两两独立，这就去除了冗余信息，而且随机变量的方差集中到了前面若干个指标上，我们可以根据需要舍去方差较小的指标，既可以降低问题复杂度，又能保证信息量损失最低. 这就是主成分分析思想. 下面讨论线性变换 $\boldsymbol{U}$ 的计算.

协方差矩阵 $\boldsymbol{\Sigma} = (\mathrm{Cov}(x_i, x_j))$ 是对称矩阵，因此可以对角化，$\lambda_1 \geqslant \lambda_2 \geqslant \cdots \geqslant \lambda_p$ 是 $\boldsymbol{\Sigma}$ 的特征值，对应的标准正交特征向量为 $\boldsymbol{u}_1, \boldsymbol{u}_2, \cdots, \boldsymbol{u}_p$，令 $\boldsymbol{U} = (\boldsymbol{u}_1, \boldsymbol{u}_2, \cdots, \boldsymbol{u}_p)$，则

$$\boldsymbol{\Sigma} = \boldsymbol{U}\boldsymbol{\Lambda}\boldsymbol{U}^{\mathrm{H}},$$

其中 $\boldsymbol{\Lambda} = \mathrm{diag}(\lambda_1, \lambda_2, \cdots, \lambda_p)$ 是对角矩阵. 令

$$\boldsymbol{y} = \boldsymbol{U}^{\mathrm{H}}\boldsymbol{x},$$

即

$$y_i = \boldsymbol{u}_i^{\mathrm{T}}\boldsymbol{x}, \quad i = 1, 2, \cdots, p.$$

上述变换说明，新的综合指标 y_i 是原 p 个指标的加权和，权重正是原协方差矩阵的属于第 i 个特征值的标准正交特征向量的分量. 也可以解释为，新的综合指标 y_i 是原随机向量在协方差矩阵的第 i 个列空间的投影的大小.

由线性变换 $\boldsymbol{y} = \boldsymbol{U}^{\mathrm{H}}\boldsymbol{x}$ 和协方差性质可以得到

$$E(\boldsymbol{y}) = \boldsymbol{U}^{\mathrm{H}}E(\boldsymbol{x}) = \boldsymbol{U}^{\mathrm{H}}\boldsymbol{\mu},$$

$$\mathrm{Cov}(\boldsymbol{y}, \boldsymbol{y}) = \mathrm{Cov}(\boldsymbol{U}^{\mathrm{H}}\boldsymbol{x}, \boldsymbol{U}^{\mathrm{H}}\boldsymbol{x}) = \boldsymbol{U}^{\mathrm{H}}\mathrm{Cov}(\boldsymbol{x}, \boldsymbol{x})\boldsymbol{U} = \boldsymbol{U}^{\mathrm{H}}\boldsymbol{\Sigma}\boldsymbol{U} = \boldsymbol{\Lambda}.$$

于是条件(1)—(3)都成立.

例 2.4 表 4.1 给出了某高校 11 年在某省的高考招生数据，包括省控制线 (x_1)，最高分 (x_2)，平均分 (x_3)，一批平均分 (x_4)，二批平均分 (x_5) 和投档线 (x_6) 6 个指标. 试对 6 个原始指标做主成分分析.

表 4.1　某高校 11 年在某省高考招生部分数据

序号	省控制线	最高分	平均分	一批平均分	二批平均分	投档线
1	517	660	494	577	554	540
2	516	670	494	577	554	536
3	506	655	490	570	545	532
4	557	666	427	584	551	557
5	571	683	438	600	565	571
6	551	666	448	582	547	552
7	462	661	388	564	523	517
8	510	665	403	559	524	526
9	512	697	412	571	489	539
10	484	680	400	543	469	514
11	512	692	428	571	498	542

解　记随机向量 $\boldsymbol{x}=(x_1,x_2,x_3,x_4,x_5,x_6)^{\mathrm{T}}$，$\boldsymbol{x}^{(k)}(k=1,2,\cdots,11)$ 表示 11 年随机向量 $\boldsymbol{x}$ 的观测数据. 协方差矩阵

$$\boldsymbol{\Sigma}=\begin{pmatrix} 999.6 & 50.1 & 369.7 & 384.1 & 593.5 & 508.4 \\ 50.1 & 188.8 & -202.2 & 4.0 & -246.5 & 47.3 \\ 369.7 & -202.2 & 1514.1 & 241.5 & 767.5 & 193.2 \\ 384.1 & 4.0 & 241.5 & 215.5 & 359.4 & 231.5 \\ 593.5 & -246.5 & 767.5 & 359.4 & 983.2 & 322.4 \\ 508.4 & 47.3 & 193.2 & 231.5 & 322.4 & 286.2 \end{pmatrix},$$

协方差矩阵 $\boldsymbol{\Sigma}$ 的特征值

$$\lambda_1=2671.5,\quad \lambda_2=1037.4,\quad \lambda_3=383.9,\quad \lambda_4=83.1,\quad \lambda_5=10.6,\quad \lambda_6=0.8.$$

线性变换矩阵

$$\boldsymbol{U}^{\mathrm{H}}=\begin{pmatrix} -0.4537 & 0.0900 & -0.6121 & -0.2337 & -0.5466 & -0.2410 \\ -0.6219 & -0.2075 & 0.6472 & -0.1999 & -0.0102 & -0.3335 \\ -0.2558 & -0.4928 & -0.4526 & 0.0309 & 0.6840 & -0.1343 \\ 0.5277 & -0.5501 & 0.0251 & -0.5588 & -0.2066 & -0.2519 \\ -0.1598 & -0.6235 & 0.0311 & 0.3702 & -0.3997 & 0.5366 \\ -0.1950 & 0.1212 & -0.0042 & -0.6747 & 0.1755 & 0.6791 \end{pmatrix}.$$

新的综合指标为 $\boldsymbol{y}=\boldsymbol{U}^{\mathrm{H}}\boldsymbol{x}$. 而 $\boldsymbol{y}$ 的第 i 个分量正是 $\boldsymbol{x}$ 与协方差矩阵 $\boldsymbol{\Sigma}$ 的第 i 个特征向量的内积.

一般地，称

$$\alpha_k=\frac{\lambda_k}{\lambda_1+\lambda_2+\cdots+\lambda_p},\qquad k=1,2,\cdots,p$$

为第 k 个主成分 y_k 的方差贡献率，称 $\sum_{k=1}^{m}\lambda_k\Big/\sum_{k=1}^{p}\lambda_k$ 为前 m 个主成分 $y_1,y_2,\cdots,y_m$ 的累积贡献率. 本例中，前 3 个主成分的累积贡献率约为 98%，前 4 个主成分的累积贡献率接近 100%，由此选择 y_1,y_2,y_3,y_4 为新的综合指标就可以替代原 6 个指标，而信息基本没有损失.

4.3 矩阵奇异值分解与低秩近似

矩阵奇异值和奇异向量是方阵特征值和特征向量等概念向一般矩阵的推广，奇异值分解方法可以将任意矩阵分解为低秩矩阵加权和形式．矩阵奇异值分解在线性动态系统辨识、最佳逼近问题、实验数据处理和数字图像存储中有广泛应用．

对于矩阵 $\boldsymbol{A}\in\mathbf{C}^{m\times n}$，$\boldsymbol{A}^{\mathrm{H}}\boldsymbol{A}$ 和 $\boldsymbol{A}\boldsymbol{A}^{\mathrm{H}}$ 都是方阵，而且是正规矩阵，奇异值分解就是通过 $\boldsymbol{A}^{\mathrm{H}}\boldsymbol{A}$ 和 $\boldsymbol{A}\boldsymbol{A}^{\mathrm{H}}$ 来研究 $\boldsymbol{A}$．

定理 3.1

设 $\boldsymbol{A}\in\mathbf{C}^{m\times n}$，则 $\boldsymbol{A}^{\mathrm{H}}\boldsymbol{A}\in\mathbf{C}^{n\times n}$，$\boldsymbol{A}\boldsymbol{A}^{\mathrm{H}}\in\mathbf{C}^{m\times m}$，而且

(1) $\boldsymbol{A}$，$\boldsymbol{A}^{\mathrm{H}}\boldsymbol{A}$，$\boldsymbol{A}\boldsymbol{A}^{\mathrm{H}}$ 具有相同的秩；

(2) $\boldsymbol{A}^{\mathrm{H}}\boldsymbol{A}$ 和 $\boldsymbol{A}\boldsymbol{A}^{\mathrm{H}}$ 具有相同的非零特征值；

(3) $\boldsymbol{A}^{\mathrm{H}}\boldsymbol{A}$ 和 $\boldsymbol{A}\boldsymbol{A}^{\mathrm{H}}$ 都是半正定矩阵．

证明　(1) 设 $\boldsymbol{A}$ 的秩 $\mathrm{Rank}(\boldsymbol{A})=r$，考虑方程组 $\boldsymbol{A}\boldsymbol{x}=\boldsymbol{0}$ 和 $\boldsymbol{A}^{\mathrm{H}}\boldsymbol{A}\boldsymbol{x}=\boldsymbol{0}$ 的解．显然，$\boldsymbol{A}\boldsymbol{x}=\boldsymbol{0}$ 的解是 $\boldsymbol{A}^{\mathrm{H}}\boldsymbol{A}\boldsymbol{x}=\boldsymbol{0}$ 的解．

反之，若有 $\boldsymbol{A}^{\mathrm{H}}\boldsymbol{A}\boldsymbol{x}=\boldsymbol{0}$，则 $\boldsymbol{x}^{\mathrm{H}}\boldsymbol{A}^{\mathrm{H}}\boldsymbol{A}\boldsymbol{x}=\boldsymbol{0}$，即 $(\boldsymbol{A}\boldsymbol{x})^{\mathrm{H}}\boldsymbol{A}\boldsymbol{x}=\boldsymbol{0}$，从而 $\boldsymbol{A}\boldsymbol{x}=\boldsymbol{0}$，这说明 $\boldsymbol{A}^{\mathrm{H}}\boldsymbol{A}\boldsymbol{x}=\boldsymbol{0}$ 的解也是 $\boldsymbol{A}\boldsymbol{x}=\boldsymbol{0}$ 的解．又因为 $\boldsymbol{A}\boldsymbol{x}=\boldsymbol{0}$ 解空间维数是 $n-r$，所以 $\mathrm{Rank}(\boldsymbol{A}^{\mathrm{H}}\boldsymbol{A})=r$．

同理可证明 $\mathrm{Rank}(\boldsymbol{A}\boldsymbol{A}^{\mathrm{H}})=r$．

(2) 令

$$\boldsymbol{P}=\begin{pmatrix}\boldsymbol{E}_m & \boldsymbol{A}\\ \boldsymbol{0} & \boldsymbol{E}_n\end{pmatrix},$$

则

$$\boldsymbol{P}^{-1}=\begin{pmatrix}\boldsymbol{E}_m & -\boldsymbol{A}\\ \boldsymbol{0} & \boldsymbol{E}_n\end{pmatrix},$$

$$\boldsymbol{P}^{-1}\begin{pmatrix}\boldsymbol{AB} & \boldsymbol{0}\\ \boldsymbol{B} & \boldsymbol{0}\end{pmatrix}\boldsymbol{P}=\begin{pmatrix}\boldsymbol{0} & \boldsymbol{0}\\ \boldsymbol{B} & \boldsymbol{BA}\end{pmatrix},$$

所以

$$\left|\lambda\boldsymbol{E}_{(m+n)}-\begin{pmatrix}\boldsymbol{A}\boldsymbol{A}^{\mathrm{H}} & \boldsymbol{0}\\ \boldsymbol{A}^{\mathrm{H}} & \boldsymbol{0}\end{pmatrix}\right|=\left|\lambda\boldsymbol{E}_{(m+n)}-\begin{pmatrix}\boldsymbol{0} & \boldsymbol{0}\\ \boldsymbol{A}^{\mathrm{H}} & \boldsymbol{A}^{\mathrm{H}}\boldsymbol{A}\end{pmatrix}\right|,$$

$$\lambda^n\left|\lambda\boldsymbol{E}_m-\boldsymbol{A}\boldsymbol{A}^{\mathrm{H}}\right|=\lambda^m\left|\lambda\boldsymbol{E}_n-\boldsymbol{A}^{\mathrm{H}}\boldsymbol{A}\right|,$$

于是对于非零特征值 λ，总有 $\left|\lambda\boldsymbol{E}_m-\boldsymbol{A}\boldsymbol{A}^{\mathrm{H}}\right|=\left|\lambda\boldsymbol{E}_n-\boldsymbol{A}^{\mathrm{H}}\boldsymbol{A}\right|$，即 $\boldsymbol{A}^{\mathrm{H}}\boldsymbol{A}$ 和 $\boldsymbol{A}\boldsymbol{A}^{\mathrm{H}}$ 具有相同的非零特征值．

(3) 考虑复二次型 $f(\boldsymbol{x})=\boldsymbol{x}^{\mathrm{H}}\boldsymbol{A}^{\mathrm{H}}\boldsymbol{A}\boldsymbol{x}=(\boldsymbol{A}\boldsymbol{x})^{\mathrm{H}}(\boldsymbol{A}\boldsymbol{x})=(\boldsymbol{A}\boldsymbol{x},\boldsymbol{A}\boldsymbol{x})\geqslant 0$，所以 $\boldsymbol{A}^{\mathrm{H}}$ 半正定．同理可证 $\boldsymbol{A}\boldsymbol{A}^{\mathrm{H}}$ 半正定．

$\boldsymbol{A}^{\mathrm{H}}\boldsymbol{A}$ 和 $\boldsymbol{A}\boldsymbol{A}^{\mathrm{H}}$ 酉相似于对角矩阵，二者又都是半正定的，所以二者的特征值都是非负实数．

定义 3.1

设 $A\in \mathbf{C}^{m\times n}$, $\mathrm{Rank}(A)=r$, 设矩阵 $A^{\mathrm{H}}A$ 的特征值 $\lambda_1\geqslant\lambda_2\geqslant\cdots\geqslant\lambda_r>0$, $\lambda_{r+1}=\cdots=\lambda_n=0$, 称正数

$$\sigma_i=\sqrt{\lambda_i},\quad i=1,2,\cdots,r$$

为矩阵 A 的奇异值.

定理 3.2

矩阵 $A\in \mathbf{C}^{m\times n}$ 的奇异值具有如下性质:

(1) 若 A 为正规矩阵, 则 A 的奇异值为 A 的非零特征值的模;

(2) 若 A 为正定的埃尔米特矩阵, 则 A 的奇异值等于 A 的特征值;

(3) 若存在酉矩阵 $U\in \mathbf{C}^{m\times m}$, $V\in \mathbf{C}^{n\times n}$, 使得 $UAV=B$, 则称 A 和 B 酉等价, 酉等价的矩阵有相同的奇异值.

证明　(1) $A\in \mathbf{C}^{n\times n}$ 为正规矩阵, 存在酉矩阵 $U\in \mathbf{C}^{n\times n}$, 使得

$$A=U\begin{pmatrix}\lambda_1 & & \\ & \ddots & \\ & & \lambda_n\end{pmatrix}U^{\mathrm{H}},$$

所以

$$A^{\mathrm{H}}A=U\begin{pmatrix}|\lambda_1|^2 & & \\ & \ddots & \\ & & |\lambda_n|^2\end{pmatrix}U^{\mathrm{H}},$$

从而

$$\sigma_i=\sqrt{|\lambda_i|^2}=|\lambda_i|,\quad i=1,2,\cdots,n.$$

(2) $A\in \mathbf{C}^{n\times n}$ 为正定的埃尔米特矩阵, 则 A 的特征值为正实数, 又因为 A 是正规矩阵, 所以

$$\sigma_i=\sqrt{|\lambda_i|^2}=|\lambda_i|=\lambda_i,\quad i=1,2,\cdots,n.$$

(3) 设 $UAV=B$, 则

$$B^{\mathrm{H}}B=V^{\mathrm{H}}A^{\mathrm{H}}U^{\mathrm{H}}UAV=V^{\mathrm{H}}A^{\mathrm{H}}AV,$$

从而 $B^{\mathrm{H}}B$ 和 $A^{\mathrm{H}}A$ 酉相似, $B^{\mathrm{H}}B$ 和 $A^{\mathrm{H}}A$ 有相同的特征值, 于是 A 和 B 有相同的奇异值.

定理 3.3

设矩阵 $A\in \mathbf{C}^{m\times n}$, $\mathrm{Rank}(A)=r$, $\sigma_1\geqslant\sigma_2\geqslant\cdots\geqslant\sigma_r>0$ 是 A 的奇异值, 则存在酉矩阵 $U\in \mathbf{C}^{m\times m}$, $V\in \mathbf{C}^{n\times n}$, 分块矩阵 $\Sigma=\begin{pmatrix}\Delta & \mathbf{0}\\ \mathbf{0} & \mathbf{0}\end{pmatrix}$, 使得 $A=U\Sigma V^{\mathrm{H}}$, 其中

$$\Delta=\begin{pmatrix}\sigma_1 & & \\ & \ddots & \\ & & \sigma_r\end{pmatrix}.$$

证明　因为 $\boldsymbol{A}^{\mathrm{H}}\boldsymbol{A}$ 可以对角化，设其特征值 $\lambda_1,\lambda_2,\cdots,\lambda_r,\cdots,\lambda_n$ 对应的标准正交特征向量组为 $\boldsymbol{v}_1,\boldsymbol{v}_2,\cdots,\boldsymbol{v}_n$. 设 $\boldsymbol{V}=(\boldsymbol{v}_1,\boldsymbol{v}_2,\cdots,\boldsymbol{v}_n)$, 则 $\boldsymbol{V}$ 是酉矩阵，从而有 $\boldsymbol{V}^{\mathrm{H}}\boldsymbol{A}^{\mathrm{H}}\boldsymbol{A}\boldsymbol{V}=\mathrm{diag}(\lambda_1,\lambda_2,\cdots,\lambda_r,\cdots,\lambda_n)=\mathrm{diag}(\lambda_1,\lambda_2,\cdots,\lambda_r,0,\cdots 0)$, 可以验证

$$\boldsymbol{A}\boldsymbol{v}_i=\boldsymbol{0},\quad i=r+1,\cdots,n.$$

令

$$\boldsymbol{u}_i=\frac{1}{\sigma_i}(\boldsymbol{A}\boldsymbol{v}_i),\quad i=1,2,\cdots,r,$$

则

$$\begin{aligned}(\boldsymbol{u}_i,\boldsymbol{u}_j)&=\left(\frac{1}{\sigma_i}\boldsymbol{A}\boldsymbol{v}_i,\frac{1}{\sigma_j}\boldsymbol{A}\boldsymbol{v}_j\right)=\left(\frac{1}{\sigma_j}\boldsymbol{A}\boldsymbol{v}_j\right)^{\mathrm{H}}\left(\frac{1}{\sigma_i}\boldsymbol{A}\boldsymbol{v}_i\right)=\frac{1}{\sigma_i\sigma_j}\boldsymbol{v}_j^{\mathrm{H}}\boldsymbol{A}^{\mathrm{H}}\boldsymbol{A}\boldsymbol{v}_i\\&=\frac{1}{\sigma_i\sigma_j}\boldsymbol{v}_j^{\mathrm{H}}\lambda_i\boldsymbol{v}_i=\begin{cases}1, & i=j,\\0, & i\neq j,\end{cases}\end{aligned}$$

即 $\boldsymbol{u}_1,\boldsymbol{u}_2,\cdots,\boldsymbol{u}_r$ 是 $\mathbf{C}^m$ 中的标准正交向量组.

现在将 $\boldsymbol{u}_1,\boldsymbol{u}_2,\cdots,\boldsymbol{u}_r$ 扩展为 $\mathbf{C}^m$ 的一个标准正交基 $\boldsymbol{u}_1,\boldsymbol{u}_2,\cdots,\boldsymbol{u}_r$，$\boldsymbol{u}_{r+1},\cdots,\boldsymbol{u}_m$，令 $\boldsymbol{U}=(\boldsymbol{u}_1,\boldsymbol{u}_2,\cdots,\boldsymbol{u}_r,\boldsymbol{u}_{r+1},\cdots,\boldsymbol{u}_m)$, 则

$$\begin{aligned}\boldsymbol{U\Sigma}&=(\boldsymbol{u}_1,\boldsymbol{u}_2,\cdots,\boldsymbol{u}_r,\boldsymbol{u}_{r+1},\cdots,\boldsymbol{u}_m)\boldsymbol{\Sigma}\\&=(\sigma_1\boldsymbol{u}_1,\sigma_2\boldsymbol{u}_2,\cdots,\sigma_r\boldsymbol{u}_r,\boldsymbol{0},\cdots,\boldsymbol{0})\\&=(\boldsymbol{A}\boldsymbol{v}_1,\boldsymbol{A}\boldsymbol{v}_2,\cdots,\boldsymbol{A}\boldsymbol{v}_r,\boldsymbol{0},\cdots,\boldsymbol{0})\\&=\boldsymbol{A}(\boldsymbol{v}_1,\boldsymbol{v}_2,\cdots,\boldsymbol{v}_n)=\boldsymbol{A}\boldsymbol{V},\end{aligned}$$

所以 $\boldsymbol{AV}=\boldsymbol{U\Sigma}$, 即 $\boldsymbol{A}=\boldsymbol{U\Sigma V}^{\mathrm{H}}$.

例 3.1　求矩阵 $\boldsymbol{A}=\begin{pmatrix}1&0&1\\0&1&1\\0&0&0\end{pmatrix}$ 的奇异值分解.

解　因为

$$\boldsymbol{A}^{\mathrm{H}}\boldsymbol{A}=\begin{pmatrix}1&0&1\\0&1&1\\1&1&2\end{pmatrix},\quad |\lambda\boldsymbol{E}_3-\boldsymbol{A}^{\mathrm{H}}\boldsymbol{A}|=(\lambda-3)(\lambda-1)\lambda,$$

所以 $\mathrm{Rank}(\boldsymbol{A})=2$, 并且 $\lambda_1=3,\lambda_2=1,\lambda_3=0,\sigma_1=\sqrt{3},\sigma_2=1,\boldsymbol{\Delta}=\begin{pmatrix}\sqrt{3}&0\\0&1\end{pmatrix}$.

$\boldsymbol{A}^{\mathrm{H}}\boldsymbol{A}$ 对应于 $\lambda_1=3,\lambda_2=1,\lambda_3=0$ 的特征向量分别是

$$\boldsymbol{\alpha}_1=(1,1,2)^{\mathrm{T}},\quad \boldsymbol{\alpha}_2=(1,-1,0)^{\mathrm{T}},\quad \boldsymbol{\alpha}_3=(1,1,-1)^{\mathrm{T}},$$

改造为标准正交向量组得到

$$V=(v_1,v_2,v_3)=\begin{pmatrix}\frac{1}{\sqrt{6}} & \frac{1}{\sqrt{2}} & \frac{1}{\sqrt{3}}\\ \frac{1}{\sqrt{6}} & -\frac{1}{\sqrt{2}} & \frac{1}{\sqrt{3}}\\ \frac{2}{\sqrt{6}} & 0 & -\frac{1}{\sqrt{3}}\end{pmatrix}.$$

再令

$$u_1=\frac{1}{\sigma_1}Av_1=\begin{pmatrix}\frac{1}{\sqrt{2}}\\ \frac{1}{\sqrt{2}}\\ 0\end{pmatrix},\quad u_2=\frac{1}{\sigma_2}Av_2=\begin{pmatrix}\frac{1}{\sqrt{2}}\\ -\frac{1}{\sqrt{2}}\\ 0\end{pmatrix},$$

$$U_1=(u_1,u_2)=\begin{pmatrix}\frac{1}{\sqrt{2}} & \frac{1}{\sqrt{2}}\\ \frac{1}{\sqrt{2}} & -\frac{1}{\sqrt{2}}\\ 0 & 0\end{pmatrix},$$

求解 U_1 的正交补子空间 $U_1^{\perp}$ 的一个标准正交基

$$u_3=\begin{pmatrix}0\\0\\1\end{pmatrix},$$

令

$$U=(u_1,u_2,u_3)=\begin{pmatrix}\frac{1}{\sqrt{2}} & \frac{1}{\sqrt{2}} & 0\\ \frac{1}{\sqrt{2}} & -\frac{1}{\sqrt{2}} & 0\\ 0 & 0 & 1\end{pmatrix},$$

得到奇异值分解

$$A=\begin{pmatrix}\frac{1}{\sqrt{2}} & \frac{1}{\sqrt{2}} & 0\\ \frac{1}{\sqrt{2}} & -\frac{1}{\sqrt{2}} & 0\\ 0 & 0 & 1\end{pmatrix}\begin{pmatrix}\sqrt{3} & 0 & 0\\ 0 & 1 & 0\\ 0 & 0 & 0\end{pmatrix}\begin{pmatrix}\frac{1}{\sqrt{6}} & \frac{1}{\sqrt{6}} & \frac{2}{\sqrt{6}}\\ \frac{1}{\sqrt{2}} & -\frac{1}{\sqrt{2}} & 0\\ \frac{1}{\sqrt{3}} & \frac{1}{\sqrt{3}} & -\frac{1}{\sqrt{3}}\end{pmatrix}.$$

定理 3.4

设 $A \in \mathbf{C}^{m\times n}$, $\mathrm{Rank}(A)=r$, $\sigma_1 \geqslant \sigma_2 \geqslant \cdots \geqslant \sigma_r > 0$ 是矩阵 A 的奇异值, A 的奇异值展开式为 $A = U\Sigma V^{\mathrm{H}} = \sigma_1 u_1 v_1^{\mathrm{H}} + \sigma_2 u_2 v_2^{\mathrm{H}} + \cdots + \sigma_r u_r v_r^{\mathrm{H}}$, 令 $M = \{S \mid S \in \mathbf{C}^{m\times n}, \mathrm{Rank}(S) \leqslant k\}$, 若 $A_k = \sigma_1 u_1 v_1^{\mathrm{H}} + \sigma_2 u_2 v_2^{\mathrm{H}} + \cdots + \sigma_k u_k v_k^{\mathrm{H}}$ $k \leqslant r$, 则

$$\|A - A_k\|_{\mathrm{F}} = \min_{S\in M} \|A - S\|_{\mathrm{F}}.$$

证明 注意到 $\|A - A_k\|_{\mathrm{F}} = \sqrt{\sigma_{k+1}^2 + \cdots + \sigma_r^2}$, 设 $X \in M$, 且 $\|A - X\|_{\mathrm{F}} = \min_{S\in M}\|A - S\|_{\mathrm{F}}$, 于是

$$\|A - X\|_{\mathrm{F}} \leqslant \sqrt{\sigma_{k+1}^2 + \cdots + \sigma_r^2}.$$

假设 X 的奇异值分解是 $X = P\Omega Q^{\mathrm{H}}$, 其中 $P \in \mathbf{C}^{m\times m}$, $Q \in \mathbf{C}^{n\times n}$ 是酉矩阵, $\Omega \in \mathbf{C}^{m\times n}$, Ω 主对角线元素至多有 k 个非零, 其余元素为零. 假设

$$\Omega = \begin{pmatrix} \Omega_{k\times k} & 0 \\ 0 & 0 \end{pmatrix},$$

因为 $A = PP^{\mathrm{H}}AQQ^{\mathrm{H}} = PBQ^{\mathrm{H}}$, 其中 $B = P^{\mathrm{H}}AQ$, 又因为酉变换不改变矩阵 F- 范数, 所以

$$\|A - X\|_{\mathrm{F}} = \| PBQ^{\mathrm{H}} - P\Omega Q^{\mathrm{H}} \|_{\mathrm{F}} = \|B - \Omega\|_{\mathrm{F}}.$$

假设 $B = \begin{pmatrix} B_{11} & B_{12} \\ B_{21} & B_{22} \end{pmatrix}$ 与 Ω 有相同的分块, 则

$$\|B - \Omega\|_{\mathrm{F}}^2 = \|B_{11} - \Omega_{k\times k}\|_{\mathrm{F}}^2 + \|B_{12}\|_{\mathrm{F}}^2 + \|B_{21}\|_{\mathrm{F}}^2 + \|B_{22}\|_{\mathrm{F}}^2.$$

由 X 的定义必有 $B_{11} = \Omega_{k\times k}$, $B_{12} = B_{21} = 0$, 否则, 令

$$Z = P\begin{pmatrix} B_{11} & B_{12} \\ B_{21} & 0 \end{pmatrix} Q^{\mathrm{H}} \in M,$$

从而

$$\|A - Z\|_{\mathrm{F}}^2 = \|B_{22}\|_{\mathrm{F}}^2 \leqslant \|A - Z\|_{\mathrm{F}}^2,$$

与 X 的定义矛盾. 所以

$$\|A - Z\|_{\mathrm{F}}^2 = \|B_{22}\|_{\mathrm{F}}^2.$$

再设 B_{22} 的奇异值分解为 $B_{22} = U_1 \Lambda V_1^{\mathrm{H}}$, 其中 $U_1 \in \mathbf{C}^{(m-k)\times(m-k)}$, $V_1 \in \mathbf{C}^{(n-k)\times(n-k)}$ 是酉矩阵, $\Lambda \in \mathbf{C}^{(m-k)\times(n-k)}$ 是对角矩阵, 令

$$U_2 = \begin{pmatrix} E_{k\times k} & 0 \\ 0 & U_1 \end{pmatrix}, \quad V_2 = \begin{pmatrix} E_{k\times k} & 0 \\ 0 & V_1 \end{pmatrix},$$

则

$$U_2 B V_2^{\mathrm{H}} = U_2 P^{\mathrm{H}} A Q V_2^{\mathrm{H}} = \begin{pmatrix} \Omega_{k\times k} & 0 \\ 0 & \Lambda \end{pmatrix},$$

$$A = PU_2^{\mathrm{H}} \begin{pmatrix} \Omega_{k\times k} & 0 \\ 0 & \Lambda \end{pmatrix} V_2 Q^{\mathrm{H}},$$

Λ 的主对角线上含有 A 的 $r-k$ 个最小的奇异值 $\sigma_{k+1}, \cdots, \sigma_r$, 所以

$$\|A-X\|_F^2=\|B_{22}\|_F^2=\|A\|_F^2=\sigma_{k+1}^2+\cdots+\sigma_r^2,$$

从而 $\|A-A_k\|_F=\min\limits_{S\in M}\|A-S\|_F$.

定理 3.4 给出了一个计算矩阵的最佳低秩近似矩阵的精确方法.

例 3.2　基于奇异值分解的数字图像压缩算法, 计算定理 3.4 中 A_k 所需要的存储空间大小.

解　$m\times n$ 数字图像含有 mn 个像素, 假设每个像素占用 1 个存储单元, 存储矩阵 A 需要 mn 个存储单元;

存储矩阵 A_k 需要 k 个奇异值 $\sigma_1,\sigma_2,\cdots,\sigma_k$, k 个 m 维向量 $u_1,u_2,\cdots,u_k$, k 个 n 维向量 $v_1,v_2,\cdots,v_k$ 共计 $k(m+n+1)$ 个存储单元.

存储空间压缩比率 $\omega=\dfrac{mn-k(m+n+1)}{mn}$.

取 $m=n=1000, k=100$, 则 ω=80%.

矩阵的奇异值分解与矩阵的值域和零空间有密切联系. 假设 $\mathrm{Rank}(A)=r$, $A=U\Sigma V^H$ 是 A 的奇异值分解, U 和 V 的列分块矩阵分别为

$$U=(u_1,u_2,\cdots,u_m),\quad V=(v_1,v_2,\cdots,v_n),$$

称 U 的列向量为 A 的左奇异向量, V 的列向量为 A 的右奇异向量. 可以验证:

(1) $\{v_{r+1},\cdots,v_n\}$ 是 A 的零空间 $\mathrm{Null}(A)$ 的一个标准正交基;

(2) $\{v_1,v_2,\cdots,v_r\}$ 是 A 的零空间的正交补子空间 $\mathrm{Null}^{\perp}(A)$ 的一个标准正交基;

(3) $\{u_{r+1},\cdots,u_m\}$ 是 A 的列空间的正交补子空间 $R^{\perp}(A)$ 的一个标准正交基;

(4) $\{u_1,u_2,\cdots,u_r\}$ 是 A 的列空间 $R(A)$ 的一个标准正交基.

4.4　投影子空间

将一个线性空间分解为若干个子空间的直和, 再将向量投影到各个子空间, 就能从不同侧面研究向量的性质. 本节介绍投影子空间的构造方法、性质及其应用.

定义 4.1

设 $\mathbf{C}^n=L\oplus M$, $x=y+z$, $y\in L$, $z\in M$. 如果线性变换 σ: $\mathbf{C}^n\to\mathbf{C}^n$ 满足 $\sigma(x)=y$, 则称 σ 是从 $\mathbf{C}^n$ 沿子空间 M 到子空间 L 上的投影变换, 投影变换在 $\mathbf{C}^n$ 空间的一个基下的矩阵称为投影矩阵.

投影变换 σ 把 $\mathbf{C}^n$ 映射成子空间 L, 故把子空间 L 称为投影子空间, 显然, 它就是 σ 的像空间 $R(\sigma)$, 子空间 M 是投影变换的核空间 $N(\sigma)$, 这时 $\mathbf{C}^n$ 空间的直和分解为 $\mathbf{C}^n=R(\sigma)\oplus N(\sigma)$.

定理 4.1

$\mathbf{C}^n$ 空间上的线性变换 σ 是投影变换的充分必要条件是 σ 是幂等变换, 即 $\sigma^2=\sigma$.

证明　必要性. 设 σ 是 $\mathbf{C}^n$ 空间沿 M 到 L 上的投影变换, 则 $\forall x\in\mathbf{C}^n$, 存在 $y\in L$, $z\in M$, 使得

$$x=y+z,\quad \sigma(x)=y,$$

于是

$$\sigma^2(\boldsymbol{x})=\sigma(\sigma(\boldsymbol{x}))=\sigma(\boldsymbol{y})=\boldsymbol{y}=\sigma(\boldsymbol{x}),$$

故 $\sigma^2=\sigma$.

充分性. 若 $\sigma^2=\sigma$, 首先, 证明 $\mathbf{C}^n=R(\sigma)\oplus N(\sigma)$. $\forall \boldsymbol{x}\in\mathbf{C}^n$, 有 $\boldsymbol{x}=\sigma(\boldsymbol{x})+(\boldsymbol{x}-\sigma(\boldsymbol{x}))$, 注意到

$$\sigma(\boldsymbol{x}-\sigma(\boldsymbol{x}))=\sigma(\boldsymbol{x})-\sigma^2(\boldsymbol{x})=\mathbf{0},$$

于是

$$\sigma(\boldsymbol{x})\in R(\sigma),\quad \boldsymbol{x}-\sigma(\boldsymbol{x})\in N(\sigma),$$

于是 $\mathbf{C}^n=R(\sigma)\oplus N(\sigma)$.

其次, $\forall \boldsymbol{x}\in R(\sigma)\cap N(\sigma)$, 因为 $\boldsymbol{x}\in R(\sigma)$, 故存在 $\boldsymbol{y}\in\mathbf{C}^n$, 使得 $\boldsymbol{x}=\sigma(\boldsymbol{y})$. 又因 $\boldsymbol{x}\in N(\sigma)$, 故 $\sigma(\boldsymbol{x})=\mathbf{0}$, 于是

$$\mathbf{0}=\sigma(\boldsymbol{x})=\sigma^2(\boldsymbol{y})=\sigma(\boldsymbol{y})=\boldsymbol{x},$$

所以 $R(\sigma)\cap N(\sigma)=\{\mathbf{0}\}$. 于是 $\mathbf{C}^n=R(\sigma)\oplus N(\sigma)$.

此时, $\forall \boldsymbol{x}\in\mathbf{C}^n$, 存在 $\boldsymbol{y}\in R(\sigma)$, $\boldsymbol{z}\in N(\sigma)$, 使得 $\boldsymbol{x}=\boldsymbol{y}+\boldsymbol{z}$, $\boldsymbol{y}=\sigma(\boldsymbol{x}_1)$, $\sigma(\boldsymbol{z})=\mathbf{0}$, 故 $\sigma(\boldsymbol{x})=\sigma(\boldsymbol{y})=\sigma^2(\boldsymbol{x}_1)=\sigma(\boldsymbol{x}_1)=\boldsymbol{y}$, 这便证明了 σ 是 $\mathbf{C}^n$ 空间沿 $N(\sigma)$ 到 $R(\sigma)$ 上的投影变换.

推论 4.1

$\mathbf{C}^n$ 空间上的线性变换 σ 是投影变换的充分必要条件是 σ 关于某个基的矩阵 $\boldsymbol{A}$ 为幂等矩阵, 即 $\boldsymbol{A}^2=\boldsymbol{A}$.

投影矩阵亦即幂等矩阵. 下面推导投影矩阵的计算方法.

假定 $\mathrm{Dim}(L)=r$, 则 $\mathrm{Dim}(M)=n-r$, 在子空间 L 和 M 中分别取基底

$$\{\boldsymbol{\alpha}_1,\boldsymbol{\alpha}_2,\cdots,\boldsymbol{\alpha}_r\},\quad \{\boldsymbol{\beta}_1,\boldsymbol{\beta}_2,\cdots,\boldsymbol{\beta}_{n-r}\}.$$

于是 $\{\boldsymbol{\alpha}_1,\boldsymbol{\alpha}_2,\cdots,\boldsymbol{\alpha}_r,\boldsymbol{\beta}_1,\boldsymbol{\beta}_2,\cdots,\boldsymbol{\beta}_{n-r}\}$ 便构成 $\mathbf{C}^n$ 的基底. 根据投影矩阵的性质有

$$\boldsymbol{A}\boldsymbol{\alpha}_i=\boldsymbol{\alpha}_i(i=1,2,\cdots,r),\quad \boldsymbol{A}\boldsymbol{\beta}_j=\mathbf{0}(j=1,2,\cdots,n-r),$$

分别以 $\boldsymbol{\alpha}_1,\boldsymbol{\alpha}_2,\cdots,\boldsymbol{\alpha}_r$ 和 $\boldsymbol{\beta}_1,\boldsymbol{\beta}_2,\cdots,\boldsymbol{\beta}_{n-r}$ 为列向量构造分块矩阵

$$\boldsymbol{B}=(\boldsymbol{\alpha}_1,\boldsymbol{\alpha}_2,\cdots,\boldsymbol{\alpha}_r),\quad \boldsymbol{D}=(\boldsymbol{\beta}_1,\boldsymbol{\beta}_2,\cdots,\boldsymbol{\beta}_{n-r}),$$

于是 $\boldsymbol{A}(\boldsymbol{B},\boldsymbol{D})=(\boldsymbol{B},\mathbf{0})$, 因此投影矩阵

$$\boldsymbol{A}=(\boldsymbol{B},\mathbf{0})(\boldsymbol{B},\boldsymbol{D})^{-1}.$$

定义 4.2

设 σ 是 $\mathbf{C}^n$ 空间上的投影变换, $\mathbf{C}^n=R(\sigma)\oplus N(\sigma)$. 如果 $R(\sigma)$ 的正交补子空间 $R^{\perp}(\sigma)=N(\sigma)$, 则称 σ 是 $\mathbf{C}^n$ 空间的正交投影变换. 正交投影变换在 $\mathbf{C}^n$ 空间的一个基下的矩阵称为正交投影矩阵.

定理 4.2

$\mathbf{C}^n$ 空间上的线性变换 σ 是正交投影变换的充分必要条件是 σ 关于某个基的矩阵 $\boldsymbol{A}$ 为幂等的埃尔米特矩阵, 即 $\boldsymbol{A}^2=\boldsymbol{A}$, $\boldsymbol{A}^{\mathrm{H}}=\boldsymbol{A}$.

证明　必要性. 设 $\boldsymbol{A}$ 是线性变换 σ 在某个基下的矩阵, 由定理 4.1 只需证 $\boldsymbol{A}^{\mathrm{H}}=\boldsymbol{A}$. 由

$$\begin{cases}\mathbf{C}^n=R(\sigma)\oplus N(\sigma),\\ R^{\perp}(\sigma)=N(\sigma),\end{cases}$$

可得

$$\begin{cases}\mathbf{C}^n=R(\boldsymbol{A})\oplus N(\boldsymbol{A}),\\ R^{\perp}(\boldsymbol{A})=N(\boldsymbol{A}).\end{cases}$$

又令 $\boldsymbol{x}\in R(\sigma)$, $\boldsymbol{y}\in N^{\perp}(\boldsymbol{A})$, 由 $\boldsymbol{A}^2=\boldsymbol{A}$ 有 $\boldsymbol{x}=\boldsymbol{A}\boldsymbol{x}$, 于是

$$(\boldsymbol{x},\boldsymbol{y})=(\boldsymbol{A}\boldsymbol{x},\boldsymbol{y})=(\boldsymbol{x},\boldsymbol{A}^{\mathrm{H}}\boldsymbol{y})=(\boldsymbol{x},\boldsymbol{0})=0,$$

所以

$$N(\boldsymbol{A}^{\mathrm{H}})\subseteq R^{\perp}(\boldsymbol{A}).$$

另一方面, 对任意 $\boldsymbol{y}\in N^{\perp}(\boldsymbol{A})$, 有

$$(\boldsymbol{A}^{\mathrm{H}}\boldsymbol{y},\boldsymbol{A}^{\mathrm{H}}\boldsymbol{y})=(\boldsymbol{y},\boldsymbol{A}\boldsymbol{A}^{\mathrm{H}}\boldsymbol{y})=0,$$

从而 $\boldsymbol{A}^{\mathrm{H}}\boldsymbol{y}=\boldsymbol{0}$, 即 $\boldsymbol{y}\in N(\boldsymbol{A}^{\mathrm{H}})$, 故 $R^{\perp}(\boldsymbol{A})=N(\boldsymbol{A}^{\mathrm{H}})$. 于是

$$\begin{cases}\mathbf{C}^n=R(\boldsymbol{A})\oplus N(\boldsymbol{A}),\\ R^{\perp}(\boldsymbol{A})=N(\boldsymbol{A}).\end{cases}$$

由正交补的唯一性推得 $N(\boldsymbol{A})=N(\boldsymbol{A}^{\mathrm{H}})$. 同理, 由 $(\boldsymbol{A}^{\mathrm{H}})^2=\boldsymbol{A}^{\mathrm{H}}$, 推得

$$\begin{cases}\mathbf{C}^n=R(\boldsymbol{A}^{\mathrm{H}})\oplus N(\boldsymbol{A}),\\ R^{\perp}(\boldsymbol{A}^{\mathrm{H}})=N(\boldsymbol{A}).\end{cases}$$

故 $R(\boldsymbol{A})=R(\boldsymbol{A}^{\mathrm{H}})$.

$\forall\boldsymbol{x}\in\mathbf{C}^n$, $\boldsymbol{x}=\boldsymbol{y}+\boldsymbol{z}$, $\boldsymbol{y}\in R(\boldsymbol{A})=R(\boldsymbol{A}^{\mathrm{H}})$, $\boldsymbol{z}\in N(\boldsymbol{A})=N(\boldsymbol{A}^{\mathrm{H}})$, 由

$$\boldsymbol{A}\boldsymbol{x}=\boldsymbol{A}\boldsymbol{y}+\boldsymbol{A}\boldsymbol{z}=\boldsymbol{A}\boldsymbol{y}=\boldsymbol{y},\qquad \boldsymbol{A}^{\mathrm{H}}\boldsymbol{x}=\boldsymbol{A}^{\mathrm{H}}\boldsymbol{y}+\boldsymbol{A}^{\mathrm{H}}\boldsymbol{z}=\boldsymbol{A}^{\mathrm{H}}\boldsymbol{y}=\boldsymbol{y},$$

证得 $\boldsymbol{A}^{\mathrm{H}}=\boldsymbol{A}$.

充分性. 因 $\boldsymbol{A}^2=\boldsymbol{A}$, $\boldsymbol{A}^{\mathrm{H}}=\boldsymbol{A}$, 所以 σ 是 $\mathbf{C}^n$ 空间的投影变换, 且 $\mathbf{C}^n=R(\boldsymbol{A})\oplus N(\boldsymbol{A})$.

$\forall\boldsymbol{x}\in R(\boldsymbol{A})$, $\boldsymbol{y}\in N(\boldsymbol{A})$, 由

$$(\boldsymbol{x},\boldsymbol{y})=(\boldsymbol{A}\boldsymbol{x},\boldsymbol{y})=(\boldsymbol{A}^{\mathrm{H}}\boldsymbol{x},\boldsymbol{y})=(\boldsymbol{x},\boldsymbol{A}\boldsymbol{y})=0,$$

证得 $N(\boldsymbol{A})\subseteq R^{\perp}(\boldsymbol{A})$.

又因为 $\forall\boldsymbol{x}\in R^{\perp}(\boldsymbol{A})$,

$$(\boldsymbol{A}\boldsymbol{x},\boldsymbol{A}\boldsymbol{y})=(\boldsymbol{x},\boldsymbol{A}^{\mathrm{H}}\boldsymbol{A}\boldsymbol{x})=(\boldsymbol{x},\boldsymbol{A}^2\boldsymbol{x})=(\boldsymbol{x},\boldsymbol{A}\boldsymbol{x})=0,$$

所以 $\boldsymbol{A}\boldsymbol{x}=\boldsymbol{0}$, 即 $\boldsymbol{x}\in N(\boldsymbol{A})$, 故 $R^{\perp}(\boldsymbol{A})=N(\boldsymbol{A})$.

由于正交投影中的两个子空间是正交补子空间, 已知其中一个就能唯一确定另外一个, 因此正交投影矩阵的计算更简单.

在一般的投影矩阵 $\boldsymbol{A}=(\boldsymbol{B},\boldsymbol{0})\ (\boldsymbol{B},\boldsymbol{D})^{-1}$ 中, 考虑到 $\boldsymbol{B}$ 与 $\boldsymbol{D}$ 正交, 即 $\boldsymbol{B}^{\mathrm{H}}\boldsymbol{D}=\boldsymbol{0}$, 于是

$$\begin{aligned}A&=(\boldsymbol{B},\boldsymbol{0})(\boldsymbol{B},\boldsymbol{D})^{-1}\\&=(\boldsymbol{B},\boldsymbol{0})((\boldsymbol{B},\boldsymbol{D})^{\mathrm{H}}(\boldsymbol{B},\boldsymbol{D}))^{-1}(\boldsymbol{B},\boldsymbol{D})^{\mathrm{H}}\\&=(\boldsymbol{B},\boldsymbol{0})\begin{pmatrix}\boldsymbol{B}^{\mathrm{H}}\boldsymbol{B}&\boldsymbol{0}\\\boldsymbol{0}&\boldsymbol{D}^{\mathrm{H}}\boldsymbol{D}\end{pmatrix}^{-1}\begin{pmatrix}\boldsymbol{B}^{\mathrm{H}}\\\boldsymbol{D}^{\mathrm{H}}\end{pmatrix}\\&=(\boldsymbol{B},\boldsymbol{0})\begin{pmatrix}(\boldsymbol{B}^{\mathrm{H}}\boldsymbol{B})^{-1}&\boldsymbol{0}\\\boldsymbol{0}&(\boldsymbol{D}^{\mathrm{H}}\boldsymbol{D})^{-1}\end{pmatrix}\begin{pmatrix}\boldsymbol{B}^{\mathrm{H}}\\\boldsymbol{D}^{\mathrm{H}}\end{pmatrix}\\&=\boldsymbol{B}(\boldsymbol{B}^{\mathrm{H}}\boldsymbol{B})^{-1}\boldsymbol{B}^{\mathrm{H}}=\boldsymbol{B}\boldsymbol{B}^{+},\end{aligned}$$

其中，$\boldsymbol{B}^{+}=(\boldsymbol{B}^{\mathrm{H}}\boldsymbol{B})^{-1}\boldsymbol{B}^{\mathrm{H}}$，称为 $\boldsymbol{B}$ 的 M-P 广义逆.

例 4.1 设 $\mathbf{R}^3$ 中子空间 L 由向量 $\boldsymbol{\alpha}_1=(1,2,0)^{\mathrm{T}}$，$\boldsymbol{\alpha}_2=(0,0,1)^{\mathrm{T}}$ 生成，求 $\mathbf{R}^3$ 中向量到 L 的正交投影矩阵，并计算 $\boldsymbol{x}=(1,2,1)^{\mathrm{T}}$ 的投影.

解 因为

$$\boldsymbol{B}=\begin{pmatrix}1&0\\2&0\\0&1\end{pmatrix},\quad \boldsymbol{B}^{\mathrm{H}}\boldsymbol{B}=\begin{pmatrix}5&0\\0&1\end{pmatrix},\quad (\boldsymbol{B}^{\mathrm{H}}\boldsymbol{B})^{-1}=\begin{pmatrix}\frac{1}{5}&0\\0&1\end{pmatrix},$$

所以

$$\boldsymbol{A}=\boldsymbol{B}(\boldsymbol{B}^{\mathrm{H}}\boldsymbol{B})^{-1}\boldsymbol{B}^{\mathrm{H}}=\begin{pmatrix}\frac{1}{5}&\frac{2}{5}&0\\\frac{2}{5}&\frac{4}{5}&0\\0&0&1\end{pmatrix},\quad \boldsymbol{A}\boldsymbol{x}=\begin{pmatrix}\frac{1}{5}&\frac{2}{5}&0\\\frac{2}{5}&\frac{4}{5}&0\\0&0&1\end{pmatrix}\begin{pmatrix}1\\2\\1\end{pmatrix}=\begin{pmatrix}1\\2\\1\end{pmatrix}.$$

矩阵与线性变换有对应关系，借助于矩阵 M-P 广义逆概念，我们还可以构造正交投影矩阵，从而得到与矩阵有关的正交投影变换. M-P 广义逆概念是方阵逆矩阵概念的推广.

定义 4.3

设 $\boldsymbol{A}\in\mathbf{C}^{m\times n}$，若存在矩阵 $\boldsymbol{G}\in\mathbf{C}^{n\times m}$，满足

(1) $\boldsymbol{AGA}=\boldsymbol{A}$;

(2) $\boldsymbol{GAG}=\boldsymbol{G}$;

(3) $(\boldsymbol{AG})^{\mathrm{H}}=\boldsymbol{AG}$;

(4) $(\boldsymbol{GA})^{\mathrm{H}}=\boldsymbol{GA}$,

则称 $\boldsymbol{G}$ 为 $\boldsymbol{A}$ 的 M-P 广义逆矩阵或加号逆矩阵，记为 $\boldsymbol{A}^{+}$.

定理 4.3

若矩阵 $\boldsymbol{A}\in\mathbf{C}^{m\times n}$ 存在 M-P 广义逆，则 $\boldsymbol{A}$ 的 M-P 广义逆是唯一的.

证明 设 $\boldsymbol{G}_1,\boldsymbol{G}_2\in\mathbf{C}^{n\times m}$ 是 $\boldsymbol{A}$ 的任意两个 M-P 广义逆，根据 M-P 广义逆定义有

$$\begin{aligned}G_1&=(G_1A)G_1=(G_1A)^{\mathrm H}G_1=A^{\mathrm H}G_1^{\mathrm H}G_1\\&=(AG_2A)^{\mathrm H}G_1^{\mathrm H}G_1=A^{\mathrm H}G_2^{\mathrm H}A^{\mathrm H}G_1^{\mathrm H}G_1\\&=(G_2A)^{\mathrm H}(G_1A)^{\mathrm H}G_1=G_2AG_1AG_1=G_2AG_1,\end{aligned}$$

同理可得 $G_2=G_2AG_1$，所以 $G_1=G_2$.

定理 4.4

任意矩阵 $A\in\mathbf{C}^{m\times n}$ 都存在 M-P 广义逆 A^+，当 A 是可逆方阵时，$A^+=A^{-1}$.

证明　设 A 的秩 $\mathrm{Rank}(A)=r$，由等价标准形理论可知，存在可逆矩阵 $P\in\mathbf{C}^{m\times m}$，$Q\in\mathbf{C}^{n\times n}$，使得

$$PAQ=\begin{pmatrix}E_r&0\\0&0\end{pmatrix},$$

从而

$$A=P^{-1}\begin{pmatrix}E_r&0\\0&0\end{pmatrix}Q^{-1}=(B,B_1)\begin{pmatrix}E_r&0\\0&0\end{pmatrix}\begin{pmatrix}C\\C_1\end{pmatrix}=BC,$$

其中 B 是 P^{-1} 的前 r 列组成的矩阵，C 是 Q^{-1} 的前 r 行组成的矩阵，则 $B\in\mathbf{C}^{m\times r}$，$C\in\mathbf{C}^{r\times n}$，并且 $\mathrm{Rank}(B)=\mathrm{Rank}(C)=r$.

根据 4.3 节的定理 3.1，$\mathrm{Rank}(B^{\mathrm H}B)=\mathrm{Rank}(CC^{\mathrm H})=r$，也就是 $(B^{\mathrm H}B)^{-1}$ 和 $(CC^{\mathrm H})^{-1}$ 都存在. 再令

$$A^+=C^{\mathrm H}(CC^{\mathrm H})^{-1}(B^{\mathrm H}B)^{-1}B^{\mathrm H},$$

则容易验证 A^+ 是 A 的 M-P 广义逆.

当 A 是可逆方阵时，可以验证 A^{-1} 满足定义 4.3，再由定理 4.3 可知 $A^+=A^{-1}$.

我们称定理 4.4 中 $A=BC$ 是 A 的满秩分解，具体分解方法可参照定理证明过程.

例 4.2　求矩阵 $A=\begin{pmatrix}1&0&-1&1\\0&2&2&2\\-1&4&5&3\end{pmatrix}$ 的 M-P 广义逆 A^+.

解　对 A 计算满秩分解得到

$$A=BC=\begin{pmatrix}1&0\\0&2\\-1&4\end{pmatrix}\begin{pmatrix}1&0&-1&1\\0&1&1&1\end{pmatrix},$$

$$A^+=\begin{pmatrix}1&0\\0&1\\-1&1\\1&1\end{pmatrix}\begin{pmatrix}3&0\\0&3\end{pmatrix}^{-1}\begin{pmatrix}2&-4\\-4&20\end{pmatrix}^{-1}\begin{pmatrix}1&0&-1\\0&2&4\end{pmatrix}=\frac{1}{18}\begin{pmatrix}5&2&-1\\1&1&1\\-4&-1&2\\6&3&0\end{pmatrix}.$$

矩阵的 M-P 广义逆还可以通过奇异值分解来计算.

定理 4.5

设 $A \in \mathbf{C}^{m\times n}$, $\mathrm{Rank}(A)=r$, A 的奇异值展开式为 $A=U\Sigma V^{\mathrm{H}}$, 则

$$A^{+}=V\begin{pmatrix}\Delta^{-1} & 0\\ 0 & 0\end{pmatrix}U^{\mathrm{H}},$$

其中, $\Delta \in \mathbf{C}^{r\times r}$ 是由 A 的正奇异值组成的对角矩阵.

证明留作练习.

M-P 广义逆与通常的逆有一些相同或相似的性质.

定理 4.6

设 $A \in \mathbf{C}^{m\times n}$, $\lambda \in \mathbf{C}$, 则 A^{+} 具有如下性质:

(1) $(A^{+})^{+}=A$;

(2) $(A^{+})^{\mathrm{H}}=(A^{\mathrm{H}})^{+}$;

(3) $(\lambda A)^{+}=\lambda^{+}A^{+}$, 其中, 当 $\lambda=0$ 时, $\lambda^{+}=0$, 当 $\lambda\neq 0$ 时, $\lambda^{+}=\dfrac{1}{\lambda}$;

(4) $\mathrm{Rank}(A)=\mathrm{Rank}(A^{+})=\mathrm{Rank}(A^{+}A)=\mathrm{Rank}(AA^{+})$.

证明留作练习.

值得注意的是, 一般来说, $(AB)^{+}\neq B^{+}A^{+}$; $(A^{+})^{k}\neq (A^{k})^{+}$, 其中 k 是正整数.

定理 4.7

设 $A \in \mathbf{C}^{m\times n}$, 则

(1) AA^{+} 和 $A^{+}A$ 都是正交投影矩阵;

(2) A 的零空间 $N(A)$ 和 A^{+} 的列空间 $R(A^{+})$ 是互补的正交子空间;

(3) A 的列空间 $R(A)$ 和 A^{+} 的零空间 $N(A^{+})$ 是互补的正交子空间.

证明　(1) 由 A^{+} 的定义即可验证;

(2) $A^{+}A$ 是正交投影矩阵, 由定理4.2可知 $A^{+}A$ 对应的变换是正交投影变换, 并且 $R(A^{+}A)$ 和 $N(A^{+}A)$ 是互补的正交子空间. 下面证明 $R(A^{+}A)=R(A^{+})$, $N(A^{+}A)=N(A)$.

显然有 $R(A^{+}A)\subseteq R(A^{+})$, $N(A)\subseteq N(A^{+}A)$.

对任意 $y\in R(A^{+})$, 存在 x 使 $y=A^{+}x=(A^{+}A)A^{+}x$, 故 $R(A^{+})\subseteq R(A^{+}A)$.

对任意 $x\in N(A^{+}A)$, $A^{+}Ax=0$, $Ax=AA^{+}Ax=0$, 故 $N(A^{+}A)\subseteq N(A)$.

(3) 同 (2) 的证明.

正交投影变换与几何学中“垂线段最短”原理有着深刻的联系.

定理 4.8

设 L 是 $\mathbf{C}^{n}$ 的子空间, σ 是 $\mathbf{C}^{n}$ 空间向 L 的正交投影变换, $x_0\in\mathbf{C}^{n}$, 但是 $x_0\notin L$, 则

$$\|\sigma(x_0)-x_0\|=\min_{x\in L}\|x-x_0\|.$$

证明　因为 σ 是 $\mathbf{C}^n$ 空间向 L 的正交投影变换，所以

$$\mathbf{C}^n = R(\sigma) \oplus N(\sigma), \quad R^{\perp}(\sigma) = N(\sigma).$$

$\forall \boldsymbol{x} \in L$, 有

$$\boldsymbol{x} - \sigma(\boldsymbol{x}_0) \in L, \quad \boldsymbol{x}_0 - \sigma(\boldsymbol{x}_0) \in L^{\perp},$$

因此

$$\begin{aligned}\|\boldsymbol{x} - \boldsymbol{x}_0\|^2 &= \|(\boldsymbol{x} - \sigma(\boldsymbol{x}_0)) + (\sigma(\boldsymbol{x}_0) - \boldsymbol{x}_0)\|^2 \\ &= \|\boldsymbol{x} - \sigma(\boldsymbol{x}_0)\|^2 + \|\sigma(\boldsymbol{x}_0) - \boldsymbol{x}_0\|^2 \\ &\geqslant \|\sigma(\boldsymbol{x}_0) - \boldsymbol{x}_0\|^2.\end{aligned}$$

M-P 广义逆可以表示最佳的最小二乘解.

设 $\boldsymbol{A} \in \mathbf{C}^{m\times n}$, $\boldsymbol{b} \in \mathbf{C}^m$, 则线性方程组 $\boldsymbol{Ax} = \boldsymbol{b}$ 有解当且仅当 $\boldsymbol{b} \in R(\boldsymbol{A})$. 若 $\boldsymbol{b} \notin R(\boldsymbol{A})$, 则方程组不相容，此时要求其近似解 $\boldsymbol{x}_0$, 并使得 $\boldsymbol{x}_0$ 对 2-范数误差 $\|\boldsymbol{Ax}_0 - \boldsymbol{b}\|_2$ 最小，而且 $\boldsymbol{x}_0$ 本身的 2-范数也最小，称 $\boldsymbol{x}_0$ 是 $\boldsymbol{Ax} = \boldsymbol{b}$ 的最佳最小二乘解.

定理 4.9

设 $\boldsymbol{A} \in \mathbf{C}^{m\times n}$, $\boldsymbol{b} \in \mathbf{C}^m$ 则 $\boldsymbol{x}_0 = \boldsymbol{A}^{+}\boldsymbol{b}$ 是线性方程组 $\boldsymbol{Ax} = \boldsymbol{b}$ 的最佳最小二乘解.

证明留给作练习.

例 4.3　求下列不相容线性方程组的最佳最小二乘解.

$$\begin{pmatrix} 1 & 0 & -1 & 1 \\ 0 & 2 & 2 & 2 \\ -1 & 4 & 5 & 3 \end{pmatrix}\begin{pmatrix} x_1 \\ x_2 \\ x_3 \\ x_4 \end{pmatrix} = \begin{pmatrix} 4 \\ 1 \\ 2 \end{pmatrix}.$$

解　系数矩阵 $\boldsymbol{A}$ 的 M-P 逆为

$$\boldsymbol{A}^{+} = \frac{1}{18}\begin{pmatrix} 5 & 2 & -1 \\ 1 & 1 & 1 \\ -4 & -1 & 2 \\ 6 & 3 & 0 \end{pmatrix},$$

于是方程组的最小二乘解为

$$\boldsymbol{x}_0 = \boldsymbol{A}^{+}\boldsymbol{b} = \frac{1}{18}(20, 7, -13, 27)^{\mathrm{T}}.$$

习 题 4

1. 设$\boldsymbol{E}_r$表示r阶单位矩阵，对n阶方阵$\boldsymbol{A}=\begin{pmatrix}\boldsymbol{E}_r & \boldsymbol{0}\\ \boldsymbol{0} & \boldsymbol{0}\end{pmatrix}$，$\boldsymbol{B}=\begin{pmatrix}\boldsymbol{0} & \boldsymbol{0}\\ \boldsymbol{0} & \boldsymbol{E}_{n-r}\end{pmatrix}$. 它们的列空间为$R(\boldsymbol{A})$，$R(\boldsymbol{B})$，证明$\mathbf{R}^n=R(\boldsymbol{A})\oplus R(\boldsymbol{B})$.

2. 设$\boldsymbol{A}=\begin{pmatrix}1&1&1\\2&1&3\\3&1&5\end{pmatrix}$，讨论向量$\boldsymbol{\alpha}=(2,3,4)^{\mathrm{T}}$是否在$R(\boldsymbol{A})$中.

3. 设$\boldsymbol{A}\in\mathbf{R}^{n\times n}$，证明下列条件等价:

(1) $\boldsymbol{A}$是可逆矩阵;

(2) 核空间$N(\boldsymbol{A})=\{\boldsymbol{0}\}$;

(3) 列空间$R(\boldsymbol{A})=\mathbf{R}^n$.

4. 设W_1与W_2是欧氏空间的两个子空间，证明

$$(W_1+W_2)^{\perp}=W_1^{\perp}\cap W_2^{\perp};(W_1\cap W_2)^{\perp}=W_1^{\perp}+W_2^{\perp}.$$

5. 设矩阵$\boldsymbol{A},\boldsymbol{B}\in\mathbf{C}^{m\times n}$，证明子空间$R(\boldsymbol{A})$与$R(\boldsymbol{B})$是正交子空间的充要条件是$\boldsymbol{A}^{\mathrm{H}}\boldsymbol{B}=\boldsymbol{0}$.

6. 设$\mathbf{R}^3$中线性变换σ为: $\forall\boldsymbol{x}=(x_1,x_2,x_3)^{\mathrm{T}}$，$\sigma(\boldsymbol{x})=(0,x_1,x_2)^{\mathrm{T}}$，

(1) 求σ的像空间$R(\sigma)$和零空间$N(\sigma)$;

(2) 求$R(\sigma)$和$N(\sigma)$的维数与基.

7. 设$\mathbf{R}^2$中线性变换σ为: $\forall\boldsymbol{x}=(x_1,x_2)^{\mathrm{T}}$，$\sigma(\boldsymbol{x})=(x_2,x_1)^{\mathrm{T}}$，求$\sigma$的两个不变子空间$W_1$与$W_2$，使得$\mathbf{R}^2=W_1\oplus W_2$.

8. 设欧氏空间上向量$\boldsymbol{u}=\left(\frac{2}{3},-\frac{2}{3},-\frac{1}{3}\right)^{\mathrm{T}}$，$\mathbf{R}^3$上正交投影$\sigma$如下定义: $\sigma(\boldsymbol{x})=\boldsymbol{x}-(\boldsymbol{x},\boldsymbol{u})\boldsymbol{u}$，求$\sigma$的不变子空间，把$\mathbf{R}^3$分解为不变子空间的直和，并求相应的矩阵分解.

9. 求矩阵$\boldsymbol{A}=\begin{pmatrix}1&0&-1&1\\0&2&2&2\\-1&4&5&3\end{pmatrix}$的M-P逆$\boldsymbol{A}^{+}$.

10. 考虑$\mathbf{R}^3$中由向量$\boldsymbol{\alpha}=(1,2,0)^{\mathrm{T}}$和$\boldsymbol{\beta}=(0,0,1)^{\mathrm{T}}$所生成的子空间$L$，求正交投影矩阵$\boldsymbol{A}$和向量$\boldsymbol{x}=(1,2,3)^{\mathrm{T}}$沿$L^{\perp}$到$L$的投影.

11. 求矩阵$\boldsymbol{A}=\begin{pmatrix}1&1&-1\\2&0&2\\-1&1&1\\1&-1&-1\end{pmatrix}$的加号逆$\boldsymbol{A}^{+}$.

12. 设$\boldsymbol{A}$是幂等埃尔米特矩阵，证明$\boldsymbol{A}^{+}=\boldsymbol{A}$.

13. 求线性方程组$\begin{pmatrix}0&2&0\\1&0&2\\0&1&0\end{pmatrix}\begin{pmatrix}x_1\\x_2\\x_3\end{pmatrix}=\begin{pmatrix}1\\1\\1\end{pmatrix}$的最佳最小二乘解.

第5章

矩 阵 分 析

在高等数学课程里我们重点学习了一元和二元函数的极限、连续、微分和积分等分析性质，利用向量和矩阵等工具可以方便高效地研究一般多元函数的分析性质. 在这里，函数可以是标量或者向量或者矩阵形式，自变量也具有标量、向量或矩阵形式.

为规范表达，表 5.1 给出了本章使用的函数与自变量分类表.

表 5.1　函数与自变量分类表 ($\xi, \boldsymbol{x}, \boldsymbol{X}$ 分别表示标量、列向量和矩阵)

	标量自变量	向量自变量	矩阵自变量
标量函数	$\varphi(\xi)$: ξ^2	$\varphi(\boldsymbol{x})$: $\boldsymbol{a}^{\mathrm{T}}\boldsymbol{x}, \boldsymbol{x}^{\mathrm{T}}\boldsymbol{A}\boldsymbol{x}$	$\varphi(\boldsymbol{X})$: $\boldsymbol{a}^{\mathrm{T}}\boldsymbol{X}\boldsymbol{b}$, $\mathrm{Trace}(\boldsymbol{X})$, $\lvert\boldsymbol{X}\rvert$
向量函数	$\boldsymbol{f}(\xi)$: $(\xi, \xi^2)^{\mathrm{T}}$	$\boldsymbol{f}(\boldsymbol{x})$: $\boldsymbol{A}\boldsymbol{x}$	$\boldsymbol{f}(\boldsymbol{X})$: $\boldsymbol{X}\boldsymbol{b}$
矩阵函数	$F(\xi)$: $\begin{pmatrix} 1 & \xi \\ \xi & \xi^2 \end{pmatrix}$	$F(\boldsymbol{x})$: $\boldsymbol{x}\boldsymbol{x}^{\mathrm{T}}$	$F(\boldsymbol{X})$: $\boldsymbol{A}\boldsymbol{X}\boldsymbol{B}, \boldsymbol{X}^2, \boldsymbol{X}^{+}$

第 5 章知识导图

5.1 函数的连续性

向量是特殊的矩阵，另一方面，用矩阵形式表达的多元函数一般可以转化为向量表达形式，因此我们在此重点介绍向量函数的连续与微分等概念和性质[9, 10]. 本章涉及的向量一般是指欧氏空间里的向量.

首先给出几个常用术语和记号.

$\mathbf{R}^n$ 中以点 $\boldsymbol{\alpha}$ 为球心、以 $r>0$ 为半径的球，记为 $B(\boldsymbol{\alpha},r)=\{\boldsymbol{x}\in\mathbf{R}^n;\ \|\boldsymbol{x}-\boldsymbol{\alpha}\|<r\}$；如果再加上球面上的点，得到闭球，记为 $\overline{B}(\boldsymbol{\alpha},r)=\{\boldsymbol{x}\in\mathbf{R}^n:\ \|\boldsymbol{x}-\boldsymbol{\alpha}\|\leqslant r\}$；如果去掉球心 $\boldsymbol{\alpha}$，则得到空心球 $\mathring{B}(\boldsymbol{\alpha},r)=\{\boldsymbol{x}\in\mathbf{R}^n:0<\|\boldsymbol{x}-\boldsymbol{\alpha}\|<r\}$.

设 $E\subset\mathbf{R}^n$，如果存在 $r>0$，使得 $E\subset B(\boldsymbol{0},r)$，那么称 E 是一个有界集.

设 $E\subset\mathbf{R}^n$，如果对于任意的 $\boldsymbol{\alpha}\in E$，存在 $r>0$，使得 $B(\boldsymbol{\alpha},r)\subset E$，那么称 E 是一个开集.

设 $E\subset\mathbf{R}^n$，若 $\boldsymbol{\alpha}\in\mathbf{R}^n$ 有这样的性质：对任何 $r>0$，在空心球 $\mathring{B}(\boldsymbol{\alpha},r)$ 中总有 E 中的点，那么称 $\boldsymbol{\alpha}$ 是 E 的一个凝聚点或极限点.

设 $E\subset\mathbf{R}^n$，如果将 E 分解为两个非空的、不相交的集合之并时，其中至少有一个含着另一个的凝聚点，称 E 是连通集. 在 $\mathbf{R}$ 上，连通集一定是区间.

设 $E\subset\mathbf{R}^n$，如果 E 的所有凝聚点都属于 E，称 E 是闭集.

设 $E\subset\mathbf{R}^n$，对任意 $\boldsymbol{x}$，$\boldsymbol{y}\in E$，$0<\theta<1$，如果 $\theta\boldsymbol{x}+(1-\theta)\boldsymbol{y}\in E$，称 E 是凸集.

定义 1.1

设 $S\subset\mathbf{R}^n$，那么映射 φ：$S\to\mathbf{R}$ 称为一个标量函数，其中 S 称为函数的定义域，而 $\varphi(S)\subset\mathbf{R}$ 称为 φ 的值域.

设点 $\boldsymbol{x}\in S$，记为 $\boldsymbol{x}=(x_1,x_2,\cdots,x_n)^{\mathrm{T}}$，$\varphi$ 在点 $\boldsymbol{x}$ 处所取的值可以写为 $\varphi(\boldsymbol{x})$，也可以写为 $\varphi(x_1,x_2,\cdots,x_n)$，变数 $x_1,x_2,\cdots,x_n$ 称为 φ 的自变量.

定义 1.2

设 $S\subset\mathbf{R}^n$，φ：$S\to\mathbf{R}$，点 $\boldsymbol{\alpha}\in\mathbf{R}^n$ 是 S 的一个凝聚点，又设 l 是一个实数. 如果对任意给定的 $\varepsilon>0$，存在 $\delta>0$，当 $\boldsymbol{x}\in S\cap\mathring{B}(\boldsymbol{\alpha},\delta)$ 时，有 $|\varphi(\boldsymbol{x})-l|<\varepsilon$，我们称函数 φ 在点 $\boldsymbol{\alpha}$ 处有极限 l，也就是说当 $\boldsymbol{x}$ 趋向于 $\boldsymbol{\alpha}$ 时，$\varphi(\boldsymbol{x})$ 趋向于 l，记作 $\lim\limits_{\boldsymbol{x}\to\boldsymbol{\alpha}}\varphi(\boldsymbol{x})=l$，或者 $\varphi(\boldsymbol{x})\to l$ $(\boldsymbol{x}\to\boldsymbol{\alpha})$.

注意：φ 在点 $\boldsymbol{\alpha}$ 处可以没有定义. 另外，$\boldsymbol{x}$ 在 S 中趋向于 $\boldsymbol{\alpha}$ 的途径可以是沿着种种不同的直线方向，也可以是通过曲线路径去趋近的，不管是沿着哪条路径，都要求 $\varphi(\boldsymbol{x})$ 趋向于 l. 最后，多变量函数的极限还有其他极限过程，比如 $\varphi(\boldsymbol{x})\to l$ ($\boldsymbol{x}\to\infty$)，“∞”前面不能带有正负号.

定理 1.1

设 $S\subset\mathbf{R}^n$，φ：$S\to\mathbf{R}$，$\boldsymbol{\alpha}\in\mathbf{R}^n$ 是 S 的一个凝聚点. 函数有极限 $\varphi(\boldsymbol{x})\to l(\boldsymbol{x}\to\boldsymbol{\alpha})$ 的充分必要条件是，对任何点列 $\{\boldsymbol{x}_i\}\subset S$，$\boldsymbol{x}_i\neq\boldsymbol{\alpha}(i=1,2,\cdots)$ 且 $\boldsymbol{x}_i\to\boldsymbol{\alpha}(i\to\infty)$，数列极限 $\varphi(\boldsymbol{x}_i)\to l(i\to\infty)$.

证明 必要性显然，请读者自证.

充分性. 如果 φ 在点 $\boldsymbol{\alpha}$ 处不以 l 为极限，则对某一个 $\varepsilon_0>0$，以及每个自然数 $i\in\mathbf{N}$，可以取出一个点 $\boldsymbol{x}_i\in S$，满足 $0<\|\boldsymbol{x}_i-\boldsymbol{\alpha}\|<\dfrac{1}{i}$，并使得 $|\varphi(\boldsymbol{x}_i)-l|>\varepsilon_0$. 这时点列 $\{\boldsymbol{x}_i\}\subset S$ 且 $\boldsymbol{x}_i\to\boldsymbol{\alpha}(i\to\infty)$，但数列 $\{\varphi(\boldsymbol{x}_i)\}$ 不以 l 为极限，与假设矛盾.

多元函数的极限也有相应的和、差、积、商和复合运算法则.

定理 1.2

设 $S\subset\mathbf{R}^n$，φ，ψ：$S\to\mathbf{R}$，$\boldsymbol{\alpha}\in\mathbf{R}^n$ 是 S 的一个凝聚点. 如果 φ，ψ 存在着有限的极限：

$$\varphi(\boldsymbol{x})\to l(\boldsymbol{x}\to\boldsymbol{\alpha}),\quad \psi(\boldsymbol{x})\to m(\boldsymbol{x}\to\boldsymbol{\alpha}),$$

那么有

(1) $(\varphi\pm\psi)(\boldsymbol{x})\to l\pm m(\boldsymbol{x}\to\boldsymbol{\alpha})$；

(2) $(\varphi\psi)(\boldsymbol{x})\to lm(\boldsymbol{x}\to\boldsymbol{\alpha})$；

(3) $(\varphi/\psi)(\boldsymbol{x})\to\dfrac{l}{m}(\boldsymbol{x}\to\boldsymbol{\alpha})$，其中 $m\neq0$.

证明 证明见参考文献[9].

定理 1.3

设 $S\subset\mathbf{R}^n$，φ：$S\to\mathbf{R}$，$\boldsymbol{\alpha}\in\mathbf{R}^n$，设 φ 在 $\boldsymbol{\alpha}$ 的空心球 $\mathring{B}(\boldsymbol{\alpha},r)$ 上有定义，且 $\varphi(\boldsymbol{x})\to l(\boldsymbol{x}\to\boldsymbol{\alpha})$；一元函数 ψ 在 l 的空心球 $\mathring{B}(l,\delta)=\{t:\ 0<|t-l|<\delta\}$ 上有定义，且 $\psi(t)\to m\ (t\to l)$. 再设 $\varphi(\mathring{B}(\boldsymbol{\alpha},r))\subset\mathring{B}(l,\delta)$，那么有 $\psi(\varphi(\boldsymbol{x}))\to m(\boldsymbol{x}\to\boldsymbol{\alpha})$.

证明 在 $\mathring{B}(\boldsymbol{\alpha},r)$ 内任取收敛于 $\boldsymbol{\alpha}$ 的点列 $\{\boldsymbol{x}_i\}$，其相应的函数值序列 $\{\varphi(\boldsymbol{x}_i)\}\subset\mathring{B}(l,\delta)$，并且 $\varphi(\boldsymbol{x}_i)\to l\ (i\to\infty)$. 根据单变量函数极限的复合法则，有 $\psi(\varphi(\boldsymbol{x}_i))\to m\ (i\to\infty)$.

再由定理 1.1，得 $\psi(\varphi(\boldsymbol{x}))\to m(\boldsymbol{x}\to\boldsymbol{\alpha})$.

定理 1.4（柯西收敛原理）

设 $S\subset\mathbf{R}^n$，φ：$S\to\mathbf{R}$，$\boldsymbol{\alpha}\in\mathbf{R}^n$ 是 S 的一个凝聚点. 那么当 $\boldsymbol{x}\to\boldsymbol{\alpha}$ 时 $\varphi(\boldsymbol{x})$ 存在极限的充要条件是，对任意给定的 $\varepsilon>0$，存在 $\delta>0$，当 $\boldsymbol{x}',\boldsymbol{x}''\in S$ 且 $0<\|\boldsymbol{x}'-\boldsymbol{\alpha}\|<\delta$ 和 $0<\|\boldsymbol{x}''-\boldsymbol{\alpha}\|<\delta$ 时，有 $|\varphi(\boldsymbol{x}')-\varphi(\boldsymbol{x}'')|<\varepsilon$.

证明 证明见参考文献[9].

有了极限概念，我们可以讨论连续函数.

定义 1.3

设 $S\subset\mathbf{R}^n$，φ：$S\to\mathbf{R}$，$\boldsymbol{\alpha}\in S$. 如果对任意给定的 $\varepsilon>0$，存在 $\delta>0$，当 $\boldsymbol{x}\in S\cap B(\boldsymbol{\alpha},\delta)$ 时，有 $|\varphi(\boldsymbol{x})-\varphi(\boldsymbol{\alpha})|<\varepsilon$，则称函数 φ 在点 $\boldsymbol{\alpha}$ 连续. $\boldsymbol{\alpha}$ 称为 φ 的一个连续点，S 中 φ 的非连续点称为 φ 的间断点.

如果 φ 在 S 中的每个点都连续，则称 φ 在 S 上连续.

例 1.1 设 $\boldsymbol{x}=(x_1,x_2,\cdots,x_n)^{\mathrm{T}}$，定义函数 $\varphi(\boldsymbol{x})=x_i(i=1,2,\cdots,n)$，称之为 $\boldsymbol{x}$ 在第 i 个坐标轴上的投影，则 φ 在 $\mathbf{R}^n$ 上连续.

证明 任取 $\boldsymbol{a}=(a_1,a_2,\cdots,a_n)^{\mathrm{T}}\in\mathbf{R}^n$，那么 $\varphi(\boldsymbol{a})=a_i$，于是

$$|\varphi(\boldsymbol{x})-\varphi(\boldsymbol{a})|=|x_i-a_i|\leqslant\|\boldsymbol{x}-\boldsymbol{a}\|,$$

于是 φ 在 $\mathbf{R}^n$ 上连续.

多变量函数连续的定义与单变量函数连续的定义相同，因此单变量连续函数的性质，比如连续函数四则运算性质、连续函数经过复合仍是连续函数的性质等，都可以推广到多元函数的情形. 这些性质的正确性大多数来自函数定义域是有界闭集条件，只有连续函数的介值定理依赖于函数定义域的连通性.

定理 1.5

设 $S\subset\mathbf{R}^n$，φ：$S\to\mathbf{R}$ 是连续函数. 如果 S 是有界闭集，那么 φ 在 S 上能取到它的最大值和最小值.

证明 证明参考文献[9].

定理 1.6

设 $S\subset\mathbf{R}^n$ 是一个连通集，φ：$S\to\mathbf{R}$ 是连续函数. 如果 $\boldsymbol{a},\boldsymbol{b}\in S$ 和 $r\in\mathbf{R}$ 使得 $\varphi(\boldsymbol{a})<r<\varphi(\boldsymbol{b})$，那么存在 $\boldsymbol{c}\in S$，使得 $\varphi(\boldsymbol{c})=r$.

证明 证明见参考文献[9].

上面介绍了函数值是标量、自变量是向量函数的定义和性质，如果要进一步研究这类函数的一阶偏导数和二阶偏导数，则还需要向量函数等概念.

定义 1.4

设 $S\subset\mathbf{R}^n$，φ_i：$S\to\mathbf{R}$，$i=1,2,\cdots,m$，则称 $\boldsymbol{f}=(\varphi_1,\varphi_2,\cdots,\varphi_m)^{\mathrm{T}}$：$S\to\mathbf{R}^m$ 是在 S 上定义的、在 $\mathbf{R}^m$ 中取值的向量函数，记作 $\boldsymbol{y}=\boldsymbol{f}(\boldsymbol{x})$，$\boldsymbol{y}=(y_1,y_2,\cdots,y_m)^{\mathrm{T}}$，$y_i=\varphi_i(\boldsymbol{x})=\varphi_i(x_1,x_2,\cdots,x_n)\in\mathbf{R}$，$\boldsymbol{x}\in S$，其中 φ_i 称为 $\boldsymbol{f}$ 的第 i $(i=1,2,\cdots,m)$ 个分量函数，分量函数是标量函数.

例 1.2 设矩阵 $\boldsymbol{A}=(a_{ij})\in\mathbf{R}^{m\times n}$，$\boldsymbol{x}\in\mathbf{R}^n$，则线性变换 $\boldsymbol{y}=\boldsymbol{A}\boldsymbol{x}$ 确定了一个从 $\mathbf{R}^n$ 到 $\mathbf{R}^m$ 的向量函数.

定义 1.5

设 $S\subset\mathbf{R}^n$，$\boldsymbol{f}$：$S\to\mathbf{R}^m$，又设 $\boldsymbol{\alpha}$ 是 S 的凝聚点，$\boldsymbol{p}\in\mathbf{R}^m$. 如果对任意给定的 $\varepsilon>0$，存在 $\delta>0$，当 $\boldsymbol{x}\in S\cap\mathring{B}(\boldsymbol{\alpha},\delta)$ 时，有 $\|\boldsymbol{f}(\boldsymbol{x})-\boldsymbol{p}\|<\varepsilon$，那么向量函数 $\boldsymbol{f}$ 在点 $\boldsymbol{\alpha}$ 处有极限 $\boldsymbol{p}$，记作 $\lim\limits_{\boldsymbol{x}\to\boldsymbol{\alpha}}\boldsymbol{f}(\boldsymbol{x})=\boldsymbol{p}$，或者 $\boldsymbol{f}(\boldsymbol{x})\to\boldsymbol{p}\ (\boldsymbol{x}\to\boldsymbol{\alpha})$.

与定义 1.5 等价的说法是，设 $\boldsymbol{p}=(p_1,p_2,\cdots,p_m)^{\mathrm{T}}$，$\boldsymbol{f}=(\varphi_1,\varphi_2,\cdots,\varphi_m)^{\mathrm{T}}$，则向量函数 $\boldsymbol{f}$ 在点 $\boldsymbol{\alpha}$ 处有极限 $\boldsymbol{p}$ 当且仅当每个分量函数 $\varphi_i(\boldsymbol{x})\to p_i\ (\boldsymbol{x}\to\boldsymbol{\alpha})$，$i=1,2,\cdots,m$.

向量函数的极限也有线性运算性质.

定理 1.7

设 $S\subset\mathbf{R}^n$，$\boldsymbol{f},\boldsymbol{g}:S\to\mathbf{R}^m$，又设 $\boldsymbol{\alpha}$ 是 S 的凝聚点，并且 $\boldsymbol{f}(\boldsymbol{x})\to\boldsymbol{p}(\boldsymbol{x}\to\boldsymbol{\alpha})$，$\boldsymbol{g}(\boldsymbol{x})\to$

$\boldsymbol{q}(\boldsymbol{x}\to\boldsymbol{\alpha})$，于是对于任意 λ，$\mu\in\mathbf{R}$ 有 $(\lambda\boldsymbol{f}(\boldsymbol{x})+\mu\boldsymbol{g}(\boldsymbol{x}))\to\lambda\boldsymbol{p}+c\boldsymbol{q}(\boldsymbol{x}\to\boldsymbol{\alpha})$.

证明 证明见参考文献[9].

定义 1.6

设 $S\subset\mathbf{R}^n$，$\boldsymbol{f}$：$S\to\mathbf{R}^m$，$\boldsymbol{\alpha}\in S$. 如果对任意给定的 $\varepsilon>0$，存在 $\delta>0$，当 $\boldsymbol{x}\in S\cap B(\boldsymbol{\alpha},\delta)$ 时，有 $\boldsymbol{f}(\boldsymbol{x})\in B(\boldsymbol{f}(\boldsymbol{\alpha}),\varepsilon)$，则称向量函数 $\boldsymbol{f}$ 在点 $\boldsymbol{\alpha}$ 连续. $\boldsymbol{\alpha}$ 称为 $\boldsymbol{f}$ 的一个连续点，S 中 $\boldsymbol{f}$ 的非连续点称为 $\boldsymbol{f}$ 的间断点.

如果 $\boldsymbol{f}$ 在 S 中的每个点都连续，则称 $\boldsymbol{f}$ 在 S 上连续.

与定义 1.6 等价的说法是，向量函数 $\boldsymbol{f}$ 在点 $\boldsymbol{\alpha}$ 处连续当且仅当每个分量函数 $\varphi_i(\boldsymbol{x})$ 在点 $\boldsymbol{\alpha}$ 处连续，$i=1,\cdots,m$.

因为向量不能比较大小，对于向量函数而言，没有最值定理和介值定理，但有类似结论.

定理 1.8

设 $S\subset\mathbf{R}^n$，$\boldsymbol{f}$：$S\to\mathbf{R}^m$ 在 S 上连续. 如果 S 是 $\mathbf{R}^n$ 中的连通集，那么 $\boldsymbol{f}(S)$ 是 $\mathbf{R}^m$ 中的连通集.

证明 证明见参考文献[9].

定理 1.9

设 $S\subset\mathbf{R}^n$，$\boldsymbol{f}$：$S\to\mathbf{R}^m$ 在 S 上连续. 如果 S 是 $\mathbf{R}^n$ 中的有界闭集，那么 $\boldsymbol{f}(S)$ 是 $\mathbf{R}^m$ 中的有界闭集.

证明 证明见参考文献[9].

5.2 一阶微分与雅可比矩阵

向量函数和矩阵函数的微分是函数值增量的一阶近似. 本节介绍向量函数和矩阵函数的微分和导数概念、计算和有关性质.

向量函数和矩阵函数的分量函数都是标量函数，先介绍标量函数的有关概念.

定义 2.1

设开集 $S\subset\mathbf{R}^n$，φ：$S\to\mathbf{R}$. 取定 $\boldsymbol{c}\in S$，$\boldsymbol{h}=(h_1,h_2,\cdots,h_n)^{\mathrm{T}}\in\mathbf{R}^n$，$\boldsymbol{c}+\boldsymbol{h}\in S$. 如果存在不依赖于 $\boldsymbol{h}$ 的常数 $\lambda_1,\lambda_2,\cdots,\lambda_n$，使得

$$\varphi(\boldsymbol{c}+\boldsymbol{h})-\varphi(\boldsymbol{c})=\sum_{i=1}^{n}\lambda_i h_i+o(\|\boldsymbol{h}\|)\qquad(\|\boldsymbol{h}\|\to 0),$$

则称函数 φ 在点 $\boldsymbol{c}$ 处可微，并称 $\sum_{i=1}^{n}\lambda_i h_i$ 为 φ 在 $\boldsymbol{c}$ 处对应自变量改变量 $\boldsymbol{h}$ 的微分，记作

$$\mathrm{d}\varphi(\boldsymbol{c};\boldsymbol{h})=\sum_{i=1}^{n}\lambda_i h_i.$$

显然，φ 在 $\boldsymbol{c}$ 处的微分就是函数改变量的主要部分，它是自变量改变量 $\boldsymbol{h}$ 的分量的齐次线性函数. 从这个意义上来说，多变量函数微分与单变量函数微分定义是一致的.

如果 φ 在开集 S 上的每一点都可微，则称 φ 是 S 上的可微函数.

不依赖于 $\boldsymbol{h}$ 的常数 $\lambda_1,\lambda_2,\cdots,\lambda_n$ 满足 $\lambda_i=\dfrac{\partial\varphi}{\partial x_i}(\boldsymbol{c})=\mathrm{D}_i\varphi(\boldsymbol{c})$，其中 $\mathrm{D}_i=\dfrac{\partial}{\partial x_i}$ 为第 i $(i=1,\cdots,n)$ 个偏微分算子. 我们把

$$\mathrm{D}\varphi(\boldsymbol{c})=(\mathrm{D}_1\varphi(\boldsymbol{c}),\cdots,\mathrm{D}_n\varphi(\boldsymbol{c}))$$

称为函数 φ 在点 $\boldsymbol{c}$ 处的雅可比矩阵.

标量函数对向量的雅可比矩阵是一个行向量，其分量就是标量函数依次对自变量坐标分量的偏导数，雅可比矩阵还可以用符号 $\dfrac{\partial\varphi(\boldsymbol{c})}{\partial\boldsymbol{x}^{\mathrm{T}}}=\left(\dfrac{\partial\varphi(\boldsymbol{c})}{\partial x_1},\cdots,\dfrac{\partial\varphi(\boldsymbol{c})}{\partial x_n}\right)$ 表示.

雅可比矩阵 $\mathrm{D}\varphi(\boldsymbol{c})$ 的转置矩阵称为 φ 在点 $\boldsymbol{c}$ 处的梯度，记为 $\mathrm{grad}(\varphi(\boldsymbol{c}))=(\mathrm{D}\varphi(\boldsymbol{c}))^{\mathrm{T}}$.

标量函数对向量的梯度矩阵是一个列向量，其分量就是标量函数依次对向量坐标分量的偏导数，梯度还可以记为 $\nabla\varphi(\boldsymbol{c})=\dfrac{\partial\varphi(\boldsymbol{c})}{\partial\boldsymbol{x}}=\left(\dfrac{\partial\varphi(\boldsymbol{c})}{\partial x_1},\cdots,\dfrac{\partial\varphi(\boldsymbol{c})}{\partial x_n}\right)^{\mathrm{T}}$.

雅可比矩阵主要用于计算函数的微分(偏导数与对应自变量微分乘积的代数和)，而梯度则表示函数增加最快的方向向量，与自变量有相同的表现形式，通常和步长一起用于更新自变量的迭代格式中.

定理 2.1(标量函数可微的充分条件)

设开集 $S\subset\mathbf{R}^n$，φ：$S\to\mathbf{R}$，$\boldsymbol{c}\in S$. 如果 $\mathrm{D}_i\varphi(\boldsymbol{x})$ $(i=1,\cdots,n)$ 在包含 $\boldsymbol{c}$ 的某个开集中存在且在点 $\boldsymbol{c}$ 处连续，则 φ 在点 $\boldsymbol{c}$ 处可微.

证明 令

$$\begin{aligned}
r(\boldsymbol{x})&=\varphi(\boldsymbol{c}+\boldsymbol{h})-\varphi(\boldsymbol{c})-[\mathrm{D}_1\varphi(\boldsymbol{c})h_1+\cdots+\mathrm{D}_n\varphi(\boldsymbol{c})h_n]\\
&=\varphi(x_1+h_1,x_2+h_2,\cdots,x_n+h_n)-\varphi(x_1,x_2,\cdots,x_n)-[\mathrm{D}_1\varphi(\boldsymbol{c})h_1+\cdots+\mathrm{D}_n\varphi(\boldsymbol{c})h_n]\\
&=\varphi(x_1+h_1,x_2+h_2,\cdots,x_n+h_n)-\varphi(x_1+h_1,\cdots,x_{n-1}+h_{n-1},x_n)\\
&\quad+\varphi(x_1+h_1,\cdots,x_{n-1}+h_{n-1},x_n)-\varphi(x_1,x_2,\cdots,x_n)-[\mathrm{D}_1\varphi(\boldsymbol{c})h_1+\cdots+\mathrm{D}_n\varphi(\boldsymbol{c})h_n]\\
&=\mathrm{D}_n\varphi(x_1+h_1,x_2+h_2,\cdots,x_n+\theta_nh_n)h_n\\
&\quad+\varphi(x_1+h_1,\cdots,x_{n-1}+h_{n-1},x_n)-\varphi(x_1,x_2,\cdots,x_n)-[\mathrm{D}_1\varphi(\boldsymbol{c})h_1+\cdots+\mathrm{D}_n\varphi(\boldsymbol{c})h_n]\\
&=\cdots\\
&=\mathrm{D}_n\varphi(x_1+h_1,x_2+h_2,\cdots,x_n+\theta_nh_n)h_n+\mathrm{D}_{n-1}\varphi(x_1+h_1,\cdots,x_{n-1}+\theta_{n-1}h_{n-1},x_n)h_{n-1}+\cdots\\
&\quad+\mathrm{D}_1\varphi(x_1+\theta_1h_1,x_2,\cdots,x_n)h_1-[\mathrm{D}_1\varphi(\boldsymbol{c})h_1+\cdots+\mathrm{D}_n\varphi(\boldsymbol{c})h_n]\\
&=[\mathrm{D}_1\varphi(x_1+\theta_1h_1,x_2,\cdots,x_n)-\mathrm{D}_1\varphi(\boldsymbol{c})]h_1+\cdots+[\mathrm{D}_n\varphi(x_1+h_1,x_2+h_2,\cdots,x_n+\theta_nh_n)-\mathrm{D}_n\varphi(\boldsymbol{c})]h_n,
\end{aligned}$$

其中 $0<\theta_i<1\ (i=1,2,\cdots,n)$.

因为 $\mathrm{D}_i\varphi(\boldsymbol{x})$ $(i=1,2,\cdots,n)$ 在点 $\boldsymbol{c}$ 处连续，$\dfrac{|h_i|}{\|\boldsymbol{h}\|}<1\ (i=1,2,\cdots,n)$，于是当 $\|\boldsymbol{h}\|\to0$ 时，

$$\frac{r(x)}{\|h\|}\to 0,$$

从而 φ 在点 c 处可微.

定义 2.2

设开集 $S\subset\mathbf{R}^n$，向量函数 $f=(\varphi_1,\varphi_2,\cdots,\varphi_m)^{\mathrm{T}}:\ S\to\mathbf{R}^m$，取定 $c\in S$，$h=(h_1,h_2,\cdots,h_n)^{\mathrm{T}}\in\mathbf{R}^n$，$c+h\in S$. 如果存在不依赖于 h 的矩阵 $A(c)\in\mathbf{R}^{m\times n}$，使得

$$f(c+h)-f(c)=A(c)h+r(c+h),$$

其中 $r=(r_1,r_2,\cdots,r_m)^{\mathrm{T}}$，而且 $\dfrac{r(c+h)}{\|h\|}\to\mathbf{0}\ (\|h\|\to 0)$，那么称向量函数 f 在点 c 处可微，并称 $A(c)h$ 为 f 在 c 处对应自变量改变量 h 的微分，记作 $\mathrm{d}f(c;h)=A(c)h$. 如果 f 在 S 内每个点都可微，称 f 在 S 上可微.

定理 2.2

设开集 $S\subset\mathbf{R}^n$，向量函数 $f=(\varphi_1,\varphi_2,\cdots,\varphi_m)^{\mathrm{T}}:\ S\to\mathbf{R}^m$，$c\in S$. 则 f 在点 c 处可微当且仅当每一个分量函数 φ_i 在点 c 处可微，而且 $\mathrm{d}f(c;h)$ 的第 i 个分量正好是 $\mathrm{d}\varphi_i(c;h)$ $(i=1,\cdots,m)$.

证明 f 在点 c 处可微当且仅当存在 $A(c)=(a_{ij}(c))\in\mathbf{R}^{m\times n}$，满足

$$f(c+h)-f(c)=A(c)h+r(c+h),$$

其中 $r=(r_1,r_2,\cdots,r_m)^{\mathrm{T}}$，$h=(h_1,h_2,\cdots,h_n)^{\mathrm{T}}\in\mathbf{R}^n$，$c+h\in S$，$\dfrac{r(c+h)}{\|h\|}\to\mathbf{0}\ (\|h\|\to 0)$，当且仅当

$$\varphi_i(c;h)-\varphi_i(c)=\sum_{j=1}^{n}a_{ij}(c)h_j+r_i(c;h),$$

$$r_i(c;h)\to 0\ (\|h\|\to 0),\quad i=1,2,\cdots,m,$$

当且仅当分量函数 φ_i 在点 c 处可微，而且 $\mathrm{d}\varphi_i(c;h)=\sum\limits_{j=1}^{n}a_{ij}(c)h_j$，$i=1,2,\cdots,m$.

下面介绍 $A(c)$ 的计算方法.

设开集 $S\subset\mathbf{R}^n$，向量函数 $f=(\varphi_1,\varphi_2,\cdots,\varphi_m)^{\mathrm{T}}:\ S\to\mathbf{R}^m$，$c\in S$，$e_j\in\mathbf{R}^n$ 是第 j $(j=1,\cdots,n)$ 个单位向量(e_j 的第 j 个分量是 1，其余是零)，$t\in\mathbf{R}$，$c+te_j\in S$. 如果极限

$$\lim_{t\to 0}\frac{\varphi_i(c+te_j)-\varphi_i(c)}{t}$$

存在，则称为分量函数 φ_i 在 c 对第 j 个坐标的偏导数，记作 $\mathrm{D}_j\varphi_i(c)$，或者 $\dfrac{\partial\varphi_i(c)}{\partial x_j}$.

把 mn 个偏导数构成的 $m\times n$ 矩阵

$$\mathrm{D}f(c)=\begin{pmatrix}\mathrm{D}\varphi_1(c)\\ \vdots\\ \mathrm{D}\varphi_m(c)\end{pmatrix}=(\mathrm{D}_j\varphi_i(c))=\begin{pmatrix}\dfrac{\partial\varphi_1(c)}{\partial x_1} & \cdots & \dfrac{\partial\varphi_1(c)}{\partial x_n}\\ \vdots & & \vdots\\ \dfrac{\partial\varphi_m(c)}{\partial x_1} & \cdots & \dfrac{\partial\varphi_m(c)}{\partial x_n}\end{pmatrix},$$

称为向量函数 $\boldsymbol{f}$ 在点 $\boldsymbol{c}$ 处的雅可比矩阵.

向量函数对向量的雅可比矩阵的行向量就是向量函数的分量(通常是标量函数)分别对向量的雅可比矩阵. 向量函数对向量的雅可比矩阵还可以记为

$$\frac{\partial \boldsymbol{f}(\boldsymbol{c})}{\partial \boldsymbol{x}^{\mathrm{T}}}=\begin{pmatrix}\partial \varphi_1(\boldsymbol{c})/\partial \boldsymbol{x}^{\mathrm{T}}\\ \vdots \\ \partial \varphi_m(\boldsymbol{c})/\partial \boldsymbol{x}^{\mathrm{T}}\end{pmatrix}=\left(\frac{\partial \varphi_i(\boldsymbol{c})}{\partial x_j}\right).$$

把 $\mathrm{D}f(\boldsymbol{c})$ 的转置矩阵称为向量函数 $\boldsymbol{f}$ 在点 $\boldsymbol{c}$ 处的梯度, 记作 $\operatorname{grad}(\boldsymbol{f}(\boldsymbol{c}))=(\mathrm{D}\boldsymbol{f}(\boldsymbol{c}))^{\mathrm{T}}$, 梯度还可以记为 $\nabla \boldsymbol{f}(\boldsymbol{c})=\dfrac{\partial \boldsymbol{f}^{\mathrm{T}}(\boldsymbol{c})}{\partial \boldsymbol{x}}=(\partial\varphi_1(\boldsymbol{c})/\partial\boldsymbol{x},\cdots,\partial\varphi_m(\boldsymbol{c})/\partial\boldsymbol{x})$.

值得注意的是, 向量函数一般是指列向量, 如果模型中向量函数是一个 m 维行向量, 则需要按照 $m\times 1$ 的矩阵函数处理.

同样地, 雅可比矩阵的第 i 行与自变量微分的内积正是向量函数第 i 个分量的微分; 而梯度矩阵的第 i 列正是向量函数第 i 个分量的最速增长方向向量. 一般来说, 这些增长方向向量是不同的, 因此, 在构造迭代格式的时候需要用它们的线性组合来确定新的方向向量, 使得自变量从一个向量迭代到另一个向量, 这种情况在求解多目标规划问题时经常遇到.

定理 2.3

设开集 $S\subset\mathbf{R}^n$, 向量函数 $\boldsymbol{f}=(\varphi_1,\varphi_2,\cdots,\varphi_m)^{\mathrm{T}}$: $S\to\mathbf{R}^m$, $\boldsymbol{c}\in S$. 如果 $\boldsymbol{f}$ 在点 $\boldsymbol{c}$ 处可微, 则偏导数 $\mathrm{D}_j\varphi_i(\boldsymbol{c})(i=1,2,\cdots,m;\ j=1,2,\cdots,n)$ 存在.

证明 设 $\boldsymbol{r}=(r_1,r_2,\cdots,r_m)^{\mathrm{T}}$, 因为 $\boldsymbol{f}$ 在点 $\boldsymbol{c}$ 处可微, 所以存在矩阵 $\boldsymbol{A}(\boldsymbol{c})=(a_{ij}(\boldsymbol{c}))$, 对任意 $\boldsymbol{h}\in\mathbf{R}^n$, $\|\boldsymbol{h}\|<r$, $\boldsymbol{c}+\boldsymbol{h}\in S$, 有

$$\boldsymbol{f}(\boldsymbol{c}+\boldsymbol{h})-\boldsymbol{f}(\boldsymbol{c})=\boldsymbol{A}(\boldsymbol{c})\boldsymbol{h}+\boldsymbol{r}(\boldsymbol{c}+\boldsymbol{h}),$$

特别地, 分别令 $\boldsymbol{h}=t\boldsymbol{e}_j$, $t\in\mathbf{R}$, $|t|<r$, $j=1,2,\cdots,n$, 有

$$\boldsymbol{f}(\boldsymbol{c}+t\boldsymbol{e}_j)-\boldsymbol{f}(\boldsymbol{c})=t\boldsymbol{A}(\boldsymbol{c})\boldsymbol{e}_j+\boldsymbol{r}(\boldsymbol{c};t\boldsymbol{e}_j),$$

其中 $\boldsymbol{r}(\boldsymbol{c};t\boldsymbol{e}_j)\to\boldsymbol{0}\ (t\to 0)$. 于是

$$\begin{pmatrix}\varphi_1(\boldsymbol{c}+t\boldsymbol{e}_j)\\ \vdots\\ \varphi_m(\boldsymbol{c}+t\boldsymbol{e}_j)\end{pmatrix}-\begin{pmatrix}\varphi_1(\boldsymbol{c})\\ \vdots\\ \varphi_m(\boldsymbol{c})\end{pmatrix}=t\begin{pmatrix}a_{1j}(\boldsymbol{c})\\ \vdots\\ a_{mj}(\boldsymbol{c})\end{pmatrix}+\begin{pmatrix}r_1(\boldsymbol{c};t\boldsymbol{e}_j)\\ \vdots\\ r_m(\boldsymbol{c};t\boldsymbol{e}_j)\end{pmatrix},$$

于是

$$\varphi_i(\boldsymbol{c}+t\boldsymbol{e}_j)-\varphi_i(\boldsymbol{c})=ta_{ij}(\boldsymbol{c})+r_i(\boldsymbol{c};t\boldsymbol{e}_j),\quad i=1,2,\cdots,m.$$

于是

$$\lim_{t\to 0}\frac{\varphi_i(\boldsymbol{c}+t\boldsymbol{e}_j)-\varphi_i(\boldsymbol{c})}{t}=a_{ij}(\boldsymbol{c}),$$

故偏导数 $\mathrm{D}_j\varphi_i(\boldsymbol{c})(i=1,2,\cdots,m;\ j=1,2,\cdots,n)$ 存在.

定理 2.3 说明, 如果函数 $\boldsymbol{f}$ 在点 $\boldsymbol{c}$ 处可微, 则微分 $\mathrm{d}\boldsymbol{f}(\boldsymbol{c};\boldsymbol{h})=\mathrm{D}f(\boldsymbol{c})\boldsymbol{h}$, 这样就得到了微分计算公式.

根据定理 2.1 和定理 2.2, 立即得到向量函数可微的一个充分条件.

定理 2.4(向量函数可微的充分条件)

设开集 $S\subset \mathbf{R}^n$，向量函数 $\boldsymbol{f}: S\to \mathbf{R}^m$，$\boldsymbol{c}\in S$. 如果 $\boldsymbol{f}$ 在 $\boldsymbol{c}$ 的某个邻域 $S\cap B(\boldsymbol{c},\delta)$ 内偏导数 $\mathrm{D}_j\varphi_i(\boldsymbol{c})(i=1,2,\cdots,m;j=1,2,\cdots,n)$ 存在而且连续，则 $\boldsymbol{f}$ 在点 $\boldsymbol{c}$ 处可微.

向量函数微分也具有链式法则和一阶微分形式不变性.

定理 2.5(复合函数求导的链式法则)

设开集 $S\subset \mathbf{R}^n$，向量函数 $\boldsymbol{g}=(\psi_1,\psi_2,\cdots,\psi_m)^{\mathrm{T}}: S\to \mathbf{R}^m$，$\boldsymbol{g}$ 在点 $\boldsymbol{c}\in S$ 处可微. 又设开集 $T\subset \mathbf{R}^m$，而且 $\boldsymbol{g}(S)\subset T$，$\boldsymbol{f}=(\varphi_1,\varphi_2,\cdots,\varphi_l)^{\mathrm{T}}: T\to \mathbf{R}^l$，并且 $\boldsymbol{f}$ 在点 $\boldsymbol{g}(\boldsymbol{c})$ 处可微，那么复合向量函数 $\boldsymbol{f}\circ\boldsymbol{g}$ 在点 $\boldsymbol{c}\in S$ 处可微，并且 $\boldsymbol{f}\circ\boldsymbol{g}$ 在点 $\boldsymbol{c}$ 处的雅可比矩阵满足

$$\mathrm{D}(\boldsymbol{f}\circ\boldsymbol{g})(\boldsymbol{c})=\mathrm{D}\boldsymbol{f}(\boldsymbol{g}(\boldsymbol{c}))\mathrm{D}\boldsymbol{g}(\boldsymbol{c}).$$

证明 令 $\boldsymbol{b}=\boldsymbol{g}(\boldsymbol{c})$，$\boldsymbol{A}=\mathrm{D}\boldsymbol{f}(\boldsymbol{b})$，$\boldsymbol{B}=\mathrm{D}\boldsymbol{g}(\boldsymbol{c})$. 因为 $\boldsymbol{g}$，$\boldsymbol{f}$ 分别在点 $\boldsymbol{c}$，$\boldsymbol{b}$ 处可微，所以有

$$\boldsymbol{g}(\boldsymbol{c}+\boldsymbol{h})-\boldsymbol{g}(\boldsymbol{c})=\boldsymbol{B}\boldsymbol{h}+\boldsymbol{u}(\boldsymbol{h}),$$

其中 $\dfrac{\|\boldsymbol{u}(\boldsymbol{h})\|}{\|\boldsymbol{h}\|}\to 0\ (\|\boldsymbol{h}\|\to 0)$，对给定的 $\boldsymbol{h}$，令 $\boldsymbol{k}=\boldsymbol{g}(\boldsymbol{c}+\boldsymbol{h})-\boldsymbol{g}(\boldsymbol{c})$，则

$$\|\boldsymbol{k}\|\leqslant\|\boldsymbol{B}\boldsymbol{h}\|+\|\boldsymbol{u}(\boldsymbol{h})\|\leqslant(\|\boldsymbol{B}\|+\varepsilon(\boldsymbol{h}))\|\boldsymbol{h}\|.$$

又设 $\boldsymbol{f}(\boldsymbol{b}+\boldsymbol{k})-\boldsymbol{f}(\boldsymbol{b})=\boldsymbol{A}\boldsymbol{k}+\boldsymbol{v}(\boldsymbol{k})$，其中 $\dfrac{\|\boldsymbol{v}(\boldsymbol{k})\|}{\|\boldsymbol{k}\|}\to 0\ (\|\boldsymbol{k}\|\to 0)$. 记

$$\varepsilon(\boldsymbol{h})=\frac{\|\boldsymbol{u}(\boldsymbol{h})\|}{\|\boldsymbol{h}\|},\quad \eta(\boldsymbol{k})=\frac{\|\boldsymbol{v}(\boldsymbol{k})\|}{\|\boldsymbol{k}\|},$$

则

$$\|\boldsymbol{u}(\boldsymbol{h})\|=\varepsilon(\boldsymbol{h})\|\boldsymbol{h}\|,\quad \|\boldsymbol{v}(\boldsymbol{k})\|=\eta(\boldsymbol{k})\|\boldsymbol{k}\|,$$

而且

$$\varepsilon(\boldsymbol{h})\to 0\ \ (\|\boldsymbol{h}\|\to 0),\quad \eta(\boldsymbol{k})\to 0\ \ (\|\boldsymbol{k}\|\to 0).$$

于是

$$\begin{aligned}
&\|(\boldsymbol{f}\circ\boldsymbol{g})(\boldsymbol{c}+\boldsymbol{h})-(\boldsymbol{f}\circ\boldsymbol{g})(\boldsymbol{c})-\boldsymbol{A}\boldsymbol{B}\boldsymbol{h}\|\\
=&\|\boldsymbol{f}(\boldsymbol{g}(\boldsymbol{c}+\boldsymbol{h}))-\boldsymbol{f}(\boldsymbol{g}(\boldsymbol{c}))-\boldsymbol{A}\boldsymbol{B}\boldsymbol{h}\|\\
=&\|\boldsymbol{f}(\boldsymbol{b}+\boldsymbol{k})-\boldsymbol{f}(\boldsymbol{b})-\boldsymbol{A}\boldsymbol{B}\boldsymbol{h}\|\\
=&\|\boldsymbol{A}(\boldsymbol{k}-\boldsymbol{B}\boldsymbol{h})+\boldsymbol{v}(\boldsymbol{k})\|\\
=&\|\boldsymbol{A}\boldsymbol{u}(\boldsymbol{h})+\boldsymbol{v}(\boldsymbol{k})\|\\
\leqslant&\|\boldsymbol{A}\|\|\boldsymbol{u}(\boldsymbol{h})\|+\|\boldsymbol{v}(\boldsymbol{k})\|\\
\leqslant&\|\boldsymbol{A}\|\|\boldsymbol{u}(\boldsymbol{h})\|+\eta(\boldsymbol{k})\|\boldsymbol{k}\|\\
\leqslant&\|\boldsymbol{A}\|\varepsilon(\boldsymbol{h})\|\boldsymbol{h}\|+\eta(\boldsymbol{k})(\|\boldsymbol{B}\|+\varepsilon(\boldsymbol{h}))\|\boldsymbol{h}\|.
\end{aligned}$$

因此

$$\begin{aligned}
&\frac{\|(\boldsymbol{f}\circ\boldsymbol{g})(\boldsymbol{c}+\boldsymbol{h})-(\boldsymbol{f}\circ\boldsymbol{g})(\boldsymbol{c})-\boldsymbol{A}\boldsymbol{B}\boldsymbol{h}\|}{\|\boldsymbol{h}\|}\\
\leqslant&\|\boldsymbol{A}\|\varepsilon(\boldsymbol{h})+(\|\boldsymbol{B}\|+\varepsilon(\boldsymbol{h}))\eta(\boldsymbol{k})\\
\to&0\quad(\|\boldsymbol{h}\|\to 0).
\end{aligned}$$

故

$$D(\boldsymbol{f}\circ\boldsymbol{g})(\boldsymbol{c})=\boldsymbol{AB}=D\boldsymbol{f}(\boldsymbol{g}(\boldsymbol{c}))D\boldsymbol{g}(\boldsymbol{c}).$$

进一步可以得到复合函数的微分

$$d(\boldsymbol{f}\circ\boldsymbol{g})(\boldsymbol{c};\boldsymbol{h})=D\boldsymbol{f}(\boldsymbol{g}(\boldsymbol{c}))\cdot d\boldsymbol{g}(\boldsymbol{c};\boldsymbol{h})=d\boldsymbol{f}(\boldsymbol{g}(\boldsymbol{c});d\boldsymbol{g}(\boldsymbol{c};\boldsymbol{h})).$$

对于定义在凸集上的可微标量函数，微分中值定理成立，而向量函数的微分中值定理不成立，但有拟微分平均值定理.

定理 2.6（标量函数中值定理）

设凸集 $S\subset\mathbf{R}^n$，函数 φ：$S\to\mathbf{R}$ 在点 $\boldsymbol{c}\in S$ 处可微，则对任意 $\boldsymbol{a},\boldsymbol{b}\in S$，存在 $0<t<1$，使得 $\varphi(\boldsymbol{b})-\varphi(\boldsymbol{a})=D\varphi(\boldsymbol{a}+t(\boldsymbol{b}-\boldsymbol{a}))\cdot(\boldsymbol{b}-\boldsymbol{a})$.

定理 2.7（向量函数拟微分中值定理）

设凸集 $S\subset\mathbf{R}^n$，向量函数 $\boldsymbol{f}=(\varphi_1,\varphi_2,\cdots,\varphi_m)^{\mathrm{T}}$：$S\to\mathbf{R}^m$ 在 S 上可微，则对任意 $\boldsymbol{a}$，$\boldsymbol{b}\in S$，存在 $0<t<1$，使得 $\|\boldsymbol{f}(\boldsymbol{b})-\boldsymbol{f}(\boldsymbol{a})\|=\|D\boldsymbol{f}(\boldsymbol{a}+t(\boldsymbol{b}-\boldsymbol{a}))\|\cdot\|\boldsymbol{b}-\boldsymbol{a}\|$.

证明　证明参考文献[9].

例 2.1　设 $\boldsymbol{x}=(x_1,x_2,\cdots,x_n)\in\mathbf{R}^n$ 是自变量，$\boldsymbol{a}=(a_1,a_2,\cdots,a_n)^{\mathrm{T}}\in\mathbf{R}^n$ 是常数向量，$\boldsymbol{A}\in\mathbf{R}^{m\times n}$，$\boldsymbol{B}\in\mathbf{R}^{n\times n}$ 是实常数矩阵，$\boldsymbol{A}_i$ $(i=1,\cdots,m)$ 是 $\boldsymbol{A}$ 的行向量. 计算函数 $\varphi(\boldsymbol{x})=\boldsymbol{a}^{\mathrm{T}}\boldsymbol{x}$，$\boldsymbol{f}(\boldsymbol{x})=\boldsymbol{Ax}$ 和 $\psi(\boldsymbol{x})=\boldsymbol{x}^{\mathrm{T}}\boldsymbol{Bx}$ 的微分.

解　因为

$$D\varphi(\boldsymbol{x})=D\sum_{i=1}^{n}a_ix_i=\left(D_1\sum_{i=1}^{n}a_ix_i,\cdots,D_n\sum_{i=1}^{n}a_ix_i\right)=(a_1,a_2,\cdots,a_n),$$

所以

$$d\varphi(\boldsymbol{x})=\boldsymbol{a}^{\mathrm{T}}d\boldsymbol{x}.$$

因为

$$D\boldsymbol{f}(\boldsymbol{x})=D\begin{pmatrix}\boldsymbol{A}_1\boldsymbol{x}\\ \vdots\\ \boldsymbol{A}_m\boldsymbol{x}\end{pmatrix}=\begin{pmatrix}D(\boldsymbol{A}_1\boldsymbol{x})\\ \vdots\\ D(\boldsymbol{A}_m\boldsymbol{x})\end{pmatrix}=\begin{pmatrix}\boldsymbol{A}_1\\ \vdots\\ \boldsymbol{A}_m\end{pmatrix}=\boldsymbol{A},$$

所以

$$d\boldsymbol{f}(\boldsymbol{x})=D\boldsymbol{f}(\boldsymbol{x})d\boldsymbol{x}=\boldsymbol{A}d\boldsymbol{x},$$

特别地，$D\boldsymbol{x}=\boldsymbol{E}$.

因为

$$\psi(\boldsymbol{x})=\boldsymbol{x}^{\mathrm{T}}\boldsymbol{Bx}=\sum_{i=1}^{n}\sum_{j=1}^{n}b_{ij}x_ix_j,$$

$$\begin{aligned}D\psi(\boldsymbol{x})&=(D_1\psi(\boldsymbol{x}),\cdots,D_n\psi(\boldsymbol{x}))\\&=\left(\sum_{j=1}^{n}(b_{1j}+b_{j1})x_j,\cdots,\sum_{j=1}^{n}(b_{nj}+b_{jn})x_j\right),\end{aligned}$$

注意到 $D\psi(\boldsymbol{x})$ 的第 k 个分量可以改写为

$$\sum_{j=1}^{n}(b_{kj}+b_{jk})x_j=\sum_{j=1}^{n}b_{kj}x_j+\sum_{j=1}^{n}b_{jk}x_j$$

$$=(x_1,x_2,\cdots,x_n)\begin{pmatrix}b_{k1}\\ \vdots \\ b_{kn}\end{pmatrix}+(x_1,x_2,\cdots,x_n)\begin{pmatrix}b_{1k}\\ \vdots \\ b_{nk}\end{pmatrix}$$

$$=(x_1,x_2,\cdots,x_n)\left(\begin{pmatrix}b_{k1}\\ \vdots \\ b_{kn}\end{pmatrix}+\begin{pmatrix}b_{1k}\\ \vdots \\ b_{nk}\end{pmatrix}\right)$$

$$=\boldsymbol{x}^{\mathrm{T}}\left(\boldsymbol{B}_k^{\mathrm{T}}+\boldsymbol{B}_k\right),$$

其中 $\boldsymbol{B}_k$, $\boldsymbol{B}_k^{\mathrm{T}}$ 分别是矩阵 $\boldsymbol{B}$ 和转置 $\boldsymbol{B}^{\mathrm{T}}$ 的第 k 列. 所以

$$\mathrm{D}\psi(\boldsymbol{x})=\boldsymbol{x}^{\mathrm{T}}(\boldsymbol{B}^{\mathrm{T}}+\boldsymbol{B}),$$

所以

$$\mathrm{d}\psi(\boldsymbol{x})=\boldsymbol{x}^{\mathrm{T}}(\boldsymbol{B}^{\mathrm{T}}+\boldsymbol{B})\mathrm{d}\boldsymbol{x}.$$

例 2.2 向量函数 $\boldsymbol{g}=(\psi_1,\psi_2,\cdots,\psi_m)^{\mathrm{T}}$: $\mathbf{R}^n\to\mathbf{R}^m$, $\boldsymbol{f}=(\varphi_1,\varphi_2,\cdots,\varphi_m)^{\mathrm{T}}$: $\mathbf{R}^n\to\mathbf{R}^m$, 如果 $\boldsymbol{\omega}(\boldsymbol{x})=\boldsymbol{f}^{\mathrm{T}}(\boldsymbol{x})\boldsymbol{g}(\boldsymbol{x})$, 则 $\mathrm{D}\boldsymbol{\omega}(\boldsymbol{x})=\boldsymbol{g}^{\mathrm{T}}(\boldsymbol{x})\mathrm{D}\boldsymbol{f}(\boldsymbol{x})+\boldsymbol{f}^{\mathrm{T}}(\boldsymbol{x})\mathrm{D}\boldsymbol{g}(\boldsymbol{x})$.

证明 $\boldsymbol{\omega}(\boldsymbol{x})=\sum_{j=1}^{m}\varphi_j(\boldsymbol{x})\psi_j(\boldsymbol{x})$ 的第 k 个偏导数为

$$\mathrm{D}_k\boldsymbol{\omega}(\boldsymbol{x})=\sum_{j=1}^{m}[\mathrm{D}_k\varphi_j(\boldsymbol{x})\cdot\psi_j(\boldsymbol{x})+\varphi_j(\boldsymbol{x})\mathrm{D}_k\psi_j(\boldsymbol{x})]$$

$$=\sum_{j=1}^{m}(\mathrm{D}_k\varphi_j(\boldsymbol{x})\cdot\psi_j(\boldsymbol{x}))+\sum_{j=1}^{m}(\varphi_j(\boldsymbol{x})\mathrm{D}_k\psi_j(\boldsymbol{x}))$$

$$=\boldsymbol{g}^{\mathrm{T}}(\boldsymbol{x})\begin{pmatrix}\mathrm{D}_k\varphi_1(\boldsymbol{x})\\ \vdots \\ \mathrm{D}_k\varphi_m(\boldsymbol{x})\end{pmatrix}+\boldsymbol{f}^{\mathrm{T}}(\boldsymbol{x})\begin{pmatrix}\mathrm{D}_k\psi_1(\boldsymbol{x})\\ \vdots \\ \mathrm{D}_k\psi_m(\boldsymbol{x})\end{pmatrix},$$

所以

$$\mathrm{D}\boldsymbol{\omega}(\boldsymbol{x})=(\mathrm{D}_1\boldsymbol{\omega}(\boldsymbol{x}),\cdots,\mathrm{D}_n\boldsymbol{\omega}(\boldsymbol{x}))$$

$$=\boldsymbol{g}^{\mathrm{T}}(\boldsymbol{x})\begin{pmatrix}\mathrm{D}_1\varphi_1(\boldsymbol{x}) & \cdots & \mathrm{D}_n\varphi_1(\boldsymbol{x})\\ \vdots & & \vdots \\ \mathrm{D}_1\varphi_m(\boldsymbol{x}) & \cdots & \mathrm{D}_n\varphi_m(\boldsymbol{x})\end{pmatrix}+\boldsymbol{f}^{\mathrm{T}}(\boldsymbol{x})\begin{pmatrix}\mathrm{D}_1\psi_1(\boldsymbol{x}) & \cdots & \mathrm{D}_n\psi_1(\boldsymbol{x})\\ \vdots & & \vdots \\ \mathrm{D}_1\psi_m(\boldsymbol{x}) & \cdots & \mathrm{D}_n\psi_m(\boldsymbol{x})\end{pmatrix}$$

$$=\boldsymbol{g}^{\mathrm{T}}(\boldsymbol{x})\mathrm{D}\boldsymbol{f}(\boldsymbol{x})+\boldsymbol{f}^{\mathrm{T}}(\boldsymbol{x})\mathrm{D}\boldsymbol{g}(\boldsymbol{x}).$$

利用例 2.2 的结论, 我们可以更方便地计算例 2.1 中二次型的雅可比矩阵:

$$\mathrm{D}\psi(\boldsymbol{x})=\mathrm{D}(\boldsymbol{x}^{\mathrm{T}}\cdot\boldsymbol{B}\boldsymbol{x})=(\boldsymbol{B}\boldsymbol{x})^{\mathrm{T}}\mathrm{D}(\boldsymbol{x})+\boldsymbol{x}^{\mathrm{T}}\mathrm{D}(\boldsymbol{B}\boldsymbol{x})=(\boldsymbol{B}\boldsymbol{x})^{\mathrm{T}}\boldsymbol{E}+\boldsymbol{x}^{\mathrm{T}}\boldsymbol{B}=\boldsymbol{x}^{\mathrm{T}}(\boldsymbol{B}^{\mathrm{T}}+\boldsymbol{B}).$$

矩阵可以通过向量化运算(用 vec 表示)化为向量, 因此, 向量函数的微积分运算及其性质可以直接推广到矩阵函数.

设矩阵 $\boldsymbol{A}=(a_{ij})\in\mathbf{R}^{m\times n}$, 规定

$$\mathrm{vec}(\boldsymbol{A})=(a_{11},\cdots,a_{m1},a_{12},\cdots,a_{m2},\cdots,a_{1n},\cdots,a_{mn})^{\mathrm{T}}.$$

矩阵的向量化运算是按照列优先原则依次将矩阵的各个列串起来排成一个列向量.

定义 2.3

设开集 $S\in\mathbf{R}^{n\times q}$，矩阵函数 F：$S\to\mathbf{R}^{m\times p}$，$\boldsymbol{C}\in S$，如果存在 $mp\times nq$ 的实矩阵 $\boldsymbol{A}(\boldsymbol{C})$，使得

$$\mathrm{vec}(F(\boldsymbol{C}+\boldsymbol{U}))=\mathrm{vec}(F(\boldsymbol{C}))+\boldsymbol{A}(\boldsymbol{C})\mathrm{vec}(\boldsymbol{U})+\mathrm{vec}(R(\boldsymbol{C};\boldsymbol{U})),$$

其中 $\boldsymbol{U}\in\mathbf{R}^{n\times q}$，$\boldsymbol{C}+\boldsymbol{U}\in\mathbf{R}^{n\times q}$，并且 $\dfrac{\|R(\boldsymbol{C};\boldsymbol{U})\|}{\|\boldsymbol{U}\|}\to 0\ (\|\boldsymbol{U}\|\to 0)$，那么称矩阵函数 F 在点 $\boldsymbol{C}$ 处可微，并称满足 $\mathrm{vec}(\mathrm{d}F(\boldsymbol{C};\boldsymbol{U}))=\boldsymbol{A}(\boldsymbol{C})\mathrm{vec}(\boldsymbol{U})$ 的 $m\times p$ 的实矩阵 $\mathrm{d}F(\boldsymbol{C};\boldsymbol{U})$ 为 F 在 $\boldsymbol{C}$ 处对应自变量改变量 $\boldsymbol{U}$ 的微分. 同样地，我们可以将实矩阵 $\boldsymbol{A}(\boldsymbol{C})$ 的转置矩阵定义为矩阵函数的梯度.

对于定义 2.3 中的矩阵函数，我们构造对应的向量函数 $\boldsymbol{f}$：$\mathbf{R}^{nq}\to\mathbf{R}^{mp}$，$\boldsymbol{f}(\mathrm{vec}(\boldsymbol{X}))=\mathrm{vec}(F(\boldsymbol{X}))$，则矩阵 $\boldsymbol{X}\in\mathbf{R}^{n\times q}$，$F(\boldsymbol{X})\in\mathbf{R}^{m\times p}$ 被转化为向量 $\mathrm{vec}(\boldsymbol{X})\in\mathbf{R}^{nq}$，$\mathrm{vec}(F(\boldsymbol{X}))\in\mathbf{R}^{mp}$. 可以进一步验证

$$\mathrm{vec}(\mathrm{d}F(\boldsymbol{C};\boldsymbol{U}))=\mathrm{d}\boldsymbol{f}(\mathrm{vec}(\boldsymbol{C});\mathrm{vec}(\boldsymbol{U})),$$
$$\boldsymbol{A}(\boldsymbol{C})=\mathrm{D}\boldsymbol{f}(\mathrm{vec}(\boldsymbol{C})).$$

从而得到矩阵函数微分的计算方法

$$\mathrm{vec}(\mathrm{d}F(\boldsymbol{C};\boldsymbol{U}))=\mathrm{D}\boldsymbol{f}(\mathrm{vec}(\boldsymbol{C}))\cdot\mathrm{vec}(\boldsymbol{U}).$$

同样地，我们把 $\mathrm{D}\boldsymbol{f}(\mathrm{vec}(\boldsymbol{C}))$ 定义为矩阵函数 F 在点 $\boldsymbol{C}$ 处的雅可比矩阵，记作

$$\mathrm{D}F(\boldsymbol{C})=\mathrm{D}\boldsymbol{f}(\mathrm{vec}(\boldsymbol{C})).$$

矩阵函数的雅可比矩阵是一个 $mp\times nq$ 的矩阵，是矩阵函数的 mp 个元素(通常是标量函数)构成的向量函数对自变量矩阵的 nq 个变量构成的向量的雅可比矩阵. 这个定义适用于本章所列的全部 9 种函数的雅可比矩阵定义.

矩阵函数的雅可比矩阵和梯度矩阵的意义与向量函数对向量自变量的相应概念一致. 矩阵的向量化算子只是规定了一种矩阵元素的排序方式，使得我们可以用向量的运算形式化地表示矩阵的有关概念. 事实上，矩阵函数的微分还是一个同阶的矩阵，其元素就是矩阵函数对应位置的元素对自变量的全微分. 如果将梯度矩阵的每个列向量按照列优先次序还原成一个与自变量矩阵同阶的矩阵，则这个矩阵可以看作矩阵函数某个对应元素的最速增长“方向矩阵”，这些“方向矩阵”的线性组合同样可以构造迭代格式，使得自变量从一个矩阵迭代到另一个矩阵.

矩阵函数微分也具有微分链式法则和一阶微分形式不变性，我们不加证明地列出结论.

定理 2.8(复合矩阵函数求导链式法则)

设开集 $S\subset\mathbf{R}^{n\times q}$，$\boldsymbol{C}\in S$，函数 F：$S\to\mathbf{R}^{m\times p}$，$F$ 在点 $\boldsymbol{C}\in S$ 处可微. 又设开集 $T\subset\mathbf{R}^{m\times p}$，而且 $F(S)\subset T$，G：$T\to\mathbf{R}^{r\times s}$，并且 G 在点 $F(\boldsymbol{C})$ 处可微，那么复合矩阵函数 $H=G\circ F$：$S\to\mathbf{R}^{r\times s}$ 在点 $\boldsymbol{C}$ 处可微，并且 H 在点 $\boldsymbol{C}$ 处的雅可比矩阵

$$\mathrm{D}H(\boldsymbol{C})=\mathrm{D}G(F(\boldsymbol{C}))\cdot\mathrm{D}F(\boldsymbol{C}).$$

H 在点 $\boldsymbol{C}$ 处对应自变量改变量 $\boldsymbol{U}$ 的微分为

$$\begin{aligned}\mathrm{d}H(\boldsymbol{C};\boldsymbol{U})&=\mathrm{D}H(\boldsymbol{C})\cdot\mathrm{vec}(\boldsymbol{U})\\&=\mathrm{D}G(F(\boldsymbol{C}))\cdot\mathrm{D}F(\boldsymbol{C})\cdot\mathrm{vec}(\boldsymbol{U})\\&=\mathrm{D}G(F(\boldsymbol{C}))\cdot\mathrm{d}F(\boldsymbol{C};\boldsymbol{U}).\end{aligned}$$

例 2.3 设 $\boldsymbol{x}\in\mathbf{R}^n$，$\boldsymbol{X}\in\mathbf{R}^{n\times n}$ 是自变量，$\boldsymbol{A}\in\mathbf{R}^{m\times n}$ 是实常数矩阵. 计算函数 $F(\boldsymbol{x})=\boldsymbol{x}^{\mathrm{T}}$，$G(\boldsymbol{X})=\boldsymbol{AX}$ 的微分.

解 $F(\boldsymbol{x})=\boldsymbol{x}^{\mathrm{T}}$ 是一个行向量函数，我们看作矩阵函数处理. $F(\boldsymbol{x})=\boldsymbol{x}^{\mathrm{T}}$ 对应的向量化函数为

$$\boldsymbol{f}(\mathrm{vec}(\boldsymbol{x}))=\mathrm{vec}(F(\boldsymbol{x}))=\boldsymbol{x},$$

即 $\boldsymbol{f}(\boldsymbol{x})=\boldsymbol{x}$，计算可得

$$\mathrm{D}F(\boldsymbol{x})=\mathrm{D}\boldsymbol{f}(\mathrm{vec}(\boldsymbol{x}))=\mathrm{D}\boldsymbol{f}(\boldsymbol{x})=\mathrm{D}\boldsymbol{x}=\boldsymbol{E},$$

所以

$$\mathrm{vec}(\mathrm{d}F(\boldsymbol{x}))=\mathrm{D}\boldsymbol{f}(\mathrm{vec}(\boldsymbol{x}))\cdot\mathrm{dvec}(\boldsymbol{x})=\mathrm{d}\boldsymbol{x},$$

$$\mathrm{d}F(\boldsymbol{x})=(\mathrm{d}\boldsymbol{x})^{\mathrm{T}}.$$

$G(\boldsymbol{X})=\boldsymbol{AX}$ 对应的向量化函数为 $\boldsymbol{g}(\mathrm{vec}(\boldsymbol{X}))=\mathrm{vec}(\boldsymbol{AX})$，设矩阵 $\boldsymbol{A}$ 的行向量为 $\boldsymbol{A}_i(i=1,2,\cdots,m)$，矩阵 $\boldsymbol{X}$ 的列向量为 $\boldsymbol{X}_j(j=1,2,\cdots,n)$. 于是

$$\begin{aligned}\mathrm{D}G(\boldsymbol{X})&=\mathrm{D}\boldsymbol{g}(\mathrm{vec}(\boldsymbol{X}))=\mathrm{Dvec}(\boldsymbol{AX})\\&=\mathrm{D}(\boldsymbol{A}_1\boldsymbol{X}_1,\cdots,\boldsymbol{A}_m\boldsymbol{X}_1,\boldsymbol{A}_1\boldsymbol{X}_2,\cdots,\boldsymbol{A}_m\boldsymbol{X}_2,\cdots,\boldsymbol{A}_1\boldsymbol{X}_n,\cdots,\boldsymbol{A}_m\boldsymbol{X}_n)^{\mathrm{T}}\\&=(\mathrm{D}\boldsymbol{A}_1\boldsymbol{X}_1,\cdots,\mathrm{D}\boldsymbol{A}_m\boldsymbol{X}_1,\mathrm{D}\boldsymbol{A}_1\boldsymbol{X}_2,\cdots,\mathrm{D}\boldsymbol{A}_m\boldsymbol{X}_2,\cdots,\mathrm{D}\boldsymbol{A}_1\boldsymbol{X}_n,\cdots,\mathrm{D}\boldsymbol{A}_m\boldsymbol{X}_n)^{\mathrm{T}}\\&=\begin{pmatrix}\boldsymbol{A}&&\\&\ddots&\\&&\boldsymbol{A}\end{pmatrix}.\end{aligned}$$

所以

$$\mathrm{vec}(\mathrm{d}G(\boldsymbol{X}))=\mathrm{D}G(\boldsymbol{X})\cdot\mathrm{dvec}(\boldsymbol{X})=\begin{pmatrix}\boldsymbol{A}\mathrm{d}\boldsymbol{X}_1\\\vdots\\\boldsymbol{A}\mathrm{d}\boldsymbol{X}_n\end{pmatrix},$$

$$\mathrm{d}G(\boldsymbol{X})=(\boldsymbol{A}\mathrm{d}\boldsymbol{X}_1,\cdots,\boldsymbol{A}\mathrm{d}\boldsymbol{X}_n),$$

其中，$\mathrm{d}\boldsymbol{X}_j(j=1,2,\cdots,n)$ 表示 $\boldsymbol{X}$ 的第 j 列的微分.

为便于记忆，表 5.2 总结了各类函数的雅可比矩阵和微分公式.

表 5.2 各类函数的雅可比矩阵和微分公式

函数类别	雅可比矩阵	微分	矩阵的维数
$\varphi(\xi)$: $\mathbf{R}\to\mathbf{R}$	$\mathrm{D}\varphi(\xi)=\mathrm{d}\varphi(\xi)/\mathrm{d}\xi$	$\mathrm{d}\varphi(\xi)=\mathrm{D}\varphi(\xi)\mathrm{d}\xi$	1×1
$\varphi(\boldsymbol{x})$: $\mathbf{R}^n\to\mathbf{R}$	$\mathrm{D}\varphi(\boldsymbol{x})=(\mathrm{D}_1\varphi(\boldsymbol{x}),\cdots,\mathrm{D}_n\varphi(\boldsymbol{x}))$	$\mathrm{d}\varphi(\boldsymbol{x})=\mathrm{D}\varphi(\boldsymbol{x})\mathrm{d}\boldsymbol{x}$	$1\times n$
$\varphi(\boldsymbol{X})$: $\mathbf{R}^{n\times q}\to\mathbf{R}$	$\mathrm{D}\varphi(\boldsymbol{X})=\mathrm{D}\psi(\mathrm{vec}\boldsymbol{X})$, $\psi(\mathrm{vec}\boldsymbol{X})=\varphi(\boldsymbol{X})$	$\mathrm{d}\varphi(\boldsymbol{X})=\mathrm{D}\varphi(\boldsymbol{X})\mathrm{d}(\mathrm{vec}\boldsymbol{X})$	$1\times nq$
$\boldsymbol{f}(\xi)$: $\mathbf{R}\to\mathbf{R}^m$	$\mathrm{D}\boldsymbol{f}(\xi)=(\mathrm{D}\varphi_1(\xi),\cdots,\mathrm{D}\varphi_m(\xi))^{\mathrm{T}}$	$\mathrm{d}\boldsymbol{f}(\xi)=\mathrm{D}\boldsymbol{f}(\xi)\mathrm{d}\xi$	$m\times1$
$\boldsymbol{f}(\boldsymbol{x})$: $\mathbf{R}^n\to\mathbf{R}^m$	$\mathrm{D}\boldsymbol{f}(\boldsymbol{x})=(\mathrm{D}\varphi_1(\boldsymbol{x})^{\mathrm{T}},\cdots,\mathrm{D}\varphi_m(\boldsymbol{x})^{\mathrm{T}})^{\mathrm{T}}$	$\mathrm{d}\boldsymbol{f}(\boldsymbol{x})=\mathrm{D}\boldsymbol{f}(\boldsymbol{x})\mathrm{d}\boldsymbol{x}$	$m\times n$
$\boldsymbol{f}(\boldsymbol{X})$: $\mathbf{R}^{n\times q}\to\mathbf{R}^m$	$\mathrm{D}\boldsymbol{f}(\boldsymbol{X})=\mathrm{D}g(\mathrm{vec}\boldsymbol{X})$, $g(\mathrm{vec}\boldsymbol{X})=\boldsymbol{f}(\boldsymbol{X})$	$\mathrm{d}\boldsymbol{f}(\boldsymbol{X})=\mathrm{D}\boldsymbol{f}(\boldsymbol{X})\mathrm{d}(\mathrm{vec}\boldsymbol{X})$	$m\times nq$
$F(\xi)$: $\mathbf{R}\to\mathbf{R}^{m\times p}$	$\mathrm{D}F(\xi)=\mathrm{D}\boldsymbol{f}(\xi)$, $\boldsymbol{f}(\xi)=\mathrm{vec}F(\xi)$	$\mathrm{vecd}F(\xi)=\mathrm{D}F(\xi)\mathrm{d}\xi$	$mp\times1$
$F(\boldsymbol{x})$: $\mathbf{R}^n\to\mathbf{R}^{m\times p}$	$\mathrm{D}F(\boldsymbol{x})=\mathrm{D}\boldsymbol{f}(\boldsymbol{x})$, $\boldsymbol{f}(\boldsymbol{x})=\mathrm{vec}F(\boldsymbol{x})$	$\mathrm{vecd}F(\boldsymbol{x})=\mathrm{D}F(\boldsymbol{x})\mathrm{d}\boldsymbol{x}$	$mp\times n$
$F(\boldsymbol{X})$: $\mathbf{R}^{n\times q}\to\mathbf{R}^{m\times p}$	$\mathrm{D}F(\boldsymbol{X})=\mathrm{D}\boldsymbol{f}(\mathrm{vec}\boldsymbol{X})$, $\boldsymbol{f}(\mathrm{vec}\boldsymbol{X})=\mathrm{vec}\,F(\boldsymbol{X})$	$\mathrm{vecd}F(\boldsymbol{X})=\mathrm{D}F(\boldsymbol{X})\mathrm{d}(\mathrm{vec}\boldsymbol{X})$	$mp\times nq$

注: vec 表示向量化运算; $\boldsymbol{f}=(\varphi_1,\cdots,\varphi_m)^{\mathrm{T}}$; D_i 表示对第 i 个分量求偏导数.

5.3 二阶微分与黑塞矩阵

函数的高阶微分在函数近似计算方面能提供更高的精度. 本节介绍向量函数和矩阵函数的高阶微分概念、计算和有关性质.

定义 3.1

设开集 $S\subset\mathbf{R}^n$, φ: $S\to\mathbf{R}$, 取定 $\boldsymbol{c}\in S$, φ 在点 $\boldsymbol{c}$ 的某个邻域 $B(\boldsymbol{c},r)$ 内存在偏导数, $t\in\mathbf{R}$, $\boldsymbol{e}_k\in\mathbf{R}^n$ 是第 $k(k=1,2,\cdots,n)$ 个单位向量, $\mathrm{D}_j\varphi(\boldsymbol{c})$ 是 φ 对第 j $(j=1,\cdots,n)$ 个坐标的一阶偏导数. 如果极限

$$\lim_{t\to 0}\frac{\mathrm{D}_j\varphi(\boldsymbol{c}+t\boldsymbol{e}_k)-\mathrm{D}_j\varphi(\boldsymbol{c})}{t}$$

存在, 则称为 φ 在点 $\boldsymbol{c}$ 的对 $(k,j)(k=1,2,\cdots,n;\ j=1,2,\cdots,n)$ 坐标的二阶偏导数, 记作 $\mathrm{D}_{kj}^2\varphi(\boldsymbol{c})$, 或者 $\dfrac{\partial^2\varphi(\boldsymbol{c})}{\partial x_k\partial x_j}$, $\left.\dfrac{\partial^2\varphi(\boldsymbol{x})}{\partial x_k\partial x_j}\right|_{\boldsymbol{x}=\boldsymbol{c}}$. 同时, 把 n^2 个二阶偏导数构成的 $n\times n$ 的实矩阵

$$\mathrm{H}\varphi(\boldsymbol{c})=\left(\mathrm{D}_{ij}^2\varphi(\boldsymbol{c})\right)=\begin{pmatrix}\mathrm{D}_{11}^2\varphi(\boldsymbol{c}) & \cdots & \mathrm{D}_{n1}^2\varphi(\boldsymbol{c})\\ \vdots & & \vdots\\ \mathrm{D}_{1n}^2\varphi(\boldsymbol{c}) & \cdots & \mathrm{D}_{nn}^2\varphi(\boldsymbol{c})\end{pmatrix}$$

称为 φ 在点 $\boldsymbol{c}$ 的黑塞矩阵.

高等数学课程里已经证明, 如果一阶偏导数在点 $\boldsymbol{c}$ 连续, 则 $\mathrm{H}\varphi(\boldsymbol{c})$ 是对称矩阵.

二阶偏导数就是一阶偏导数的偏导数. 可以验证, 标量函数的黑塞矩阵与其雅可比矩阵满足关系 $\mathrm{H}\varphi(\boldsymbol{c})=\mathrm{D}(\mathrm{D}^{\mathrm{T}}\varphi(\boldsymbol{c}))$.

定义 3.2

设开集 $S\subset\mathbf{R}^n$, $\boldsymbol{c}\in S$, 函数 $\boldsymbol{f}=(\varphi_1,\varphi_2,\cdots,\varphi_m)^{\mathrm{T}}$: $S\to\mathbf{R}^m$, $\boldsymbol{f}$ 在点 $\boldsymbol{c}$ 的某个邻域 $B(\boldsymbol{c},r)$ 内存在偏导数. 称 $\boldsymbol{f}$ 在点 $\boldsymbol{c}$ 的 mn^2 个二阶偏导数 $\mathrm{D}_{kj}^2\varphi_i(\boldsymbol{c})$ 构成的 $mn\times n$ 的实矩阵

$$\mathrm{H}\boldsymbol{f}(\boldsymbol{c})=\begin{pmatrix}\mathrm{H}\varphi_1(\boldsymbol{c})\\ \vdots\\ \mathrm{H}\varphi_m(\boldsymbol{c})\end{pmatrix}$$

为向量函数 $\boldsymbol{f}$ 在点 $\boldsymbol{c}$ 的黑塞矩阵.

同样地, $\mathrm{H}\boldsymbol{f}(\boldsymbol{c})=\mathrm{D}(\mathrm{D}^{\mathrm{T}}\boldsymbol{f}(\boldsymbol{c}))$. 如果全部一阶偏导数在点 $\boldsymbol{c}$ 连续, 则 $\mathrm{H}\varphi_i(\boldsymbol{c})$ 是对称矩阵, $i=1,2,\cdots,m$, 称 $\mathrm{H}\boldsymbol{f}(\boldsymbol{c})$ 是列对称的.

定义 3.3

设开集 $S\subset\mathbf{R}^n$, $\boldsymbol{c}\in S$, 函数 $\boldsymbol{f}=(\varphi_1,\varphi_2,\cdots,\varphi_m)^{\mathrm{T}}$: $S\to\mathbf{R}^m$, $\boldsymbol{f}$ 在点 $\boldsymbol{c}$ 的某个邻域 $B(\boldsymbol{c},r)$ 内可微, 并且每个偏导数在点 $\boldsymbol{c}$ 可微, 称 $\boldsymbol{f}$ 在点 $\boldsymbol{c}$ 二次可微.

定义 3.4

设开集 $S\subset\mathbf{R}^n$，$\boldsymbol{c}\in S$，函数 $\boldsymbol{f}=(\varphi_1,\varphi_2,\cdots,\varphi_m)^{\mathrm{T}}$：$S\to\mathbf{R}^m$，$\boldsymbol{f}$ 在点 $\boldsymbol{c}$ 的某个邻域 $B(\boldsymbol{c},r)$ 内可微，定义函数 $\boldsymbol{g}$：$B(\boldsymbol{c},r)\to\mathbf{R}^m$，

$$\boldsymbol{g}(\boldsymbol{x})=\mathrm{d}\boldsymbol{f}(\boldsymbol{x};\boldsymbol{u}).$$

称 $\boldsymbol{g}$ 在点 $\boldsymbol{c}$ 处对应自变量改变量 $\boldsymbol{u}$ 的微分 $\mathrm{d}\boldsymbol{g}(\boldsymbol{c};\boldsymbol{u})$ 为 $\boldsymbol{f}$ 在点 $\boldsymbol{c}$ 处对应自变量改变量 $\boldsymbol{u}$ 的二阶微分，记作 $\mathrm{d}^2\boldsymbol{f}(\boldsymbol{c};\boldsymbol{u})$.

定理 3.1

设开集 $S\subset\mathbf{R}^n$，$\boldsymbol{c}\in S$，函数 $\boldsymbol{f}=(\varphi_1,\varphi_2,\cdots,\varphi_m)^{\mathrm{T}}$：$S\to\mathbf{R}^m$，$\boldsymbol{f}$ 在点 $\boldsymbol{c}$ 的某个邻域 $B(\boldsymbol{c},r)$ 内一阶偏导数连续，二阶偏导数存在且在点 $\boldsymbol{c}$ 连续，则 $\boldsymbol{f}$ 在点 $\boldsymbol{c}$ 二次可微.

证明　读者可根据 5.2 节的定理 2.1、定理 2.2 完成证明.

下面讨论二阶微分的计算方法.

设开集 $S\subset\mathbf{R}^n$，φ：$S\to\mathbf{R}$，$\boldsymbol{c}\in S$，如果 φ 在点 $\boldsymbol{c}$ 二次可微，令一阶微分函数 $\boldsymbol{g}(\boldsymbol{x})=\mathrm{d}\varphi(\boldsymbol{x};\boldsymbol{u})$，则

$$\boldsymbol{g}(\boldsymbol{x})=\mathrm{D}\varphi(\boldsymbol{x})\cdot\boldsymbol{u}=\sum_{j=1}^{n}u_j\mathrm{D}_j\varphi(\boldsymbol{x}),$$

$$\mathrm{d}\boldsymbol{g}(\boldsymbol{x};\boldsymbol{u})=\sum_{i=1}^{n}u_i\mathrm{D}_i\boldsymbol{g}(\boldsymbol{x})=\sum_{i=1}^{n}u_i\left(\sum_{j=1}^{n}u_j\mathrm{D}_{ij}^2\varphi(\boldsymbol{x})\right)=\boldsymbol{u}^{\mathrm{T}}\mathrm{H}\varphi(\boldsymbol{x})\cdot\boldsymbol{u},$$

所以 $\mathrm{d}^2\varphi(\boldsymbol{c};\boldsymbol{u})=\boldsymbol{u}^{\mathrm{T}}\mathrm{H}\varphi(\boldsymbol{c})\cdot\boldsymbol{u}$.

设开集 $S\subset\mathbf{R}^n$，$\boldsymbol{f}=(\varphi_1,\varphi_2,\cdots,\varphi_m)^{\mathrm{T}}$：$S\to\mathbf{R}^m$，$\boldsymbol{c}\in S$，如果 $\boldsymbol{f}$ 在点 $\boldsymbol{c}$ 二次可微，则

$$\mathrm{d}^2\boldsymbol{f}(\boldsymbol{c};\boldsymbol{u})=\begin{pmatrix}\mathrm{d}^2\varphi_1(\boldsymbol{c};\boldsymbol{u})\\ \vdots\\ \mathrm{d}^2\varphi_m(\boldsymbol{c};\boldsymbol{u})\end{pmatrix}=\begin{pmatrix}\boldsymbol{u}^{\mathrm{T}}(\mathrm{H}\varphi_1(\boldsymbol{c}))\boldsymbol{u}\\ \vdots\\ \boldsymbol{u}^{\mathrm{T}}(\mathrm{H}\varphi_m(\boldsymbol{c}))\boldsymbol{u}\end{pmatrix}.$$

为了方便表达复合函数二阶偏导数的链式法则，我们引入矩阵的克罗内克(Kronecker)积概念.

设 $\boldsymbol{A}=(a_{ij})\in\mathbf{R}^{m\times p}$，$\boldsymbol{B}=(b_{st})\in\mathbf{R}^{n\times q}$，定义 $\boldsymbol{A}$ 和 $\boldsymbol{B}$ 的克罗内克积为 $mn\times pq$ 的矩阵

$$\boldsymbol{A}\otimes\boldsymbol{B}=\begin{pmatrix}a_{11}\boldsymbol{B}&\cdots&a_{1p}\boldsymbol{B}\\ \vdots&&\vdots\\ a_{m1}\boldsymbol{B}&\cdots&a_{mp}\boldsymbol{B}\end{pmatrix}.$$

矩阵的克罗内克积与普通矩阵乘法有紧密联系.

定理 3.2

设矩阵 $\boldsymbol{A}\in\mathbf{R}^{m\times n}$，$\boldsymbol{B}\in\mathbf{R}^{p\times q}$，$\boldsymbol{C}\in\mathbf{R}^{n\times s}$，$\boldsymbol{D}\in\mathbf{R}^{q\times t}$ 是使下列运算有意义的矩阵，则有

$$(\boldsymbol{A}\otimes\boldsymbol{B})(\boldsymbol{C}\otimes\boldsymbol{D})=\boldsymbol{AC}\otimes\boldsymbol{BD}.$$

证明　设 $(\boldsymbol{A}\otimes\boldsymbol{B})_{ik}$ 表示矩阵依照 $\boldsymbol{B}$ 的阶数分块中的第 i 行第 k 列子块矩阵，$(\boldsymbol{C}\otimes\boldsymbol{D})_{kj}$ 表示矩阵依照 $\boldsymbol{D}$ 的阶数分块中的第 k 行第 j 列子块矩阵，于是

$$
\begin{aligned}
((A\otimes B)(C\otimes D))_{ij} &= \sum_{k=1}^{n}(A\otimes B)_{ik}(C\otimes D)_{kj}\\
&= \sum_{k=1}^{n}(a_{ik}B)(c_{kj}D)\\
&= \sum_{k=1}^{n}a_{ik}c_{kj}\cdot(BD)=(AC)_{ij}(BD)=(AC\otimes BD)_{ij}.
\end{aligned}
$$

推论 3.1

设矩阵 $A\in\mathbf{R}^{m\times m}$，$B\in\mathbf{R}^{n\times n}$，则 $A\otimes B=(E_m\otimes B)(A\otimes E_n)$.

利用克罗内克积记号，向量函数的二阶微分又可写成

$$
\mathrm{d}^2 f(c;u)=(E_m\otimes u^{\mathrm{T}})\mathrm{H}f(c)\cdot u.
$$

定理 3.3(复合函数黑塞矩阵的链式法则)

设开集 $S\subset\mathbf{R}^n$，$f=(\varphi_1,\varphi_2,\cdots,\varphi_m)^{\mathrm{T}}$：$S\to\mathbf{R}^m$，$c\in S$，$f$ 在点 c 二次可微. 又设开集 $T\subset\mathbf{R}^m$，而且 $f(S)\subset T$，$g=(\psi_1,\psi_2,\cdots,\psi_p)^{\mathrm{T}}$：$T\to\mathbf{R}^p$，并且 g 在点 $b=f(c)$ 处二次可微. 那么复合向量函数 $h=g\circ f=(h_1,h_2,\cdots,h_p)^{\mathrm{T}}$：$S\to\mathbf{R}^p$ 在点 c 处二次可微，并且 h 在点 c 处的黑塞矩阵

$$
\mathrm{H}h(c)=(E_p\otimes \mathrm{D}f(c))^{\mathrm{T}}\mathrm{H}g(b)\mathrm{D}f(c)+(\mathrm{D}g(b)\otimes E_n)\mathrm{H}f(c).
$$

证明 因为 g 在点 $b=f(c)$ 二次可微，所以 g 在点 b 的某个邻域 $B(b,r_1)$ 一次可微，同样地，f 在点 c 二次可微，所以 f 在点 c 的某个邻域 $B(c,r_2)$ 一次可微，并且 $x\in B(c,r_2)$ 时 $f(x)\in B(b,r_1)$. 因此，$h=g\circ f$ 在 $B(c,r_2)$ 可微. 又因为偏导数

$$
\mathrm{D}_j h_i(x)=\sum_{s=1}^{m}(\mathrm{D}_s\psi_i(f(x))\mathrm{D}_j\varphi_s(x))
$$

在点 c 可微，所以 h 在点 c 处二次可微. h_i 在点 c 处二阶偏导数

$$
\mathrm{D}_{kj}^2 h_i(c)=\sum_{s=1}^{m}\sum_{t=1}^{m}(\mathrm{D}_{ts}^2\psi_i(b)\mathrm{D}_k\varphi_t(c)\mathrm{D}_j\varphi_s(c))+\sum_{s=1}^{m}(\mathrm{D}_s\psi_i(b)\mathrm{D}_{kj}^2\varphi_s(c)).
$$

所以

$$
\begin{aligned}
\mathrm{H}h_i(c)&=\sum_{s=1}^{m}\sum_{t=1}^{m}(\mathrm{D}_{ts}^2\psi_i(b))(\mathrm{D}\varphi_t(c))^{\mathrm{T}}(\mathrm{D}\varphi_s(c))+\sum_{s=1}^{m}(\mathrm{D}_s\psi_i(b))(H\varphi_s(c))\\
&=\mathrm{D}^{\mathrm{T}}f(c)\mathrm{H}\psi_i(b)\mathrm{D}f(c)+(\mathrm{D}\psi_i(b)\otimes E_n)\mathrm{H}f(c).
\end{aligned}
$$

所以，复合函数的二阶微分

$$
\begin{aligned}
\mathrm{d}^2 h(c;u)&=(E_p\otimes u^{\mathrm{T}})\mathrm{H}h(c)u\\
&=(E_p\otimes u^{\mathrm{T}})(E_p\otimes \mathrm{D}f(c))^{\mathrm{T}}\mathrm{H}g(b)\mathrm{D}f(c)\cdot u\\
&\quad+(E_p\otimes u^{\mathrm{T}})(\mathrm{D}g(b)\otimes E_n)\mathrm{H}f(c)\cdot u\\
&=(E_p\otimes(\mathrm{D}f(c)\cdot u))^{\mathrm{T}}\mathrm{H}g(b)\mathrm{D}f(c)\cdot u+(\mathrm{D}g(b)\otimes u^{\mathrm{T}})\mathrm{H}f(c)\cdot u\\
&=\mathrm{d}^2 g(b;\mathrm{d}f(c;u))+\mathrm{d}g(b;\mathrm{d}^2 f(c;u)),\quad u\in\mathbf{R}^n.
\end{aligned}
$$

一般来说，二阶微分不具有微分形式不变性. 只有当 $\boldsymbol{f}$ 是仿射变换 $\boldsymbol{f}(\boldsymbol{x}) = \boldsymbol{A}\boldsymbol{x} + \boldsymbol{b}$ 时才具有不变性，此时，二阶微分的第二部分为 $\mathbf{0}$.

在科学和工程计算领域，将函数用二阶泰勒公式展开能取得更高的近似精度.

标量函数和向量函数的雅可比矩阵可以理解为相应的“导数”. 雅可比矩阵可以方便地表达多元函数的泰勒公式.

定理 3.4

设 $S\subset\mathbf{R}^n$ 是凸集，$\varphi(\boldsymbol{x})$: $S\to\mathbf{R}$ 具有 $m+1$ 阶连续偏导数，$\boldsymbol{x}=(x_1,x_2,\cdots,x_n)^{\mathrm{T}}$，$\boldsymbol{x}+\boldsymbol{h}=(x_1+h_1,x_2+h_2,\cdots,x_n+h_n)^{\mathrm{T}}$ 是 S 中的两个点，则必存在 $0<\theta<1$，使得 $\varphi(\boldsymbol{x}+\boldsymbol{h})=\sum_{k=0}^{m}\sum_{|\boldsymbol{\alpha}|=k}\frac{D^{\boldsymbol{\alpha}}\varphi(\boldsymbol{x})}{\boldsymbol{\alpha}!}\boldsymbol{h}^{\boldsymbol{\alpha}}+R_m$，其中 $\boldsymbol{\alpha}=(\alpha_1,\alpha_2,\cdots,\alpha_n)^{\mathrm{T}}$ 为一个多重指标，其中每个分量都是非负整数，$|\boldsymbol{\alpha}|=\alpha_1+\alpha_2+\cdots+\alpha_n$，$\boldsymbol{\alpha}!=(\alpha_1)!(\alpha_2)!\cdots(\alpha_n)!$，$\boldsymbol{h}^{\boldsymbol{\alpha}}=(h_1)^{\alpha_1}(h_2)^{\alpha_2}\cdots(h_n)^{\alpha_n}$，$D^{\boldsymbol{\alpha}}\varphi(\boldsymbol{x})=\frac{\partial^{|\boldsymbol{\alpha}|}\varphi}{\partial x_1^{\alpha_1}\cdots x_n^{\alpha_n}}(\boldsymbol{x})$，而 $R_m=\sum_{|\boldsymbol{\alpha}|=m+1}\frac{D^{\boldsymbol{\alpha}}\varphi(\boldsymbol{x}+\theta\boldsymbol{h})}{\boldsymbol{\alpha}!}\boldsymbol{h}^{\boldsymbol{\alpha}}$ 称为拉格朗日(Lagrange)余项.

证明 证明见参考文献[9].

在应用的时候，特别重要的是泰勒公式的前三项，可以用雅可比矩阵和黑塞矩阵表达出来.

$$\varphi(\boldsymbol{x}+\boldsymbol{h})=\varphi(\boldsymbol{x})+\mathrm{D}\varphi(\boldsymbol{x})\cdot\boldsymbol{h}+\frac{1}{2}\boldsymbol{h}^{\mathrm{T}}\,\mathrm{H}\varphi(\boldsymbol{x})\cdot\boldsymbol{h}+\cdots,$$

其中

$$\mathrm{H}\varphi(\boldsymbol{x})=\begin{pmatrix}\frac{\partial^2\varphi}{\partial x_1^2}(\boldsymbol{x}) & \cdots & \frac{\partial^2\varphi}{\partial x_n\partial x_1}(\boldsymbol{x})\\ \vdots & & \vdots\\ \frac{\partial^2\varphi}{\partial x_1\partial x_n}(\boldsymbol{x}) & \cdots & \frac{\partial^2\varphi}{\partial x_n^2}(\boldsymbol{x})\end{pmatrix}$$

称为 φ 的黑塞矩阵，它是由全部二阶偏导数组成的对称矩阵.

例 3.1 设 $\boldsymbol{c}$ 是 n 元函数 φ 的一个驻点，函数 φ 在 $\boldsymbol{c}$ 的某邻域内有连续的二阶偏导数.

(1) 如果黑塞方阵 $\mathrm{H}\varphi(\boldsymbol{c})$ 是严格正(负)定方阵，那么 $\boldsymbol{c}$ 是 φ 的一个严格极小(大)值点;

(2) 如果黑塞方阵 $\mathrm{H}\varphi(\boldsymbol{c})$ 是不定方阵，那么 $\boldsymbol{c}$ 不是 φ 的极值点.

证明 (1) 设 $\mathrm{H}\varphi(\boldsymbol{c})$ 是严格正定方阵，$\boldsymbol{h}=(h_1,h_2,\cdots,h_n)^{\mathrm{T}}$，由于函数 φ 在 $\boldsymbol{c}$ 的某邻域内有连续的二阶偏导数，将 φ 在 $\boldsymbol{c}$ 用泰勒公式展开得到

$$\varphi(\boldsymbol{c}+\boldsymbol{h})=\varphi(\boldsymbol{c})+\mathrm{D}\varphi(\boldsymbol{c})\boldsymbol{h}+\frac{1}{2}\boldsymbol{h}^{\mathrm{T}}\mathrm{H}\varphi(\boldsymbol{c})\boldsymbol{h}+o(\|\boldsymbol{h}\|^2)\quad(\|\boldsymbol{h}\|\to 0).$$

又因为 $\boldsymbol{c}$ 是驻点，所以 $\mathrm{D}\varphi(\boldsymbol{c})=\mathbf{0}$，于是有

$$\varphi(\boldsymbol{c}+\boldsymbol{h})-\varphi(\boldsymbol{c})=\frac{1}{2}\boldsymbol{h}^{\mathrm{T}}\,\mathrm{H}\varphi(\boldsymbol{c})\boldsymbol{h}+o(\|\boldsymbol{h}\|^2)\quad(\|\boldsymbol{h}\|\to 0).$$

设 $\|\boldsymbol{y}\|=1$，它的全体就是球心在原点且半径为 1 的单位球面 $\partial B(\mathbf{0},1)=\{\boldsymbol{y}\in\mathbf{R}^n:\|\boldsymbol{y}\|=1\}$. 因为 $\mathrm{H}\varphi(\boldsymbol{c})$ 严格正定，所以二次型

$$\boldsymbol{y}^{\mathrm{T}}\mathrm{H}\varphi(\boldsymbol{c})\boldsymbol{y}=\sum_{i,j=1}^{n}\frac{\partial^2\varphi}{\partial x_i\partial x_j}(\boldsymbol{c})y_iy_j>0$$

是单位球面 $\partial B(\mathbf{0},1)$ 上的连续函数，而 $\partial B(\mathbf{0},1)$ 是有界闭集，因而这个二次型在 $\partial B(\mathbf{0},1)$ 上的某点取得最小值，设此最小值为 $m>0$，从而有

$$\boldsymbol{y}^{\mathrm{T}}\mathrm{H}\varphi(\boldsymbol{c})\boldsymbol{y} \geqslant m > 0,$$

而且

$$\frac{1}{2}\boldsymbol{h}^{\mathrm{T}}\mathrm{H}\varphi(\boldsymbol{c})\boldsymbol{h} = \frac{1}{2}\|\boldsymbol{h}\|^2\left(\frac{\boldsymbol{h}^{\mathrm{T}}}{\|\boldsymbol{h}\|}\mathrm{H}\varphi(\boldsymbol{c})\frac{\boldsymbol{h}}{\|\boldsymbol{h}\|}\right) \geqslant \frac{1}{2}m\|\boldsymbol{h}\|^2,$$

因此

$$\varphi(\boldsymbol{c}+\boldsymbol{h})-\varphi(\boldsymbol{c}) \geqslant \frac{1}{2}\|\boldsymbol{h}\|^2\,(m+o(1)) > 0,$$

即当 $\|\boldsymbol{h}\|$ 充分小时，$\varphi(\boldsymbol{c}+\boldsymbol{h}) > \varphi(\boldsymbol{c})$. 这就证明了 φ 在 $\boldsymbol{c}$ 取得严格极小值.

(2) 因为 $\mathrm{H}\varphi(\boldsymbol{c})$ 是不定方阵，故存在 $\boldsymbol{p}$，$\boldsymbol{q} \in \mathbf{R}^n$，使得

$$\boldsymbol{p}^{\mathrm{T}}\mathrm{H}\varphi(\boldsymbol{c})\boldsymbol{p} < 0 < \boldsymbol{q}^{\mathrm{T}}\mathrm{H}\varphi(\boldsymbol{c})\boldsymbol{q}.$$

于是

$$\varphi(\boldsymbol{c}+\varepsilon\boldsymbol{p})-\varphi(\boldsymbol{c}) = \left(\frac{1}{2}\boldsymbol{p}^{\mathrm{T}}\mathrm{H}\varphi(\boldsymbol{c})\boldsymbol{p}+o(1)\right)\varepsilon^2,$$

$$\varphi(\boldsymbol{c}+\varepsilon\boldsymbol{q})-\varphi(\boldsymbol{c}) = \left(\frac{1}{2}\boldsymbol{q}^{\mathrm{T}}\mathrm{H}\varphi(\boldsymbol{c})\boldsymbol{q}+o(1)\right)\varepsilon^2,$$

当 ε 足够小时，就有

$$\varphi(\boldsymbol{c}+\varepsilon\boldsymbol{p})-\varphi(\boldsymbol{c}) < 0 < \varphi(\boldsymbol{c}+\varepsilon\boldsymbol{q})-\varphi(\boldsymbol{c}),$$

也就是

$$\varphi(\boldsymbol{c}+\varepsilon\boldsymbol{p}) < \varphi(\boldsymbol{c}) < \varphi(\boldsymbol{c}+\varepsilon\boldsymbol{q}),$$

这说明，$\boldsymbol{c}$ 不是 φ 的极值点.

本节最后，我们简单介绍矩阵函数的黑塞矩阵和二阶微分.

定义 3.5

设开集 $S \subset \mathbf{R}^{n\times q}$，矩阵函数 $F=(\varphi_{ij})_{m\times p}$：$S \to \mathbf{R}^{m\times p}$，$\boldsymbol{C} \in S$，对应的向量化向量函数 $\boldsymbol{f}$：$\mathrm{vec}(S) \to \mathbf{R}^{mp}$，$\boldsymbol{f}(\mathrm{vec}(\boldsymbol{X})) = \mathrm{vec}(F(\boldsymbol{X}))$，$\boldsymbol{X} \in \mathbf{R}^{n\times q}$，$F$ 在点 $\boldsymbol{C}$ 处的雅可比矩阵 $\mathrm{D}F(\boldsymbol{C}) = \mathrm{D}\boldsymbol{f}(\mathrm{vec}(\boldsymbol{C}))$. 我们称 $mnpq \times nq$ 的实矩阵

$$\mathrm{H}F(\boldsymbol{C}) = \mathrm{H}\boldsymbol{f}(\mathrm{vec}(\boldsymbol{C})) = \begin{pmatrix} \mathrm{H}\varphi_{11}(\boldsymbol{C}) \\ \vdots \\ \mathrm{H}\varphi_{m1}(\boldsymbol{C}) \\ \vdots \\ \mathrm{H}\varphi_{1p}(\boldsymbol{C}) \\ \vdots \\ \mathrm{H}\varphi_{mp}(\boldsymbol{C}) \end{pmatrix}$$

为 F 在点 $\boldsymbol{C}$ 处的黑塞矩阵. 其中 $(\mathrm{H}\varphi_{ij}(\boldsymbol{C}))_{st} = D_{ts}^2\varphi_{ij}(\boldsymbol{C})(i=1,2,\cdots,m;\ j=1,2,\cdots,p;\ s=1,2,\cdots,n;\ t=1,2,\cdots,q)$.

令一阶微分函数

$$G(\boldsymbol{X})=\mathrm{d}F(\boldsymbol{X};\boldsymbol{U}),\quad \boldsymbol{X}\in\mathbf{R}^{n\times q},$$

称一阶微分函数 $G(\boldsymbol{X})$ 在点 $\boldsymbol{C}$ 处的微分为 F 在点 $\boldsymbol{C}$ 处的二阶微分

$$\mathrm{d}^2F(\boldsymbol{C};\boldsymbol{U})=\mathrm{d}G(\boldsymbol{C};\boldsymbol{U}).$$

因为矩阵函数 F 和向量化函数 $\boldsymbol{f}$ 的一阶微分具有关系

$$\mathrm{vec}(\mathrm{d}F(\boldsymbol{C};\boldsymbol{U}))=\mathrm{d}\boldsymbol{f}(\mathrm{vec}(\boldsymbol{C});\mathrm{vec}(\boldsymbol{U})),$$

从而

$$\begin{aligned}\mathrm{vec}(\mathrm{d}^2F(\boldsymbol{C};\boldsymbol{U}))&=\mathrm{d}^2\boldsymbol{f}(\mathrm{vec}(\boldsymbol{C});\mathrm{vec}(\boldsymbol{U}))\\&=(\boldsymbol{E}_{mp}\otimes\mathrm{vec}^{\mathrm{T}}(\boldsymbol{U}))\mathrm{H}F(\boldsymbol{C})\cdot\mathrm{vec}(\boldsymbol{U}).\end{aligned}$$

定理 3.5(复合矩阵函数黑塞矩阵的链式法则)

设开集 $S\subset\mathbf{R}^{n\times q}$，$\boldsymbol{C}\in S$，函数 F：$S\to\mathbf{R}^{m\times p}$，$F$ 在点 $\boldsymbol{C}\in S$ 处可微. 又设开集 $T\subset\mathbf{R}^{m\times p}$，而且 $F(S)\subset T$，G：$T\to\mathbf{R}^{r\times s}$，并且 G 在点 $\boldsymbol{B}=F(\boldsymbol{C})$ 处可微，那么复合映射 $K=G\circ F$：$S\to\mathbf{R}^{r\times s}$ 在点 $\boldsymbol{C}$ 处可微，并且 K 在点 $\boldsymbol{C}$ 处对应自变量改变量 $\boldsymbol{U}$ 的二阶微分为

$$\mathrm{d}^2K(\boldsymbol{C};\boldsymbol{U})=\mathrm{d}^2G(\boldsymbol{B};\mathrm{d}F(\boldsymbol{C};\boldsymbol{U}))+\mathrm{d}G(\boldsymbol{B};\mathrm{d}^2F(\boldsymbol{C};\boldsymbol{U})),\quad \boldsymbol{U}\in\mathbf{R}^{n\times q}.$$

为便于记忆，表 5.3 总结了各类函数的黑塞矩阵和二阶微分公式.

表 5.3　各类函数的黑塞矩阵和二阶微分公式

函数类别	黑塞矩阵	二阶微分	矩阵的维数
$\varphi(\xi)$: $\mathbf{R}\to\mathbf{R}$	$\mathrm{H}\varphi(\xi)=\mathrm{D}(\mathrm{D}\varphi(\xi))$	$\mathrm{d}^2\varphi(\xi)=\mathrm{H}\varphi(\xi)(\mathrm{d}\xi)^2$	1×1
$\varphi(\boldsymbol{x})$: $\mathbf{R}^n\to\mathbf{R}$	$\mathrm{H}\varphi(\boldsymbol{x})=\mathrm{D}(\mathrm{D}\varphi(\boldsymbol{x}))^{\mathrm{T}}$	$\mathrm{d}^2\varphi(\boldsymbol{x})=(\mathrm{d}\boldsymbol{x})^{\mathrm{T}}\mathrm{H}\varphi(\boldsymbol{x})\mathrm{d}\boldsymbol{x}$	$n\times n$
$\varphi(\boldsymbol{X})$: $\mathbf{R}^{n\times q}\to\mathbf{R}$	$\mathrm{H}\varphi(\boldsymbol{X})=\mathrm{H}\psi(\mathrm{vec}\boldsymbol{X})$, $\psi(\mathrm{vec}\boldsymbol{X})=\varphi(\boldsymbol{X})$	$\mathrm{d}^2\varphi(\boldsymbol{X})=(\mathrm{d}(\mathrm{vec}\boldsymbol{X}))^{\mathrm{T}}\mathrm{H}\psi(\mathrm{vec}\boldsymbol{X})\mathrm{d}(\mathrm{vec}\boldsymbol{X})$	$nq\times nq$
$\boldsymbol{f}(\xi)$: $\mathbf{R}\to\mathbf{R}^m$	$\mathrm{H}\boldsymbol{f}(\xi)=(\mathrm{H}\varphi_1(\xi),\cdots,\mathrm{H}\varphi_m(\xi))^{\mathrm{T}}$	$\mathrm{d}^2\boldsymbol{f}(\xi)=\mathrm{H}\boldsymbol{f}(\xi)(\mathrm{d}\xi)^2$	$m\times1$
$\boldsymbol{f}(\boldsymbol{x})$: $\mathbf{R}^n\to\mathbf{R}^m$	$\mathrm{H}\boldsymbol{f}(\boldsymbol{x})=\mathrm{D}(\mathrm{D}\boldsymbol{f}(\boldsymbol{x}))^{\mathrm{T}}=(\mathrm{H}\varphi_1(\boldsymbol{x})^{\mathrm{T}},\cdots,\mathrm{H}\varphi_m(\boldsymbol{x})^{\mathrm{T}})^{\mathrm{T}}$	$\mathrm{d}^2\boldsymbol{f}(\boldsymbol{x})=(\boldsymbol{E}_m\otimes(\mathrm{d}\boldsymbol{x})^{\mathrm{T}})\mathrm{H}\boldsymbol{f}(\boldsymbol{x})\mathrm{d}\boldsymbol{x}$	$mn\times n$
$\boldsymbol{f}(\boldsymbol{X})$: $\mathbf{R}^{n\times q}\to\mathbf{R}^m$	$\mathrm{H}\boldsymbol{f}(\boldsymbol{X})=\mathrm{H}\mathrm{g}(\mathrm{vec}\boldsymbol{X})$, $\mathrm{g}(\mathrm{vec}\boldsymbol{X})=\boldsymbol{f}(\boldsymbol{X})$	$\mathrm{d}^2\boldsymbol{f}(\boldsymbol{X})=(\boldsymbol{E}_m\otimes(\mathrm{d}(\mathrm{vec}\boldsymbol{X}))^{\mathrm{T}})\mathrm{H}\mathrm{g}(\mathrm{vec}\boldsymbol{X})\mathrm{d}(\mathrm{vec}\boldsymbol{X})$	$mnq\times nq$
$F(\xi)$: $\mathbf{R}\to\mathbf{R}^{m\times p}$	$\mathrm{H}F(\xi)=\mathrm{H}\boldsymbol{f}(\xi)$, $\boldsymbol{f}(\xi)=\mathrm{vec}F(\xi)$	$\mathrm{vec}\mathrm{d}^2F(\xi)=\mathrm{d}^2\boldsymbol{f}(\xi)$	$mp\times1$
$F(\boldsymbol{x})$: $\mathbf{R}^n\to\mathbf{R}^{m\times p}$	$\mathrm{H}F(\boldsymbol{x})=\mathrm{H}\boldsymbol{f}(\boldsymbol{x})$, $\boldsymbol{f}(\boldsymbol{x})=\mathrm{vec}F(\boldsymbol{x})$	$\mathrm{vec}\mathrm{d}^2F(\boldsymbol{x})=\mathrm{d}^2\boldsymbol{f}(\boldsymbol{x})$	$mnp\times n$
$F(\boldsymbol{X})$: $\mathbf{R}^{n\times q}\to\mathbf{R}^{m\times p}$	$\mathrm{H}F(\boldsymbol{X})=\mathrm{H}\boldsymbol{f}(\mathrm{vec}\boldsymbol{X})$, $\boldsymbol{f}(\mathrm{vec}\boldsymbol{X})=\mathrm{vec}F(\boldsymbol{X})$	$\mathrm{vec}\mathrm{d}^2F(\boldsymbol{X})=\mathrm{d}^2\boldsymbol{f}(\mathrm{vec}\boldsymbol{X})$	$mpnq\times nq$

注: vec 表示向量化运算; $\boldsymbol{f}=(\varphi_1,\cdots,\varphi_m)^{\mathrm{T}}$.

例 3.2　设 $\boldsymbol{x}\in\mathbf{R}^n$ 是自变量，$\boldsymbol{B}\in\mathbf{R}^{n\times n}$ 是实常数矩阵. 计算函数 $\varphi(\boldsymbol{x})=\boldsymbol{x}^{\mathrm{T}}\boldsymbol{B}\boldsymbol{x}$ 的二阶微分.

解　因为

$$\mathrm{D}\varphi(\boldsymbol{x})=\boldsymbol{x}^{\mathrm{T}}(\boldsymbol{B}^{\mathrm{T}}+\boldsymbol{B}),$$

所以

$$\mathrm{d}\varphi(\boldsymbol{x})=\boldsymbol{x}^{\mathrm{T}}(\boldsymbol{B}^{\mathrm{T}}+\boldsymbol{B})\mathrm{d}\boldsymbol{x}.$$

黑塞矩阵为

$$\mathrm{H}\varphi(\boldsymbol{x})=\mathrm{D}(\mathrm{D}^{\mathrm{T}}\varphi(\boldsymbol{x}))=\mathrm{D}((\boldsymbol{B}^{\mathrm{T}}+\boldsymbol{B})\boldsymbol{x})=\boldsymbol{B}^{\mathrm{T}}+\boldsymbol{B},$$

所以

$$\mathrm{d}^2\varphi(\boldsymbol{x})=(\mathrm{d}\boldsymbol{x})^{\mathrm{T}}\mathrm{H}\varphi(\boldsymbol{x})\mathrm{d}\boldsymbol{x}=(\mathrm{d}\boldsymbol{x})^{\mathrm{T}}(\boldsymbol{B}^{\mathrm{T}}+\boldsymbol{B})\mathrm{d}\boldsymbol{x}.$$

另：首先视一阶微分函数中的自变量改变量 $\mathrm{d}\boldsymbol{x}$ 为常数向量 $\boldsymbol{u}$，计算微分的微分，最后将 $\boldsymbol{u}$ 代回去可得同样结果.

$$\begin{aligned}\mathrm{d}^2\varphi(\boldsymbol{x})&=\mathrm{d}(\mathrm{d}\varphi(\boldsymbol{x}))=\mathrm{d}(\boldsymbol{x}^{\mathrm{T}}(\boldsymbol{B}^{\mathrm{T}}+\boldsymbol{B})\boldsymbol{u})\\&=((\boldsymbol{B}^{\mathrm{T}}+\boldsymbol{B})\boldsymbol{u})^{\mathrm{T}}\mathrm{d}\boldsymbol{x}=\boldsymbol{u}^{\mathrm{T}}(\boldsymbol{B}^{\mathrm{T}}+\boldsymbol{B})\mathrm{d}\boldsymbol{x}\\&=(\mathrm{d}\boldsymbol{x})^{\mathrm{T}}(\boldsymbol{B}^{\mathrm{T}}+\boldsymbol{B})\mathrm{d}\boldsymbol{x}.\end{aligned}$$

例 3.3 设 $\boldsymbol{x}=(x_1,x_2)^{\mathrm{T}}\in\mathbf{R}^2$ 是自变量，计算矩阵函数 $F(\boldsymbol{x})=\boldsymbol{x}\boldsymbol{x}^{\mathrm{T}}$ 的二阶微分.

解 $F(\boldsymbol{x})=\boldsymbol{x}\boldsymbol{x}^{\mathrm{T}}$ 对应的向量化函数为 $\boldsymbol{f}(\boldsymbol{x})=\mathrm{vec}(\boldsymbol{x}\boldsymbol{x}^{\mathrm{T}})$. 于是雅可比矩阵为

$$\mathrm{D}F(\boldsymbol{x})=\mathrm{D}\boldsymbol{f}(\boldsymbol{x})=\mathrm{D}(\mathrm{vec}(\boldsymbol{x}\boldsymbol{x}^{\mathrm{T}}))=\begin{pmatrix}2x_1&0\\x_2&x_1\\x_2&x_1\\0&2x_2\end{pmatrix},$$

一阶微分为

$$\begin{aligned}\mathrm{vec}(\mathrm{d}F(\boldsymbol{x}))&=\begin{pmatrix}2x_1&0\\x_2&x_1\\x_2&x_1\\0&2x_2\end{pmatrix}\mathrm{d}\boldsymbol{x}\\&=(2x_1\mathrm{d}x_1,\ x_2\mathrm{d}x_1+x_1\mathrm{d}x_2,\ x_2\mathrm{d}x_1+x_1\mathrm{d}x_2,\ 2x_2\mathrm{d}x_2)^{\mathrm{T}},\end{aligned}$$

$$\mathrm{d}F(\boldsymbol{x})=\begin{pmatrix}2x_1\mathrm{d}x_1&x_2\mathrm{d}x_1+x_1\mathrm{d}x_2\\x_2\mathrm{d}x_1+x_1\mathrm{d}x_2&2x_2\mathrm{d}x_2\end{pmatrix}=\begin{pmatrix}\mathrm{d}(x_1)^2&\mathrm{d}(x_1x_2)\\\mathrm{d}(x_2x_1)&\mathrm{d}(x_2)^2\end{pmatrix}.$$

黑塞矩阵为

$$\mathrm{H}F(\boldsymbol{x})=\mathrm{H}\boldsymbol{f}(\boldsymbol{x})=\mathrm{D}(\mathrm{D}^{\mathrm{T}}F(\boldsymbol{x}))=\begin{pmatrix}2&0\\0&0\\0&1\\1&0\\0&1\\1&0\\0&0\\0&2\end{pmatrix},$$

二阶微分为

$$\mathrm{vec}(\mathrm{d}^2F(\boldsymbol{x}))=\mathrm{d}^2\boldsymbol{f}(\boldsymbol{x})=(\boldsymbol{E}_4\otimes(\mathrm{d}\boldsymbol{x})^{\mathrm{T}})\mathrm{H}\boldsymbol{f}(\boldsymbol{x})\mathrm{d}\boldsymbol{x}$$

$$=\begin{pmatrix}\mathrm{d}x_1 & \mathrm{d}x_2 & 0 & 0 & 0 & 0 & 0 & 0\\ 0 & 0 & \mathrm{d}x_1 & \mathrm{d}x_2 & 0 & 0 & 0 & 0\\ 0 & 0 & 0 & 0 & \mathrm{d}x_1 & \mathrm{d}x_2 & 0 & 0\\ 0 & 0 & 0 & 0 & 0 & 0 & \mathrm{d}x_1 & \mathrm{d}x_2\end{pmatrix}\begin{pmatrix}2 & 0\\ 0 & 0\\ 0 & 1\\ 1 & 0\\ 0 & 1\\ 1 & 0\\ 0 & 0\\ 0 & 2\end{pmatrix}\begin{pmatrix}\mathrm{d}x_1\\ \mathrm{d}x_2\end{pmatrix}$$

$$=\begin{pmatrix}2(\mathrm{d}x_1)^2\\ 2\mathrm{d}x_1\mathrm{d}x_2\\ 2\mathrm{d}x_2\mathrm{d}x_1\\ 2(\mathrm{d}x_2)^2\end{pmatrix},$$

$$\mathrm{d}^2F(\boldsymbol{x})=\begin{pmatrix}2(\mathrm{d}x_1)^2 & 2\mathrm{d}x_2\mathrm{d}x_1\\ 2\mathrm{d}x_1\mathrm{d}x_2 & 2(\mathrm{d}x_2)^2\end{pmatrix}=\begin{pmatrix}\mathrm{d}^2(x_1)^2 & \mathrm{d}^2(x_1x_2)\\ \mathrm{d}^2(x_2x_1) & \mathrm{d}^2(x_2)^2\end{pmatrix}.$$

矩阵的向量化运算为我们计算矩阵函数的微分提供了一种有效的形式化工具. 简单地说, 求向量函数和矩阵函数的一阶、二阶微分就是对每个分量函数求一阶、二阶微分.

5.4 函数的微分运算及应用

函数的雅可比矩阵或微分在函数最优化理论中有重要应用. 本节在总结微分运算性质的基础上给出常用函数的微分公式[11].

定理 4.1

设 $\boldsymbol{U}=(u_{ij})$ 和 $\boldsymbol{V}=(v_{ij})$ 是矩阵函数, $\boldsymbol{A}$ 是实常数矩阵, 则以下结论成立:

(1) $\mathrm{d}\boldsymbol{A}=\boldsymbol{0}$;

(2) $\mathrm{d}(a\boldsymbol{U}+b\boldsymbol{V})=a\mathrm{d}\boldsymbol{U}+b\mathrm{d}\boldsymbol{V}$, $a,b\in\mathbf{R}$;

(3) $\mathrm{d}(\boldsymbol{U}\boldsymbol{V})=\mathrm{d}\boldsymbol{U}\cdot\boldsymbol{V}+\boldsymbol{U}\cdot\mathrm{d}\boldsymbol{V}$;

(4) $\mathrm{d}(\boldsymbol{U}\otimes\boldsymbol{V})=\mathrm{d}\boldsymbol{U}\otimes\boldsymbol{V}+\boldsymbol{U}\otimes\mathrm{d}\boldsymbol{V}$;

(5) $\mathrm{d}\boldsymbol{U}^{\mathrm{T}}=(\mathrm{d}\boldsymbol{U})^{\mathrm{T}}$;

(6) $\mathrm{d}(\mathrm{vec}(\boldsymbol{U}))=\mathrm{vec}(\mathrm{d}\boldsymbol{U})$;

(7) $\mathrm{d}(\mathrm{Trace}(\boldsymbol{U}))=\mathrm{Trace}(\mathrm{d}\boldsymbol{U})$.

证明 仅给出(3)的证明, 其他结论的证明留作练习. 因为矩阵函数的微分就是每个元素的微分组成的矩阵, 注意到矩阵 $\mathrm{d}(\boldsymbol{U}\boldsymbol{V})$ 的第 i 行第 j 列元素

$$(\mathrm{d}(\boldsymbol{U}\boldsymbol{V}))_{ij}=\mathrm{d}(\boldsymbol{U}\boldsymbol{V})_{ij}=\mathrm{d}\left(\sum_k u_{ik}v_{kj}\right)=\sum_k\mathrm{d}(u_{ik}v_{kj})$$
$$=\sum_k[(\mathrm{d}u_{ik})v_{kj}+u_{ik}(\mathrm{d}v_{kj})]$$

$$= \sum_k (\mathrm{d}u_{ik})v_{kj} + \sum_k u_{ik}(\mathrm{d}v_{kj})$$
$$= (\mathrm{d}\boldsymbol{U}\cdot\boldsymbol{V})_{ij} + (\boldsymbol{U}\cdot\mathrm{d}\boldsymbol{V})_{ij}$$
$$= (\mathrm{d}\boldsymbol{U}\cdot\boldsymbol{V} + \boldsymbol{U}\cdot\mathrm{d}\boldsymbol{V})_{ij}.$$

所以结论成立.

例 4.1 设 $\boldsymbol{A}=(a_{ij})\in\mathbf{R}^{m\times n}$ 是实常数矩阵，$\boldsymbol{X}=(x_{ij})\in\mathbf{R}^{n\times m}$ 是自变量，计算迹函数 $\varphi(\boldsymbol{X})=\mathrm{Trace}(\boldsymbol{AX})$ 的微分.

解 $\mathrm{d}\varphi(\boldsymbol{X}) = \mathrm{d}(\mathrm{Trace}(\boldsymbol{AX})) = \mathrm{Trace}(\mathrm{d}(\boldsymbol{AX}))$

$$= \mathrm{Trace}(\boldsymbol{A}\mathrm{d}\boldsymbol{X}) = \sum_{i=1}^{m}\sum_{k=1}^{n} a_{ik}\mathrm{d}x_{ki} = (\mathrm{vec}(\boldsymbol{A}^{\mathrm{T}}))^{\mathrm{T}}\mathrm{vec}(\mathrm{d}\boldsymbol{X}).$$

例 4.2 设 $F(\boldsymbol{X})$：$\mathbf{R}^{n\times q}\to\mathbf{R}^{m\times m}$，则矩阵函数行列式的微分

$$\mathrm{d}|F(\boldsymbol{X})| = \mathrm{Trace}(F^*(\boldsymbol{X})\mathrm{d}F(\boldsymbol{X})),$$

其中 $F^*(\boldsymbol{X})$ 是 $F(\boldsymbol{X})$ 的伴随矩阵.

证明 设标量函数 $\varphi(\boldsymbol{Y})$：$\mathbf{R}^{m\times m}\to\mathbf{R}$，$\varphi(\boldsymbol{Y})=|\boldsymbol{Y}|$，$\boldsymbol{Y}=(y_{ij})$，$\boldsymbol{Y}$ 的伴随矩阵 $\boldsymbol{Y}^*=(c_{ji})$. 则行列式按列展开为

$$\varphi(\boldsymbol{Y}) = \sum_{i=1}^{m} c_{ij}y_{ij},$$

因为 $c_{1j},\cdots,c_{mj}$ 与 y_{ij} 无关，因此偏导数

$$\frac{\partial\varphi(\boldsymbol{Y})}{\partial y_{ij}} = c_{ij}.$$

于是微分

$$\mathrm{d}\varphi(\boldsymbol{Y}) = \sum_{i=1}^{m}\sum_{j=1}^{m} c_{ij}\mathrm{d}y_{ij} = \mathrm{Trace}(\boldsymbol{Y}^*\mathrm{d}\boldsymbol{Y}).$$

又因为 $|F(\boldsymbol{X})|=\varphi(F(\boldsymbol{X}))$，由复合函数链式法则得

$$\mathrm{d}|F(\boldsymbol{X})| = \mathrm{d}\varphi(F(\boldsymbol{x})) = \mathrm{Trace}(F^*(\boldsymbol{X})\mathrm{d}F(\boldsymbol{X})).$$

例 4.3 设 F：$\mathbf{R}^{n\times q}\to\mathbf{R}^{m\times m}$，且 $F(\boldsymbol{X})$ 是可逆矩阵，则矩阵函数的逆矩阵 $F^{-1}(\boldsymbol{X})$ 的微分 $\mathrm{d}F^{-1}(\boldsymbol{X}) = -F^{-1}(\boldsymbol{X})\mathrm{d}F(\boldsymbol{X})\cdot F^{-1}(\boldsymbol{X})$.

证明 因为

$$F(\boldsymbol{X})F^{-1}(\boldsymbol{X}) = \boldsymbol{E},$$

两边微分得

$$\boldsymbol{0} = \mathrm{d}(F(\boldsymbol{X})F^{-1}(\boldsymbol{X})) = \mathrm{d}(F(\boldsymbol{X}))F^{-1}(\boldsymbol{X}) + F(\boldsymbol{X})\mathrm{d}(F^{-1}(\boldsymbol{X})),$$

所以

$$\mathrm{d}F^{-1}(\boldsymbol{X}) = -F^{-1}(\boldsymbol{X})\mathrm{d}F(\boldsymbol{X})\cdot F^{-1}(\boldsymbol{X}).$$

例 4.4 设 F：$\mathbf{R}^{n\times q}\to\mathbf{R}^{m\times m}$，且 $F(\boldsymbol{X})$ 是可逆矩阵，则矩阵函数的伴随矩阵 $F^*(\boldsymbol{X})$ 的微分 $\mathrm{d}F^*(\boldsymbol{X}) = |F(\boldsymbol{X})|[\mathrm{Trace}(F^{-1}(\boldsymbol{X})\mathrm{d}F(\boldsymbol{X}))F^{-1}(\boldsymbol{X}) - F^{-1}(\boldsymbol{X})\mathrm{d}F(\boldsymbol{X})F^{-1}(\boldsymbol{X})]$.

证明 因为

$$F(\boldsymbol{X})F^*(\boldsymbol{X}) = |F(\boldsymbol{X})|\boldsymbol{E},$$

所以

$$
\begin{aligned}
&F^*(\boldsymbol{X}) = |F(\boldsymbol{X})|F^{-1}(\boldsymbol{X}),\\
&\mathrm{d}F^*(\boldsymbol{X}) = (\mathrm{d}|F(\boldsymbol{X})|)F^{-1}(\boldsymbol{X}) + |F(\boldsymbol{X})|\mathrm{d}F^{-1}(\boldsymbol{X})\\
&\qquad = \mathrm{Trace}(F^*(\boldsymbol{X})\mathrm{d}F(\boldsymbol{X}))F^{-1}(\boldsymbol{X}) - |F(\boldsymbol{X})|F^{-1}(\boldsymbol{X})(\mathrm{d}F(\boldsymbol{X}))F^{-1}(\boldsymbol{X})\\
&\qquad = \mathrm{Trace}(|F(\boldsymbol{X})|F^{-1}(\boldsymbol{X})\mathrm{d}F(\boldsymbol{X}))F^{-1}(\boldsymbol{X}) - |F(\boldsymbol{X})|F^{-1}(\boldsymbol{X})(\mathrm{d}F(\boldsymbol{X}))F^{-1}(\boldsymbol{X})\\
&\qquad = |F(\boldsymbol{X})|[\mathrm{Trace}(F^{-1}(\boldsymbol{X})\mathrm{d}F(\boldsymbol{X}))F^{-1}(\boldsymbol{X}) - F^{-1}(\boldsymbol{X})\mathrm{d}F(\boldsymbol{X})F^{-1}(\boldsymbol{X})].
\end{aligned}
$$

例 4.5 设 $\boldsymbol{A} = \begin{pmatrix} 2 & 0 & 0 \\ 1 & 1 & 1 \\ 1 & -1 & 3 \end{pmatrix}$，$t \in \mathbf{R}$ 是变量，计算矩阵函数 $F(t) = \mathrm{e}^{\boldsymbol{A}t}$ 的微分.

解 由第 3 章例 4.3 可知

$$
F(t) = \mathrm{e}^{\boldsymbol{A}t} = \begin{pmatrix} \mathrm{e}^{2t} & 0 & 0 \\ t\mathrm{e}^{2t} & \mathrm{e}^{2t} - t\mathrm{e}^{2t} & t\mathrm{e}^{2t} \\ t\mathrm{e}^{2t} & -t\mathrm{e}^{2t} & \mathrm{e}^{2t} + t\mathrm{e}^{2t} \end{pmatrix},
$$

所以

$$
\mathrm{d}F(t) = \begin{pmatrix} 2\mathrm{e}^{2t} & 0 & 0 \\ \mathrm{e}^{2t} + 2t\mathrm{e}^{2t} & \mathrm{e}^{2t} - 2t\mathrm{e}^{2t} & \mathrm{e}^{2t} + 2t\mathrm{e}^{2t} \\ \mathrm{e}^{2t} + 2t\mathrm{e}^{2t} & -\mathrm{e}^{2t} - 2t\mathrm{e}^{2t} & 3\mathrm{e}^{2t} + 2t\mathrm{e}^{2t} \end{pmatrix} \mathrm{d}t.
$$

可以进一步证明，对于常数矩阵 $\boldsymbol{A} \in \mathbf{R}^{n\times n}$，$\mathrm{de}^{\boldsymbol{A}t} = \boldsymbol{A}\mathrm{e}^{\boldsymbol{A}t}$.

函数的梯度或雅可比矩阵在函数的最优化理论中有重要应用，梯度方向是函数值变化最快的方向，是设计最优化算法迭代格式的参照系. 由复合函数微分链式法则可知，梯度计算的复杂性随着问题中变量数目和函数复合次数的增加会迅速增加. 本节结合神经网络模型介绍一种高效的梯度反向传播计算方法[12].

从机器学习的角度来看，神经网络可以看作一个非线性模型，其基本组成单位为具有非线性激活函数的神经元，通过大量神经元之间的连接，神经网络成为一种高度非线性的模型. 神经元之间的连接权重就是需要学习的参数，可以通过梯度下降方法进行学习.

假设一个神经元接受 d 个输入 $x_1, x_2, \cdots, x_d$，用向量 $\boldsymbol{x} = (x_1, x_2, \cdots, x_d)^{\mathrm{T}}$ 来表示这组输入，并用净输入 $z \in \mathbf{R}$ 表示一个神经元所获得的输入信号 $\boldsymbol{x}$ 的加权和，

$$
z = \sum_{i=1}^{d} w_i x_i + b = \boldsymbol{w}^{\mathrm{T}}\boldsymbol{x} + b,
$$

其中 $\boldsymbol{w} = (w_1, w_2, \cdots, w_d)^{\mathrm{T}} \in \mathbf{R}^d$ 是权重向量，$b \in \mathbf{R}$ 是偏置.

净输入 z 在经过一个非线性函数 f 后，得到神经元的活性值 $a = f(z)$，非线性函数 f 称为激活函数. 图 5.1 给出了一个典型的神经元结构示例.

神经网络中常用的激活函数有 Logistic 函数和 Tanh 函数. Logistic 函数定义为

$$
\mathrm{Logistic}(x) = \frac{1}{1 + \mathrm{e}^{-x}}.
$$

装备了 Logistic 激活函数的神经元具有以下两点性质：①其输出可以直接看作概率分布，使得神经网络可以更好地和统计学习模型进行结合；②可以用来控制其他神经元输出信息的数量.

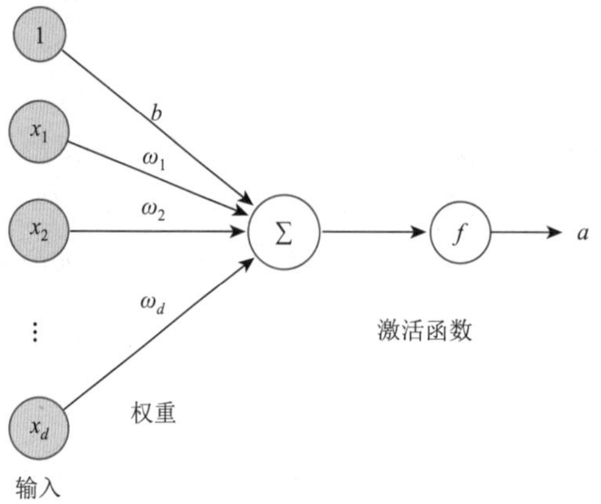

图 5.1　典型的神经元结构

Tanh 函数其定义为

$$\tanh(x)=\frac{e^x-e^{-x}}{e^x+e^{-x}}.$$

给定一组神经元，我们可以以神经元为节点来构建一个网络. 不同的神经网络模型有着不同网络连接的拓扑结构. 一种比较直接的拓扑结构是前馈网络. 前馈神经网络是最早发明的简单人工神经网络. 在前馈神经网络中，各神经元分别属于不同的层. 每一层的神经元可以接收前一层神经元的信号，并产生信号输出到下一层. 第 0 层叫输入层，最后一层叫输出层，其他中间层叫隐藏层. 整个网络中无反馈机制，信号从输入层向输出层单向传播，可用一个图 5.2 所示的有向无环图表示.

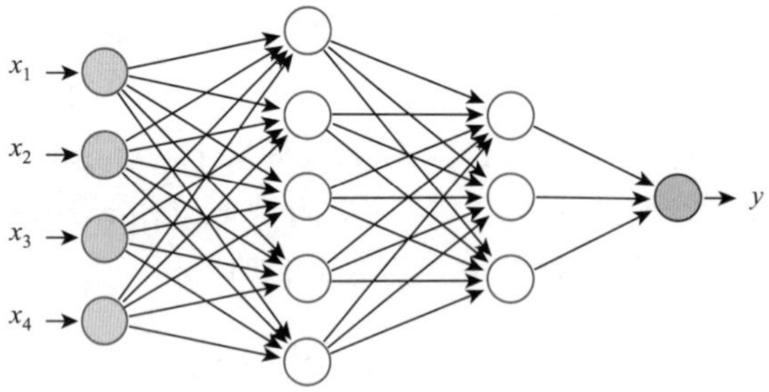

图 5.2　多层前馈神经网络

我们用下面的记号来描述一个前馈神经网络:

L：表示神经网络的层数;

$m^{(l)}$：表示第 l 层神经元的个数;

$\boldsymbol{f}_l$：表示 l 层神经元的激活函数，按照神经元分别计算函数值，又称为位函数;

$\boldsymbol{W}^{(l)}\left(w_{ij}^{(l)}\right)\in\mathbf{R}^{m^{(l)}}\times\mathbf{R}^{m^{(l-1)}}$：表示第 $l-1$ 层到第 l 层的权重矩阵;

$\boldsymbol{b}^{(l)}=\left(b_i^{(l)}\right)\in\mathbf{R}^{m^{(l)}}$：表示第 $l-1$ 层到第 l 层的偏置;

$\boldsymbol{z}^{(l)}=\left(z_i^{(l)}\right)\in\mathbf{R}^{m^{(l)}}$：表示第 l 层神经元的净输入;

$\boldsymbol{a}^{(l)} = \left(a_i^{(l)}\right) \in \mathbf{R}^{m^{(l)}}$：表示第 l 层神经元的输出.

前馈神经网络通过下面公式进行信息传播，

$$\boldsymbol{z}^{(l)} = \boldsymbol{W}^{(l)} \boldsymbol{f}_l(\boldsymbol{z}^{(l-1)}) + \boldsymbol{b}^{(l)} = \boldsymbol{W}^{(l)} \cdot \boldsymbol{a}^{(l-1)} + \boldsymbol{b}^{(l)}, \quad l = 1,2,\cdots,L,$$

或者

$$\boldsymbol{a}^{(l)} = \boldsymbol{f}_l(\boldsymbol{W}^{(l)} \cdot \boldsymbol{a}^{(l-1)} + \boldsymbol{b}^{(l)}),$$

$\boldsymbol{f}_l = (f_{l1}, f_{l2}, \cdots, f_{lm^{(l)}})^{\mathrm{T}}$ 是第 l 层的激活函数，$l = 1,2,\cdots,L$.

这样，前馈神经网络可以通过逐层的信息传递，得到网络最后的输出 $\boldsymbol{a}^{(L)}$. 整个网络可以看作一个复合函数 $\varphi(\boldsymbol{x};\boldsymbol{\theta}) = \varphi(\boldsymbol{x};\boldsymbol{W}^{(1)},\cdots,\boldsymbol{W}^{(L)};\boldsymbol{b}^{(1)},\cdots,\boldsymbol{b}^{(L)})$，将向量 $\boldsymbol{x} = (x_1, x_2, \cdots, x_d)^{\mathrm{T}}$ 作为第1层的输入 $\boldsymbol{a}^{(0)}$，将第 L 层的输出 $\boldsymbol{a}^{(L)}$ 作为整个函数的输出.

输入层：$\boldsymbol{z}^{(0)} = \boldsymbol{x}$，$\boldsymbol{a}^{(0)} = \boldsymbol{z}^{(0)}$；

第 1 层：$\boldsymbol{z}^{(1)} = \boldsymbol{W}^{(1)}\boldsymbol{a}^{(0)} + \boldsymbol{b}^{(1)}$，$\boldsymbol{a}^{(1)} = \boldsymbol{f}_1(\boldsymbol{z}^{(1)})$；

……

第 l 层：$\boldsymbol{z}^{(l)} = \boldsymbol{W}^{(l)}\boldsymbol{a}^{(l-1)} + \boldsymbol{b}^{(l)}$，$\boldsymbol{a}^{(l)} = \boldsymbol{f}_l(\boldsymbol{z}^{(l)})$；

……

输出层：$\boldsymbol{z}^{(L)} = \boldsymbol{W}^{(L)}\boldsymbol{a}^{(L-1)} + \boldsymbol{b}^{(L)}$，$\hat{\boldsymbol{y}} = \boldsymbol{a}^{(L)} = \boldsymbol{f}_L(\boldsymbol{z}^{(L)})$.

$$\begin{aligned}\hat{\boldsymbol{y}} &= \boldsymbol{a}^{(L)} = \boldsymbol{f}_L(\boldsymbol{W}^{(L)}\boldsymbol{a}^{(L-1)} + \boldsymbol{b}^{(L)}) \\ &= \cdots \\ &= \boldsymbol{f}_L(\boldsymbol{W}^{(L)}\boldsymbol{f}_{L-1}(\boldsymbol{W}^{(L-1)}\cdots \boldsymbol{f}_2(\boldsymbol{W}^{(2)}\boldsymbol{f}_1(\boldsymbol{W}^{(1)}\boldsymbol{x} + \boldsymbol{b}^{(1)}) + \boldsymbol{b}^{(2)})\cdots + \boldsymbol{b}^{(L-1)}) + \boldsymbol{b}^{(L)}) \\ &= \varphi(\boldsymbol{x};\boldsymbol{\theta}).\end{aligned}$$

机器学习需要确定其输入空间 $\mathbb{X}$ 和输出空间 $\mathbb{Y}$. 输入空间 $\mathbb{X}$ 和输出空间 $\mathbb{Y}$ 构成了一个样本空间. 对于样本空间中的样本 $(\boldsymbol{x}, y) \in \mathbb{X} \times \mathbb{Y}$，假定存在一个未知的真实映射函数 g：$\mathbb{X} \to \mathbb{Y}$，使得 $y = g(\boldsymbol{x})$，或者存在真实条件概率分布 $\mathrm{pr}(y\,|\,\boldsymbol{x})$，机器学习的目标是找到一个模型来近似真实映射函数 $y = g(\boldsymbol{x})$ 或真实条件概率分布 $\mathrm{pr}(y\,|\,\boldsymbol{x})$.

由于我们不知道真实的映射函数或条件概率分布的具体形式，通常假设 $\mathbb{F}$ 是一个参数化的函数族 $\mathbb{F} = \{\varphi(\boldsymbol{x};\boldsymbol{\theta})\,|\,\boldsymbol{\theta} \in \mathbf{R}^m\}$，其中 $\varphi(\boldsymbol{x};\boldsymbol{\theta})$ 为假设函数的模型，$\boldsymbol{\theta}$ 为一组可学习参数，m 为参数的数量.

令训练集 $\mathbb{S} = \{(\boldsymbol{x}^{(n)}, y^{(n)})\}_{n=1}^N$ 由 N 个独立同分布的样本组成，即每个样本 $(\boldsymbol{x}, y)$ 是从 $\mathbb{X}$ 和 $\mathbb{Y}$ 的联合空间中按照某个未知分布 $\mathrm{pr}(y\,|\,\boldsymbol{x})$ 独立地随机产生的. 这里要求样本分布 $\mathrm{pr}(y\,|\,\boldsymbol{x})$ 不会随时间而变化.

一个好的模型 $\varphi(\boldsymbol{x};\boldsymbol{\theta}^*)$ 应该在所有 $(\boldsymbol{x}, y) \in \mathbb{X} \times \mathbb{Y}$ 的可能取值上都与真实映射函数 $y = g(\boldsymbol{x})$ 一致，即

$$|\varphi(\boldsymbol{x};\boldsymbol{\theta}^*) - g(\boldsymbol{x})| < \varepsilon, \quad (\boldsymbol{x}, y) \in \mathbb{X} \times \mathbb{Y},$$

或与真实条件概率分布 $\mathrm{pr}(y\,|\,\boldsymbol{x})$ 一致，即

$$|\varphi_y(\boldsymbol{x};\boldsymbol{\theta}^*) - \mathrm{pr}(y\,|\,\boldsymbol{x})| < \varepsilon, \quad (\boldsymbol{x}, y) \in \mathbb{X} \times \mathbb{Y},$$

其中 ε 是一个很小的正数，$\varphi_y(\boldsymbol{x};\boldsymbol{\theta}^*)$ 为模型预测的条件概率分布中 y 对应于 $\boldsymbol{x}$ 的条件概率.

通常用平方损失函数来量化模型预测值和真实值之间的差异:

$$\Phi(y;\varphi(\boldsymbol{x};\boldsymbol{\theta}))=\frac{1}{2}(y-\varphi(\boldsymbol{x};\boldsymbol{\theta}))^2,$$

模型 $\varphi(\boldsymbol{x};\boldsymbol{\theta})$ 的好坏可以通过训练集上的平均损失来评价:

$$R(\boldsymbol{\theta})=\frac{1}{N}\sum_{n=1}^{N}\Phi(y^{(n)};\varphi(\boldsymbol{x}^{(n)};\boldsymbol{\theta})).$$

因此, 一个切实可行的学习方法就是找到参数 $\boldsymbol{\theta}^*$ 使得平均损失最小, 即

$$\boldsymbol{\theta}^*=\arg\min(R(\boldsymbol{\theta})).$$

在确定了训练集 $\mathbb{S}$ 、假设函数空间 $\mathbb{F}$ 以及学习准则 $\arg\min(R(\boldsymbol{\theta}))$ 后, 如何找到最优的模型 $\varphi(\boldsymbol{x};\boldsymbol{\theta}^*)$ 就成了一个最优化问题. 机器学习的训练过程其实就是最优化问题的求解过程. 在机器学习中, 最常用的优化算法就是梯度下降法, 即通过迭代的方法来求解训练集 $\mathbb{S}$ 上平均损失函数最小值对应的解:

$$\boldsymbol{\theta}(t+1)=\boldsymbol{\theta}(t)-\alpha\nabla(R(\boldsymbol{\theta})),\quad t=0,1,\cdots.$$

其中 α 是超参数, 表示学习率, $\nabla(R(\boldsymbol{\theta}))$ 是平均损失函数 $R(\boldsymbol{\theta})$ 对参数 $\boldsymbol{\theta}$ 的梯度.

神经网络学习过程中不需要事先求出平均损失函数对所有参数的偏导数之后才开始更新参数, 而是从最后一层到第一层逐步计算偏导数, 逐步更新参数, 每次更新参数只需要用到紧跟其后的那一层网络的信息, 而不需要位于其前面各层网络的参数信息. 这就是梯度反向传播机制, 这种机制可以大大降低梯度计算复杂度. 下面通过例子介绍详细计算过程.

例 4.6 每年高考填报志愿的时候, 省控制线、平均分、重点批次平均分等信息已知, 学生需要预测各个高校的投档线来选择志愿学校. 表 5.4 给出的某高校 11 年在某省的高考招生数据, 包括省控制线 (X_1), 平均分 (X_2), 重点批次平均分 (X_3) 和投档线 (X_4) 等 4 个指标. 试用神经网络建立一个预测投档线的数学模型.

表 5.4 某高校 11 年在某省高考招生部分数据

序号	省控制线	平均分	一批平均分	投档线
1	517	494	577	540
2	516	494	577	536
3	506	490	570	532
4	557	427	584	557
5	571	438	600	571
6	551	448	582	552
7	462	388	564	517
8	510	403	559	526
9	512	412	571	539
10	484	400	543	514
11	512	428	571	542

解 选择 X_1, X_2 和 X_3 作为输入层, X_4 作为输出层, 建立含有 2 个隐藏层的 BP 神经网络, 第一个隐藏层有 3 个神经元, 第二个隐藏层有 2 个神经元, 输出层有 1 个神经元, 隐藏层的激活函数为 Tanh, 输出层的激活函数为 Logistic. 于是输入向量

$$\boldsymbol{x}=(x_1,x_2,x_3)^{\mathrm{T}},$$

各层连接矩阵分别为

$$W^{(1)}=\left(w_{ij}^{(1)}\right)\in\mathbf{R}^{3\times3},\quad W^{(2)}=\left(w_{ij}^{(2)}\right)\in\mathbf{R}^{2\times3},\quad W^{(3)}=\left(w_{ij}^{(3)}\right)\in\mathbf{R}^{1\times2},$$

各层偏置向量分别为

$$\boldsymbol{b}^{(1)}=\left(b_i^{(1)}\right)\in\mathbf{R}^3,\quad \boldsymbol{b}^{(2)}=\left(b_i^{(2)}\right)\in\mathbf{R}^2,\quad \boldsymbol{b}^{(3)}=\left(b_i^{(3)}\right)\in\mathbf{R},$$

本例需要学习的参数有 $9+6+2+3+2+1=23$ 个.

各层净输入分别为

$$\begin{aligned}
\boldsymbol{z}^{(1)}&=\boldsymbol{W}^{(1)}\boldsymbol{x}+\boldsymbol{b}^{(1)},\\
\boldsymbol{z}^{(2)}&=\boldsymbol{W}^{(2)}\boldsymbol{f}_1(\boldsymbol{z}^{(1)})+\boldsymbol{b}^{(2)}=\boldsymbol{W}^{(2)}\boldsymbol{a}^{(1)}+\boldsymbol{b}^{(2)},\\
\boldsymbol{z}^{(3)}&=\boldsymbol{W}^{(3)}\boldsymbol{f}_2(\boldsymbol{z}^{(2)})+\boldsymbol{b}^{(3)}=\boldsymbol{W}^{(3)}\boldsymbol{a}^{(2)}+\boldsymbol{b}^{(3)}.
\end{aligned}$$

各层输出分别为

$$\begin{aligned}
\boldsymbol{a}^{(1)}&=\boldsymbol{f}_1(\boldsymbol{z}^{(1)})=\boldsymbol{f}_1(\boldsymbol{W}^{(1)}\boldsymbol{x}+\boldsymbol{b}^{(1)}),\\
\boldsymbol{a}^{(2)}&=\boldsymbol{f}_2(\boldsymbol{z}^{(2)})=\boldsymbol{f}_2(\boldsymbol{W}^{(2)}\boldsymbol{a}^{(1)}+\boldsymbol{b}^{(2)})=\boldsymbol{f}_2(\boldsymbol{W}^{(2)}\boldsymbol{f}_1(\boldsymbol{W}^{(1)}\boldsymbol{x}+\boldsymbol{b}^{(1)})+\boldsymbol{b}^{(2)}),\\
\boldsymbol{a}^{(3)}&=\boldsymbol{f}_3(\boldsymbol{z}^{(3)})=\boldsymbol{f}_3(\boldsymbol{W}^{(3)}\boldsymbol{a}^{(2)}+\boldsymbol{b}^{(3)})=\boldsymbol{f}_3(\boldsymbol{W}^{(3)}\boldsymbol{f}_2(\boldsymbol{W}^{(2)}\boldsymbol{f}_1(\boldsymbol{W}^{(1)}\boldsymbol{x}+\boldsymbol{b}^{(1)})+\boldsymbol{b}^{(2)})+\boldsymbol{b}^{(3)}),
\end{aligned}$$

其中，$\boldsymbol{f}_1$ 和 $\boldsymbol{f}_2$ 的分量函数都 Tanh 函数，$\boldsymbol{f}_3$ 的分量函数是 Logistic 函数，当 $\boldsymbol{x}$ 取向量时，激活函数是向量函数，其分量是 $\boldsymbol{x}$ 的对应分量的标量函数. 容易计算出 $\boldsymbol{f}_1$，$\boldsymbol{f}_2$ 和 $\boldsymbol{f}_3$ 的导函数分别为

$$\begin{aligned}
\boldsymbol{f}_1'(\boldsymbol{x})&=\boldsymbol{f}_2'(\boldsymbol{x})=1-(\boldsymbol{f}_1(\boldsymbol{x}))^2,\\
\boldsymbol{f}_3'(\boldsymbol{x})&=\boldsymbol{f}_3(\boldsymbol{x})(1-\boldsymbol{f}_3(\boldsymbol{x})).
\end{aligned}$$

本例共有 11 组观测数据，选择前 10 组为训练集，最后一组数据为测试集.

根据假设条件，网络模拟的函数表达式为

$$\varphi(\boldsymbol{x};\boldsymbol{\theta})=\boldsymbol{f}_3(\boldsymbol{W}^{(3)}\boldsymbol{f}_2(\boldsymbol{W}^{(2)}\boldsymbol{f}_1(\boldsymbol{W}^{(1)}\boldsymbol{x}+\boldsymbol{b}^{(1)})+\boldsymbol{b}^{(2)})+\boldsymbol{b}^{(3)}).$$

每个训练样本点 $(\boldsymbol{x},y)$ 的平方损失函数

$$\Phi(y;\varphi(\boldsymbol{x};\boldsymbol{\theta}))=\frac{1}{2}(y-\boldsymbol{f}_3(\boldsymbol{W}^{(3)}\boldsymbol{f}_2(\boldsymbol{W}^{(2)}\boldsymbol{f}_1(\boldsymbol{W}^{(1)}\boldsymbol{x}+\boldsymbol{b}^{(1)})+\boldsymbol{b}^{(2)})+\boldsymbol{b}^{(3)}))^2.$$

对 $\boldsymbol{b}^{(3)},\boldsymbol{W}^{(3)}$ 的雅可比矩阵分别为

$$\begin{aligned}
\mathrm{D}\Phi(\boldsymbol{b}^{(3)})&=\mathrm{D}\Phi(\boldsymbol{a}^{(3)})\cdot\mathrm{D}\boldsymbol{a}^{(3)}(\boldsymbol{z}^{(3)})\cdot\mathrm{D}\boldsymbol{z}^{(3)}(\boldsymbol{b}^{(3)})\in\mathbf{R},\\
\mathrm{D}\Phi(\boldsymbol{W}^{(3)})&=\mathrm{D}\Phi(\boldsymbol{a}^{(3)})\cdot\mathrm{D}\boldsymbol{a}^{(3)}(\boldsymbol{z}^{(3)})\cdot\mathrm{D}\boldsymbol{z}^{(3)}(\boldsymbol{W}^{(3)})\in\mathbf{R}^{1\times2}.
\end{aligned}$$

进一步计算有

$$\begin{aligned}
&\mathrm{D}\boldsymbol{z}^{(3)}(\boldsymbol{b}^{(3)})=1,\\
&\mathrm{D}\boldsymbol{a}^{(3)}(\boldsymbol{z}^{(3)})=\boldsymbol{a}^{(3)}(1-\boldsymbol{a}^{(3)}),\\
&\mathrm{D}\Phi(\boldsymbol{a}^{(3)})=-(y-\boldsymbol{a}^{(3)}),\\
&\mathrm{D}\boldsymbol{z}^{(3)}(\boldsymbol{W}^{(3)})=(\boldsymbol{a}^{(2)})^{\mathrm{T}}.
\end{aligned}$$

记 $\delta^{(3)}\triangleq\mathrm{D}\Phi(\boldsymbol{b}^{(3)})=-(y-\boldsymbol{a}^{(3)})\boldsymbol{a}^{(3)}(1-\boldsymbol{a}^{(3)})$，则

$$\mathrm{D}\Phi(\boldsymbol{W}^{(3)})=\delta^{(3)}\cdot(\boldsymbol{a}^{(2)})^{\mathrm{T}}.$$

平方损失函数对 $\boldsymbol{b}^{(2)},\boldsymbol{W}^{(2)}$ 的雅可比矩阵分别为

$$\begin{aligned}
\mathrm{D}\Phi(\boldsymbol{b}^{(2)})&=\mathrm{D}\Phi(\boldsymbol{a}^{(3)})\cdot\mathrm{D}\boldsymbol{a}^{(3)}(\boldsymbol{z}^{(3)})\cdot\mathrm{D}\boldsymbol{z}^{(3)}(\boldsymbol{a}^{(2)})\cdot\mathrm{D}\boldsymbol{a}^{(2)}(\boldsymbol{z}^{(2)})\cdot\mathrm{D}\boldsymbol{z}^{(2)}(\boldsymbol{b}^{(2)})\in\mathbf{R}^{1\times2},\\
\mathrm{D}\Phi(\boldsymbol{W}^{(2)})&=\mathrm{D}\Phi(\boldsymbol{a}^{(3)})\cdot\mathrm{D}\boldsymbol{a}^{(3)}(\boldsymbol{z}^{(3)})\cdot\mathrm{D}\boldsymbol{z}^{(3)}(\boldsymbol{a}^{(2)})\cdot\mathrm{D}\boldsymbol{a}^{(2)}(\boldsymbol{z}^{(2)})\cdot\mathrm{D}\boldsymbol{z}^{(2)}(\boldsymbol{W}^{(2)})\in\mathbf{R}^{1\times6}.
\end{aligned}$$

进一步计算有

$$
\begin{aligned}
&\mathrm{D}\boldsymbol{z}^{(2)}(\boldsymbol{b}^{(2)})=\boldsymbol{E}_2,\\
&\boldsymbol{a}^{(2)}=\boldsymbol{f}_2(\boldsymbol{z}^{(2)})=\begin{pmatrix}\mathrm{Tanh}\left(z_1^{(2)}\right)\\ \mathrm{Tanh}\left(z_2^{(2)}\right)\end{pmatrix},\\
&\mathrm{D}\boldsymbol{a}^{(2)}(\boldsymbol{z}^{(2)})=\begin{pmatrix}\mathrm{Tanh}'\left(z_1^{(2)}\right) & 0\\ 0 & \mathrm{Tanh}'\left(z_2^{(2)}\right)\end{pmatrix},\\
&\mathrm{D}\boldsymbol{z}^{(3)}(\boldsymbol{a}^{(2)})=\boldsymbol{W}^{(3)},\\
&\mathrm{D}\boldsymbol{z}^{(2)}(\boldsymbol{W}^{(2)})=\begin{pmatrix}a_1^{(1)} & 0 & a_2^{(1)} & 0 & a_3^{(1)} & 0\\ 0 & a_1^{(1)} & 0 & a_2^{(1)} & 0 & a_3^{(1)}\end{pmatrix}=(\boldsymbol{a}^{(1)})^{\mathrm{T}}\otimes\boldsymbol{E}_2.
\end{aligned}
$$

记

$$\delta^{(2)}\triangleq \mathrm{D}\Phi(\boldsymbol{b}^{(2)})=\delta^{(3)}\cdot\mathrm{D}\boldsymbol{z}^{(3)}(\boldsymbol{a}^{(2)})\cdot\mathrm{D}\boldsymbol{a}^{(2)}(\boldsymbol{z}^{(2)}),$$

则

$$\mathrm{D}\Phi(\boldsymbol{W}^{(2)})=\delta^{(2)}\cdot((\boldsymbol{a}^{(1)})^{\mathrm{T}}\otimes\boldsymbol{E}_2).$$

平方损失函数对 $\boldsymbol{b}^{(1)},\boldsymbol{W}^{(1)}$ 的雅可比矩阵分别为

$$
\begin{aligned}
\mathrm{D}\Phi(\boldsymbol{b}^{(1)})&=\mathrm{D}\Phi(\boldsymbol{a}^{(3)})\cdot\mathrm{D}\boldsymbol{a}^{(3)}(\boldsymbol{z}^{(3)})\cdot\mathrm{D}\boldsymbol{z}^{(3)}(\boldsymbol{a}^{(2)})\cdot\mathrm{D}\boldsymbol{a}^{(2)}(\boldsymbol{z}^{(2)})\\
&\quad\cdot\mathrm{D}\boldsymbol{z}^{(2)}(\boldsymbol{a}^{(1)})\cdot\mathrm{D}\boldsymbol{a}^{(1)}(\boldsymbol{z}^{(1)})\cdot\mathrm{D}\boldsymbol{z}^{(1)}(\boldsymbol{b}^{(1)})\in\mathbf{R}^{1\times3},\\
\mathrm{D}\Phi(\boldsymbol{W}^{(1)})&=\mathrm{D}\Phi(\boldsymbol{a}^{(3)})\cdot\mathrm{D}\boldsymbol{a}^{(3)}(\boldsymbol{z}^{(3)})\cdot\mathrm{D}\boldsymbol{z}^{(3)}(\boldsymbol{a}^{(2)})\cdot\mathrm{D}\boldsymbol{a}^{(2)}(\boldsymbol{z}^{(2)})\\
&\quad\cdot\mathrm{D}\boldsymbol{z}^{(2)}(\boldsymbol{a}^{(1)})\cdot\mathrm{D}\boldsymbol{a}^{(1)}(\boldsymbol{z}^{(1)})\cdot\mathrm{D}\boldsymbol{z}^{(1)}(\boldsymbol{W}^{(1)})\in\mathbf{R}^{1\times9}.
\end{aligned}
$$

进一步计算有

$$
\begin{aligned}
&\mathrm{D}\boldsymbol{z}^{(1)}(\boldsymbol{b}^{(1)})=\boldsymbol{E}_3,\\
&\boldsymbol{a}^{(1)}=\boldsymbol{f}_1(\boldsymbol{z}^{(1)})=\begin{pmatrix}\mathrm{Tanh}\left(z_1^{(1)}\right)\\ \mathrm{Tanh}\left(z_2^{(1)}\right)\\ \mathrm{Tanh}\left(z_3^{(1)}\right)\end{pmatrix},\\
&\mathrm{D}\boldsymbol{a}^{(1)}(\boldsymbol{z}^{(1)})=\begin{pmatrix}\mathrm{Tanh}'\left(z_1^{(1)}\right) & 0 & 0\\ 0 & \mathrm{Tanh}'\left(z_2^{(1)}\right) & 0\\ 0 & 0 & \mathrm{Tanh}'\left(z_3^{(1)}\right)\end{pmatrix},\\
&\mathrm{D}\boldsymbol{z}^{(2)}(\boldsymbol{a}^{(1)})=\boldsymbol{W}^{(2)},\\
&\mathrm{D}\boldsymbol{z}^{(1)}(\boldsymbol{W}^{(1)})=\begin{pmatrix}x_1 & 0 & 0 & x_2 & 0 & 0 & x_3 & 0 & 0\\ 0 & x_1 & 0 & 0 & x_2 & 0 & 0 & x_3 & 0\\ 0 & 0 & x_1 & 0 & 0 & x_2 & 0 & 0 & x_3\end{pmatrix}=(\boldsymbol{x}^{\mathrm{T}}\otimes\boldsymbol{E}_3).
\end{aligned}
$$

记

$$\delta^{(1)}\triangleq \mathrm{D}\Phi(\boldsymbol{b}^{(1)})=\delta^{(2)}\cdot\mathrm{D}\boldsymbol{z}^{(2)}(\boldsymbol{a}^{(1)})\mathrm{D}\boldsymbol{a}^{(1)}(\boldsymbol{z}^{(1)}),$$

则

$$\mathrm{D}\Phi(\boldsymbol{W}^{(1)})=\delta^{(1)}\cdot(\boldsymbol{x}^{\mathrm{T}}\otimes\boldsymbol{E}_3).$$

根据信息向前传播原理，初始指定各层权重和偏移参数后，从输入 $\boldsymbol{x}$ 可依次计算出 $\boldsymbol{a}^{(1)}$，$\boldsymbol{a}^{(2)}$ 和 $\boldsymbol{a}^{(3)}$；再由观测值 y 和输出结果 $\boldsymbol{a}^{(3)}$ 的平方损失函数可以反向依次计算各层参数的雅可比矩阵 $\mathrm{D}\Phi(\boldsymbol{b}^{(3)})$，$\mathrm{D}\Phi(\boldsymbol{W}^{(3)})$，$\mathrm{D}\Phi(\boldsymbol{b}^{(2)})$，$\mathrm{D}\Phi(\boldsymbol{W}^{(2)})$ 和 $\mathrm{D}\Phi(\boldsymbol{b}^{(1)})$，$\mathrm{D}\Phi(\boldsymbol{W}^{(1)})$，从而可以利用梯度矩

阵构造出各层参数的更新迭代格式，这就是误差反向传播原理.

下面给出各层网络参数的迭代格式.

输出层:

$$\begin{aligned}\boldsymbol{b}^{(3)}(t+1)&=\boldsymbol{b}^{(3)}(t)+\alpha\nabla\Phi(\boldsymbol{b}^{(3)}(t))\\&=\boldsymbol{b}^{(3)}(t)+\alpha(\mathrm{D}\Phi(\boldsymbol{b}^{(3)}(t)))^{\mathrm{T}}\in\mathbf{R},\\\mathrm{vec}(\boldsymbol{W}^{(3)}(t+1))&=\mathrm{vec}(\boldsymbol{W}^{(3)}(t))+\alpha\mathrm{vec}(\nabla\Phi(\boldsymbol{W}^{(3)}(t)))\\&=\mathrm{vec}(\boldsymbol{W}^{(3)}(t))+\alpha\mathrm{vec}(\mathrm{D}^{\mathrm{T}}\Phi(\boldsymbol{W}^{(3)}(t)))\in\mathbf{R}^{2\times1}.\end{aligned}$$

第二隐藏层:

$$\begin{aligned}\boldsymbol{b}^{(2)}(t+1)&=\boldsymbol{b}^{(2)}(t)+\alpha\nabla\Phi(\boldsymbol{b}^{(2)}(t))\\&=\boldsymbol{b}^{(2)}(t)+\alpha(\mathrm{D}\Phi(\boldsymbol{b}^{(2)}(t)))^{\mathrm{T}}\in\mathbf{R}^{2\times1},\\\mathrm{vec}(\boldsymbol{W}^{(2)}(t+1))&=\mathrm{vec}(\boldsymbol{W}^{(2)}(t))+\alpha\mathrm{vec}(\nabla\Phi(\boldsymbol{W}^{(2)}(t)))\\&=\mathrm{vec}(\boldsymbol{W}^{(2)}(t))+\alpha\mathrm{vec}(\mathrm{D}^{\mathrm{T}}\Phi(\boldsymbol{W}^{(2)}(t)))\in\mathbf{R}^{6\times1}.\end{aligned}$$

第一隐藏层:

$$\begin{aligned}\boldsymbol{b}^{(1)}(t+1)&=\boldsymbol{b}^{(1)}(t)+\alpha\nabla\Phi(\boldsymbol{b}^{(1)}(t))\\&=\boldsymbol{b}^{(1)}(t)+\alpha(\mathrm{D}\Phi(\boldsymbol{b}^{(1)}(t)))^{\mathrm{T}}\in\mathbf{R}^{3\times1},\\\mathrm{vec}(\boldsymbol{W}^{(1)}(t+1))&=\mathrm{vec}(\boldsymbol{W}^{(1)}(t))+\alpha\mathrm{vec}(\nabla\Phi(\boldsymbol{W}^{(1)}(t)))\\&=\mathrm{vec}(\boldsymbol{W}^{(1)}(t))+\alpha\mathrm{vec}(\mathrm{D}^{\mathrm{T}}\Phi(\boldsymbol{W}^{(1)}(t)))\in\mathbf{R}^{9\times1}.\end{aligned}$$

其中，$t=0,1,2,\cdots$，$t=0$ 时刻的网络参数可以随机指定.

如果使用训练集上的平均损失函数 $R(\boldsymbol{\theta})$ 作为优化参数的目标函数，迭代格式中的梯度换成所有样本点梯度的算术平均值即可.

习 题 5

1. 设 $\boldsymbol{f}(x)=(x^2,x^3)^{\mathrm{T}}$，$\boldsymbol{g}(x,y)=(xy,x,y)^{\mathrm{T}}$，$\boldsymbol{h}(x,y,z)=(x+y+z,x^2+y^2+z^2)^{\mathrm{T}}$，分别计算各个函数的雅可比矩阵、黑塞矩阵、一阶微分和二阶微分.

2. 设 $\boldsymbol{f}$，$\boldsymbol{g}$：$\mathbf{R}^n\to\mathbf{R}^m$ 都是连续函数，证明 $\boldsymbol{f}+\boldsymbol{g}$ 是连续函数.

3. 设 $\boldsymbol{f}$：$\mathbf{R}^n\to\mathbf{R}^m$，$\boldsymbol{g}$：$\mathbf{R}^m\to\mathbf{R}^p$ 都是可微函数，证明复合函数 $\boldsymbol{h}(\boldsymbol{x})=\boldsymbol{g}(\boldsymbol{f}(\boldsymbol{x}))$ 是连续函数.

4. 证明函数 $\boldsymbol{f}(x,y)=\begin{cases}x+y, & xy=0,\\1, & xy\neq0\end{cases}$ 在点 $(0,0)$ 存在一阶偏导数，但不连续.

5. 设 $\boldsymbol{f}$：$\mathbf{R}^n\to\mathbf{R}^m$，$\boldsymbol{g}$：$\mathbf{R}^m\to\mathbf{R}^p$ 都是可微函数，写出复合函数 $\boldsymbol{h}(\boldsymbol{x})=\boldsymbol{g}(\boldsymbol{f}(\boldsymbol{x}))$ 偏导数链式法则的分量表达式.

6. 设 $\boldsymbol{f}$：$\mathbf{R}\to\mathbf{R}^2$，$\boldsymbol{f}(x)=(x^2,x^3)^{\mathrm{T}}$，证明微分中值定理对向量函数 $\boldsymbol{f}(x)$ 不成立.

7. 设 φ：$\mathbf{R}^n\to\mathbf{R}$，$y=\varphi(\boldsymbol{x})=\mathrm{e}^{\boldsymbol{x}^{\mathrm{T}}\boldsymbol{x}}$，求微分 $\mathrm{d}y$.

8. 设 φ：$\mathbf{R}^n\to\mathbf{R}$，$\boldsymbol{A}\in\mathbf{R}^{n\times n}$ 是常数矩阵，$\boldsymbol{\alpha}\in\mathbf{R}^n$ 是常数向量，

$$y=\varphi(\boldsymbol{x})=(\boldsymbol{\alpha}-\boldsymbol{A}\boldsymbol{x})^{\mathrm{T}}(\boldsymbol{\alpha}-\boldsymbol{A}\boldsymbol{x}),$$

求微分 $\mathrm{d}y$.

9. 设 φ： $\mathbf{R}^2 \to \mathbf{R}$，

$$\varphi(x,y)=\begin{cases} xy(x^2-y^2)/(x^2+y^2), & (x,y)\neq(0,0), \\ 0, & (x,y)=(0,0). \end{cases}$$

计算 $\varphi(x,y)$ 的雅可比矩阵、黑塞矩阵.

10. 设 φ： $\mathbf{R} \to \mathbf{R}$， $\varphi(x)=|x|x$，讨论 $\varphi(x)$ 的二次可微性.

11. 设 $\boldsymbol{f},\boldsymbol{g}$： $\mathbf{R}^m \to \mathbf{R}^n$ 都是可微函数， $\boldsymbol{A}\in\mathbf{R}^{n\times n}$，如果 $\varphi(\boldsymbol{x})=(\boldsymbol{f}(\boldsymbol{x}))^{\mathrm{T}}\boldsymbol{A}\boldsymbol{g}(\boldsymbol{x})$，则

$$\mathrm{D}\varphi(\boldsymbol{x})=\boldsymbol{g}^{\mathrm{T}}(\boldsymbol{x})\boldsymbol{A}^{\mathrm{T}}\mathrm{D}\boldsymbol{f}(\boldsymbol{x})+(\boldsymbol{f}(\boldsymbol{x}))^{\mathrm{T}}\boldsymbol{A}\mathrm{D}\boldsymbol{g}(\boldsymbol{x}).$$

12. 设 $\boldsymbol{A},\boldsymbol{B},\boldsymbol{X}\in\mathbf{R}^{n\times n}$， $\boldsymbol{A}$ 和 $\boldsymbol{B}$ 是常数矩阵，则 $\mathrm{d}(\boldsymbol{AXB})=\boldsymbol{A}\mathrm{d}(\boldsymbol{X})\boldsymbol{B}$.

13. 设 $\boldsymbol{X}\in\mathbf{R}^{n\times n}$，则 $\mathrm{d}(\mathrm{Trace}(\boldsymbol{X}^{\mathrm{T}}\boldsymbol{X}))=2\,\mathrm{Trace}(\boldsymbol{X}^{\mathrm{T}})\mathrm{d}\boldsymbol{X}$.

参 考 文 献

[1] 同济大学数学教研室. 工程数学: 线性代数[M]. 3 版. 北京: 高等教育出版社, 1999.

[2] 杨明, 刘先忠. 矩阵论[M]. 2 版. 武汉: 华中科技大学出版社, 2005.

[3] 黄有度, 狄成恩, 朱士信. 矩阵论及其应用[M]. 合肥: 中国科学技术大学出版社, 1995.

[4] 徐仲, 张凯院, 陆全, 冷国伟. 矩阵论简明教程[M]. 北京: 科学出版社, 2001.

[5] Stewart G W . Introduction to Matrix Computations[M]. New York: Academic Press, 1973(中译本: 矩阵计算引论. 王国荣, 等, 译. 上海: 上海科学技术出版社, 1980)

[6] 张禾瑞, 郝鈵新. 高等代数[M]. 5 版. 北京: 高等教育出版社, 2007.

[7] 北京大学数学系前代数小组. 高等代数[M]. 5 版. 王萼芳, 石生明, 修订. 北京: 高等教育出版社, 2019.

[8] 李志慧, 李永明. 高等代数中的典型问题与方法[M]. 2 版. 北京: 科学出版社, 2016.

[9] 常庚哲, 史济怀. 数学分析教程: 下册[M]. 3 版. 合肥: 中国科学技术大学出版社, 2012.

[10] Magnus J R, Neudecker H. Matrix Differential Calculus with Applications in Statistics and Econometrics[M]. 3rd ed. Chichester: John Wiley & Sons, 2007.

[11] 张贤达. 矩阵分析与应用[M]. 北京: 清华大学出版社, 2004.

[12] 吴微, 周春光, 梁艳春. 智能计算[M]. 北京: 高等教育出版社, 2009.

[13] 莫里斯・克莱因. 古今数学思想: 第一册[M]. 张理京, 张锦炎 译. 上海: 上海科学技术出版社, 1979.

[14] 莫里斯・克莱因. 古今数学思想: 第二册[M]. 北京大学数学系数学史翻译组, 译. 上海: 上海科学技术出版社, 1979.

[15] 莫里斯・克莱因. 古今数学思想: 第三册[M]. 北京大学数学系数学史翻译组, 译. 上海: 上海科学技术出版社, 1980.

[16] 莫里斯・克莱因. 古今数学思想: 第四册[M]. 北京大学数学系数学史翻译组, 译. 上海: 上海科学技术出版社, 1981.